新世纪高职高专
数学类课程规划教材

U0734955

新编高等数学学习指导

XINBIAN GAODENG SHUXUE XUEXI ZHIDAO

(理工类)(第六版)

新世纪高职高专教材编审委员会 组编

主编 刘 严

副主编 林洪生 熊丽华

大连理工大学出版社

DALIAN UNIVERSITY OF TECHNOLOGY PRESS

图书在版编目(CIP)数据

新编高等数学学习指导.理工类 / 刘严主编.—6 版.—大连：大连
理工大学出版社,2012.8(2013.7 重印)
新世纪高职高专数学类课程规划教材
ISBN 978-7-5611-1460-5

Ⅰ.新… Ⅱ.刘… Ⅲ.高等数学—高等学校—自学参考资料
Ⅳ.O13

中国版本图书馆 CIP 数据核字(2004)第 044768 号

大连理工大学出版社出版
地址:大连市软件园路 80 号 邮政编码:116023
发行:0411-84708842 邮购:0411-84703636 传真:0411-84701466
E-mail:dutp@dutp.cn URL:http://www.dutp.cn
大连理工印刷有限公司印刷 大连理工大学出版社发行

幅面尺寸:185mm×260mm 印张:13 字数:289 千字
印数:62021～64020
2002 年 8 月第 1 版 2012 年 8 月第 6 版
2013 年 7 月第 15 次印刷

责任编辑:李作鹏 责任校对:周双双
封面设计:张 莹

ISBN 978-7-5611-1460-5 定 价:26.00 元

总　序

　　我们已经进入了一个新的充满机遇与挑战的时代,我们已经跨入了21世纪的门槛。

　　20世纪与21世纪之交的中国,高等教育体制正经历着一场缓慢而深刻的革命,我们正在对传统的普通高等教育的培养目标与社会发展的现实需要不相适应的现状作历史性的反思与变革的尝试。

　　20世纪最后的几年里,高等职业教育的迅速崛起,是影响高等教育体制变革的一件大事。在短短的几年时间里,普通中专教育、普通高专教育全面转轨,以高等职业教育为主导的各种形式的培养应用型人才的教育发展到与普通高等教育等量齐观的地步,其来势之迅猛,发人深思。

　　无论是正在缓慢变革着的普通高等教育,还是迅速推进着的培养应用型人才的高职教育,都向我们提出了一个同样的严肃问题:中国的高等教育为谁服务,是为教育发展自身,还是为包括教育在内的大千社会? 答案肯定而且惟一,那就是教育也置身其中的现实社会。

　　由此又引发出高等教育的目的问题。既然教育必须服务于社会,它就必须按照不同领域的社会需要来完成自己的教育过程。换言之,教育资源必须按照社会划分的各个专业(行业)领域(岗位群)的需要实施配置,这就是我们长期以来明乎其理而疏于力行的学以致用问题,这就是我们长期以来未能给予足够关注的教育目的问题。

　　如所周知,整个社会由其发展所需要的不同部门构成,包括公共管理部门如国家机构、基础建设部门如教育研究机构和各种实业部门如工业部门、商业部门,等等。每一个部门又可作更为具体的划分,直至同它所需要的各种专门人才相对应。教育如果不能按照实际需要完成各种专门人才培养的目标,就不能很好地完成社会分工所赋予它的使命,而教育作为社会分工的一种独立存在就应受到质疑(在市场经济条件下尤其如此)。可以断言,按照社会的各种不同需要培养各种直接有用人才,是教育体制变革的终极目的。

新世纪

随着教育体制变革的进一步深入,高等院校的设置是否会同社会对人才类型的不同需要一一对应,我们姑且不论。但高等教育走应用型人才培养的道路和走研究型(也是一种特殊应用)人才培养的道路,学生们根据自己的偏好各取所需,始终是一个理性运行的社会状态下高等教育正常发展的途径。

高等职业教育的崛起,既是高等教育体制变革的结果,也是高等教育体制变革的一个阶段性表征。它的进一步发展,必将极大地推进中国教育体制变革的进程。作为一种应用型人才培养的教育,它从专科层次起步,进而应用本科教育、应用硕士教育、应用博士教育……当应用型人才培养的渠道贯通之时,也许就是我们迎接中国教育体制变革的成功之日。从这一意义上说,高等职业教育的崛起,正是在为必然会取得最后成功的教育体制变革奠基。

高等职业教育还刚刚开始自己发展道路的探索过程,它要全面达到应用型人才培养的正常理性发展状态,直至可以和现存的(同时也正处在变革分化过程中的)研究型人才培养的教育并驾齐驱,还需要假以时日;还需要政府教育主管部门的大力推进,需要人才需求市场的进一步完善发育,尤其需要高职教学单位及其直接相关部门肯于做长期的坚忍不拔的努力。新世纪高职高专教材编审委员会就是由全国 100 余所高职高专院校和出版单位组成的旨在以推动高职高专教材建设来推进高等职业教育这一变革过程的联盟共同体。

在宏观层面上,这个联盟始终会以推动高职高专教材的特色建设为己任,始终会从高职高专教学单位实际教学需要出发,以其对高职教育发展的前瞻性的总体把握,以其纵览全国高职高专教材市场需求的广阔视野,以其创新的理念与创新的运作模式,通过不断深化的教材建设过程,总结高职高专教学成果,探索高职高专教材建设规律。

在微观层面上,我们将充分依托众多高职高专院校联盟的互补优势和丰裕的人才资源优势,从每一个专业领域、每一种教材入手,突破传统的片面追求理论体系严整性的意识限制,努力凸现高职教育职业能力培养的本质特征,在不断构建特色教材建设体系的过程中,逐步形成自己的品牌优势。

新世纪高职高专教材编审委员会在推进高职高专教材建设事业的过程中,始终得到了各级教育主管部门以及各相关院校相关部门的热忱支持和积极参与,对此我们谨致深深谢意,也希望一切关注、参与高职教育发展的同道朋友,在共同推动高职教育发展、进而推动高等教育体制变革的进程中,和我们携手并肩,共同担负起这一具有开拓性挑战意义的历史重任。

新世纪高职高专教材编审委员会

2001 年 8 月 18 日

前言

《新编高等数学学习指导》（理工类）（第六版）是新世纪高职高专教材编委会组编的《新编高等数学》（理工类）（第六版）的配套辅助教材。

《新编高等数学学习指导》（理工类）（第六版）是适应高职高专教育培养生产、建设、管理、服务需要的第一线技术应用型人才的需要，通过认真总结各相关高职高专院校数学教改经验，在经过几轮教学实践基础上完成的，是一部能较好地满足高职高专数学教学需要的配套辅导教材。《新编高等数学学习指导》（理工类）（第六版）较之前五版在习题量上和难易程度上作了更为适当的把握。

《新编高等数学学习指导》（理工类）（第六版）按照教学要求设计了下述四个板块：(1)本章教学目标及重点；(2)典型例题解析；(3)教材典型习题与难题解答；(4)综合测试题。在编写本学习指导的过程中，我们始终注意把握下述几点：

1.通过每章知识点、重点的归纳，明确教学目标及要求，帮助学生把握重点知识，理解知识间的内在联系；

2.典型例题与综合测试题的选取力求深浅适度，强调知识覆盖面，无论从题型、题量，还是从难易程度等方面都能恰到好处地反映高职高专院校高等数学课程教学的基本要求；

3.在帮助高职高专学生系统掌握相关数学知识的同时，更注重对学生获取知识和提高思维能力的培养。

《新编高等数学学习指导》（理工类）（第六版）由刘严任主编，林洪生、熊丽华任副主编。具体分工如下：第一、九、十、十一、十二章由刘严编写，第二、三章由熊丽华编写，第四、五、六、七、八章由林洪生编写。

尽管我们在《新编高等数学学习指导》(理工类)(第六版)的特色建设方面做出了许多努力,但由于我们水平有限,书中仍难免有不妥之处,希望各教学单位和读者在使用本教材的过程中给予关注,并将意见及时反馈给我们,我们将深表谢意。

所有意见和建议请发往:dutpgz@163.com

欢迎访问我们的网站:http://www.dutpbook.com

联系电话:0411-84708445 84708462

编 者

2012 年 8 月

目 录

第一章

函数、极限与连续

一、本章教学目标及重点

【教学目标】

1.理解函数的概念,了解函数的特性,会求函数的定义域,掌握复合函数与初等函数的概念.

2.理解极限的概念,了解极限的性质,熟练掌握求极限的方法.

3.理解、掌握极限的运算法则,熟练掌握两个重要极限.

4.理解无穷小与无穷大的概念,了解无穷小的性质,知道无穷小的比较,会利用等价无穷小求极限.

5.理解函数的连续性概念,会求间断点并判断其类型.

6.了解闭区间上连续函数的性质.

【知识点、重点归纳】

1.定义域的求法

首先要熟悉下列简单函数的定义域:

$y = \dfrac{1}{x}$ 定义域为$(-\infty, 0) \bigcup (0, +\infty)$

$y = \sqrt[2n]{x}$ $(n = 1, 2, 3\cdots)$ 定义域为$[0, +\infty)$

$y = \log_a x \, (a > 0, a \neq 1)$ 定义域为$(0, +\infty)$

$y = a^x \, (a > 0, a \neq 1)$ 定义域为$(-\infty, +\infty)$

$y = \sin x$ 或 $\cos x$ 定义域为$(-\infty, +\infty)$

$y = \tan x$ 定义域为$\{x \mid x \neq k\pi + \dfrac{\pi}{2}, k \in Z\}$

$y = \cot x$ 定义域为$\{x \mid x \neq k\pi, k \in Z\}$

$y = \arcsin x$ 或 $\arccos x$ 定义域为$[-1, 1]$

求复杂函数的定义域,就是求解由简单函数的定义域所构成的不等式组的解集(参见例1).

2.复合函数的复合过程

首先要理解复合函数的定义,掌握基本初等函数及简单函数的定义域(见教材中附表),其次要清楚究竟谁为自变量、中间变量和因变量(参见例2).

3.如何求极限

求极限是一元函数微积分中最基本的一种运算,其方法较多.主要有以下几种:

(1) 利用极限的定义,通过函数图像,直观地求出其极限;

(2) 利用极限的运算法则;

(3) 利用夹逼定理及单调有界原理;

(4) 利用重要极限 $\lim\limits_{x \to 0} \dfrac{\sin x}{x} = 1$ 和 $\lim\limits_{x \to \infty} \left(1 + \dfrac{1}{x}\right)^x = e$;

(5) 利用无穷小的性质;

(6) 利用等价无穷小;

常用的等价无穷小有:

当 $x \to 0$ 时,

$\sin x \sim x, \tan x \sim x, \arcsin x \sim x, \arctan x \sim x,$

$1 - \cos x \sim \dfrac{x^2}{2}, \ln(1 + x) \sim x, e^x - 1 \sim x, \sqrt{1 + x} - 1 \sim \dfrac{1}{2} x.$

(7) 利用函数的连续性;

当 x_0 为函数的连续点时,有 $\lim\limits_{x \to x_0} f[\varphi(x)] = f\left[\lim\limits_{x \to x_0} \varphi(x)\right]$.

(8) 利用洛必达法则(详见第三章内容);

(9) 利用定积分的定义求极限.

4.判断函数的连续性,确定间断点,其具体做法为:

(1) 寻找使函数 $f(x)$ 无定义的点 x_0,若有则 x_0 为间断点,否则进行第(2)步;

(2) 寻找使 $\lim\limits_{x \to x_0} f(x)$ 不存在的点 x_0,若有则 x_0 为间断点,分段函数的间断点通常发生于分段点处;

(3) 寻找使 $\lim\limits_{x \to x_0} f(x) \neq f(x_0)$ 的点 x_0,若有则 x_0 为间断点.

二、典型例题解析

【例1】　求函数 $f(x) = \sqrt{\lg \dfrac{x^2 + 5x}{6}}$ 的定义域.

【分析】　本题中涉及到两个基本函数 $y = \sqrt{x}, y = \lg x$,前者要求 $x \geqslant 0$,后者要求 $x > 0$.

解　$\begin{cases} \lg \dfrac{x^2 + 5x}{6} \geqslant 0 \\ \dfrac{x^2 + 5x}{6} > 0 \end{cases} \Rightarrow \begin{cases} \dfrac{x^2 + 5x}{6} \geqslant 1 \\ \dfrac{x^2 + 5x}{6} > 0 \end{cases}$

即　　　　　　　　　　$\dfrac{x^2 + 5x}{6} \geqslant 1 \Rightarrow x^2 + 5x - 6 \geqslant 0$

由 $(x + 6)(x - 1) \geqslant 0$ 得

$\begin{cases} x + 6 \geqslant 0 \\ x - 1 \geqslant 0 \end{cases} \Rightarrow \begin{cases} x \geqslant -6 \\ x \geqslant 1 \end{cases} \Rightarrow x \geqslant 1$

或　　　　　$\begin{cases} x + 6 \leqslant 0 \\ x - 1 \leqslant 0 \end{cases} \Rightarrow \begin{cases} x \leqslant -6 \\ x \leqslant 1 \end{cases} \Rightarrow x \leqslant -6$

所以函数的定义域为 $(-\infty, -6] \cup [1, +\infty)$.

【例2】 已知 $f(x) = \begin{cases} 1, & |x| \leqslant 1 \\ 0, & |x| > 1 \end{cases}$, $g(x) = \begin{cases} 2-x^2, & |x| \leqslant 1 \\ 2, & |x| > 1 \end{cases}$,求 $f[g(x)]$, $g[f(x)]$.

【分析】 这是两个分段函数的复合,其核心问题是抓住中间变量的值域.

解 $f[g(x)]$ 的函数关系是

$$f \underline{\quad} g \underline{\quad} x$$
$$\text{因} \qquad \text{中} \qquad \text{自}$$

由 $g(x) = \begin{cases} 2-x^2, & |x| \leqslant 1 \\ 2, & |x| > 1 \end{cases}$ 得出 $g(x)$ 的取值范围.

当 $|x| \leqslant 1$ 时,$1 \leqslant 2-x^2 \leqslant 2$,$x=1$,$g(1)=1$;$x=-1$,$g(-1)=1$

当 $|x| > 1$ 时,$g(x) = 2$

所以
$$f[g(x)] = \begin{cases} 1, & |x| = 1 \\ 0, & |x| \neq 1 \end{cases}$$

同样,对于 $g[f(x)]$ 有

$$g \underline{\quad} f \underline{\quad} x$$
$$\text{因} \qquad \text{中} \qquad \text{自}$$

当 $|x| \leqslant 1$ 时,$f(x)=1$,$g(1)=1$

当 $|x| > 1$ 时,$f(x)=0$,$g(0)=2$

所以
$$g[f(x)] = \begin{cases} 1, & |x| \leqslant 1 \\ 2, & |x| > 1 \end{cases}$$

【例3】 已知函数 $f(x) = \begin{cases} x+2, & -2 \leqslant x < 0 \\ x^2, & 0 \leqslant x < 1 \\ 1, & x \geqslant 1 \end{cases}$

(1) 求 $f(x)$ 的定义域,并找出其分段点;

(2) 求 $f(-1)$,$f(0)$,$f\left(\dfrac{1}{2}\right)$,$f(1)$,$f(2)$;

(3) 作出 $f(x)$ 的图像.

【分析】 这是典型的分段函数问题,其关键是弄清楚分段点及各段所对应的函数表达式,这对于求分段函数的极限、判断其连续性非常重要.

解 (1)$f(x)$ 的定义域为 $[-2, +\infty)$;分段点为 $x=0$,$x=1$.

(2)$-1 \in [-2, 0)$, $f(-1) = -1+2 = 1$

$0 \in [0, 1)$, $f(0) = 0^2 = 0$

$\dfrac{1}{2} \in [0, 1)$, $f\left(\dfrac{1}{2}\right) = \left(\dfrac{1}{2}\right)^2 = \dfrac{1}{4}$

$1 \in [1, +\infty)$, $f(1) = 1$

$2 \in [1, +\infty)$, $f(2) = 1$

(3) 函数 $f(x)$ 的图像如图 1-1 所示.

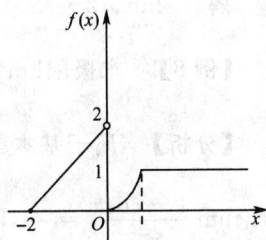

图 1-1

【例 4】　求极限 $\lim\limits_{x\to 5}\dfrac{\sqrt{x-1}-2}{x-5}$.

【分析】　属于基本题型,需要变型,将 $\dfrac{0}{0}$ 型转化为定型极限的计算.

$$\frac{\sqrt{x-1}-2}{x-5}=\frac{x-5}{(x-5)(\sqrt{x-1}+2)}=\frac{1}{\sqrt{x-1}+2}$$

解　$\lim\limits_{x\to 5}\dfrac{\sqrt{x-1}-2}{x-5}=\lim\limits_{x\to 5}\left(\dfrac{1}{\sqrt{x-1}+2}\right)=\dfrac{1}{4}$

【例 5】　求极限 $\lim\limits_{x\to\infty}\dfrac{(x-1)(x-2)(x-3)}{(1-4x)^3}$.

【分析】　属于基本题型,将 $\dfrac{\infty}{\infty}$ 型转化为定型极限的计算.

解　$\lim\limits_{x\to\infty}\dfrac{(x-1)(x-2)(x-3)}{(1-4x)^3}=\lim\limits_{x\to\infty}\dfrac{\left(1-\frac{1}{x}\right)\left(1-\frac{2}{x}\right)\left(1-\frac{3}{x}\right)}{\left(\frac{1}{x}-4\right)^3}=-\dfrac{1}{64}$

【例 6】　求极限 $\lim\limits_{x\to-1}\left(\dfrac{3}{1+x^3}-\dfrac{1}{1+x}\right)$.

【分析】　属于基本题型,将 $\infty-\infty$ 转化为定型极限的计算.

解　$\lim\limits_{x\to-1}\left(\dfrac{3}{1+x^3}-\dfrac{1}{1+x}\right)=\lim\limits_{x\to-1}\dfrac{3-(x^2-x+1)}{1+x^3}$

$=\lim\limits_{x\to-1}\dfrac{2-x^2+x}{1+x^3}=\lim\limits_{x\to-1}\dfrac{(1+x)(2-x)}{(1+x)(x^2-x+1)}$

$=\lim\limits_{x\to-1}\dfrac{2-x}{x^2-x+1}=3$

【例 7】　求极限 $\lim\limits_{x\to\infty}(\sqrt{2}\cdot\sqrt[4]{2}\cdot\sqrt[8]{2}\cdot\cdots\cdot\sqrt[2^n]{2})$.

【分析】　属于数列极限,但随着 n 无限增加,项数也在无限增加,不能直接利用极限的运算法则.

$$\sqrt{2}\cdot\sqrt[4]{2}\cdot\sqrt[8]{2}\cdots\cdot\sqrt[2^n]{2}=2^{\frac{1}{2}}\cdot 2^{\frac{1}{4}}\cdot 2^{\frac{1}{8}}\cdot\cdots\cdot 2^{\frac{1}{2^n}}$$

$$=2^{\frac{1}{2}+\frac{1}{4}+\frac{1}{8}+\cdots+\frac{1}{2^n}}=2^{\frac{\frac{1}{2}\left(1-\frac{1}{2^n}\right)}{1-\frac{1}{2}}}=2^{1-\frac{1}{2^n}}$$

解　$\lim\limits_{x\to\infty}(\sqrt{2}\cdot\sqrt[4]{2}\cdot\sqrt[8]{2}\cdot\cdots\cdot\sqrt[2^n]{2})=\lim\limits_{x\to\infty}2^{\left(1-\frac{1}{2^n}\right)}=2^{\lim\limits_{x\to\infty}\left(1-\frac{1}{2^n}\right)}=2$

【例 8】　求极限 $\lim\limits_{x\to 0}\dfrac{1-\cos x}{x\tan x}$.

【分析】　属于基本题型,含有三角函数,考虑重要极限 $\lim\limits_{x\to 0}\dfrac{\sin x}{x}=1$ 或利用相关极限结论 $\lim\limits_{x\to 0}\dfrac{1-\cos x}{x^2}=\dfrac{1}{2}$,$\lim\limits_{x\to 0}\dfrac{\tan x}{x}=1$.

解法一　$\lim\limits_{x\to 0}\dfrac{1-\cos x}{x\tan x}=\lim\limits_{x\to 0}\dfrac{1-\cos x}{x^2}\cdot\dfrac{x}{\tan x}=\lim\limits_{x\to 0}\dfrac{1-\cos x}{x^2}\cdot\lim\limits_{x\to 0}\dfrac{x}{\tan x}$

$$= \frac{1}{2} \times 1 = \frac{1}{2}$$

解法二 $\lim\limits_{x \to 0} \frac{1-\cos x}{x \tan x} = \lim\limits_{x \to 0} \frac{2\sin^2\frac{x}{2}}{x \cdot \frac{\sin x}{\cos x}}$

$$= \frac{1}{2}\lim\limits_{x \to 0}\cos x \cdot \left(\frac{\sin\frac{x}{2}}{\frac{x}{2}}\right)^2 \cdot \frac{x}{\sin x}$$

$$= \frac{1}{2}\lim\limits_{x \to 0}\cos x \cdot \lim\limits_{x \to 0}\left(\frac{\sin\frac{x}{2}}{\frac{x}{2}}\right)^2 \cdot \lim\limits_{x \to 0}\frac{x}{\sin x} = \frac{1}{2}$$

【例 9】 求极限 $\lim\limits_{x \to +\infty}\left(1-\frac{1}{x}\right)^{\sqrt{x}}$.

【分析】 属于幂指函数求极限，考虑重要极限 $\lim\limits_{x \to \infty}\left(1+\frac{1}{x}\right)^x = \mathrm{e}$ 及其变形

$\lim\limits_{x \to \infty}\left(1-\frac{1}{x}\right)^x = \mathrm{e}^{-1}$

$$\left(1-\frac{1}{x}\right)^{\sqrt{x}} = \left[1-\frac{1}{(\sqrt{x})^2}\right]^{\sqrt{x}} = \left[\left(1-\frac{1}{\sqrt{x}}\right)\left(1+\frac{1}{\sqrt{x}}\right)\right]^{\sqrt{x}}$$

$$= \left(1-\frac{1}{\sqrt{x}}\right)^{\sqrt{x}} \cdot \left(1+\frac{1}{\sqrt{x}}\right)^{\sqrt{x}}$$

解 $\lim\limits_{x \to +\infty}\left(1-\frac{1}{x}\right)^{\sqrt{x}} = \lim\limits_{x \to +\infty}\left[\left(1-\frac{1}{\sqrt{x}}\right)^{\sqrt{x}} \cdot \left(1+\frac{1}{\sqrt{x}}\right)^{\sqrt{x}}\right]$

$$= \lim\limits_{x \to +\infty}\left(1-\frac{1}{\sqrt{x}}\right)^{\sqrt{x}} \cdot \lim\limits_{x \to +\infty}\left(1+\frac{1}{\sqrt{x}}\right)^{\sqrt{x}}$$

$$= \mathrm{e}^{-1} \cdot \mathrm{e} = 1$$

【例 10】 设函数 $f(x) = \begin{cases} 1-x, & x < 0 \\ 2x^2+1, & 0 \leqslant x < 1 \\ 3+(x-1)^3, & x \geqslant 1 \end{cases}$

求 $\lim\limits_{x \to 0}f(x), \lim\limits_{x \to 1}f(x), \lim\limits_{x \to 4}f(x), \lim\limits_{x \to -3}f(x)$.

【分析】 此题属于典型的分段函数求极限问题. 求分段函数 $f(x)$ 的极限 $\lim\limits_{x \to x_0}f(x)$，关键看 x_0 是否为分段点. 若是,用左、右极限讨论其极限,若不是,可利用连续函数特性求极限 $\lim\limits_{x \to x_0}f(x) = f(\lim\limits_{x \to x_0}x)$.

解 显然 $x = 0, x = 1$ 均为 $f(x)$ 的分段点,需求左、右极限.

因为
$$\lim\limits_{x \to 0^+}f(x) = \lim\limits_{x \to 0^+}(2x^2+1) = 1$$
$$\lim\limits_{x \to 0^-}f(x) = \lim\limits_{x \to 0^-}(1-x) = 1$$

所以
$$\lim\limits_{x \to 0}f(x) = 1$$

又
$$\lim_{x\to 1^+} f(x) = \lim_{x\to 1^+}[3+(x-1)^3] = 3$$
$$\lim_{x\to 1^-} f(x) = \lim_{x\to 1^-}(2x^2+1) = 3$$

所以
$$\lim_{x\to 1} f(x) = 3$$

而
$$4 \in (1,+\infty), -3 \in (-\infty,0)$$

则
$$\lim_{x\to 4} f(x) = \lim_{x\to 4}[3+(x-1)^3] = 30$$
$$\lim_{x\to -3} f(x) = \lim_{x\to -3}(1-x) = 4$$

【例 11】 求函数 $f(x) = \dfrac{x^2-1}{x^2-3x+2}$ 的间断点,并判断其类型.

【分析】 属于函数连续性问题,根据概念可知间断点一定会发生在使 $f(x)$ 无定义的点处. 令 $x^2-3x+2 = (x-1)(x-2) = 0$,得 $x_1 = 1, x_2 = 2$.

解 由于 $f(x)$ 在 $x=1, x=2$ 点无定义,故 $x=1, x=2$ 为其间断点.

又
$$\lim_{x\to 1} f(x) = \lim_{x\to 1} \frac{x^2-1}{x^2-3x+2} = \lim_{x\to 1} \frac{(x-1)(x+1)}{(x-1)(x-2)} = -2$$
$$\lim_{x\to 2} f(x) = \lim_{x\to 2} \frac{x^2-1}{x^2-3x+2} = \lim_{x\to 2} \frac{(x-1)(x+1)}{(x-1)(x-2)} = \infty$$

所以 $x=1$ 为第一类间断点,$x=2$ 为第二类间断点.

【例 12】 A 取何值时,函数 $f(x) = \begin{cases} \dfrac{x^2-4}{x-2} & x \neq 2 \\ A & x = 2 \end{cases}$ 在 $x=2$ 处连续?

【分析】 属于函数连续性问题,与【例 11】不同之处是函数为分段函数,其在 $x=2$ 点是否连续,与 A 的取值有关.

解 根据函数连续的定义,若 $f(x)$ 在 $x=2$ 点连续,则有
$$\lim_{x\to 2} f(x) = f(2)$$

即
$$\lim_{x\to 2} \frac{x^2-4}{x-2} = A$$
$$A = \lim_{x\to 2} \frac{x^2-4}{x-2} = \lim_{x\to 2}(x+2) = 4$$

当 $A=4$ 时,$f(x)$ 在 $x=2$ 点连续.

【例 13】 讨论函数 $f(x) = \begin{cases} \sin x, & -\pi \leqslant x \leqslant 0 \\ 0, & 0 < x \leqslant 1 \\ \dfrac{1}{x-1}, & 1 < x \leqslant 4 \end{cases}$ 的连续性.

【分析】 属于函数连续性问题,需讨论整个定义域上的连续性.

解 $f(x)$ 的定义域为 $[-\pi,4]$,其分段点为 $x=0, x=1$.

当 $x=-\pi$ 时,$\lim\limits_{x\to -\pi^+} f(x) = \lim\limits_{x\to -\pi^+}\sin x = \sin(-\pi) = 0$,所以函数在该点右连续;

当 $-\pi < x < 0$ 时,$f(x) = \sin x$ 为基本初等函数,在该区间内连续;

当 $x=0$ 时,$\lim\limits_{x\to 0^+} f(x) = \lim\limits_{x\to 0^+} 0 = 0$,$\lim\limits_{x\to 0^-} f(x) = \lim\limits_{x\to 0^-}\sin x = \sin 0 = 0$,

$\lim\limits_{x\to 0^+} f(x) = \lim\limits_{x\to 0^-} f(x) = \lim\limits_{x\to 0} f(x) = f(0)$,故 $x=0$ 为连续点;

当 $0 < x < 1$ 时,$f(x) = 0$ 为常数函数,在该区间内连续;

当 $x=1$ 时,$\lim\limits_{x\to 1^+} f(x) = \lim\limits_{x\to 1^+} \dfrac{1}{x-1} = \infty$,$\lim\limits_{x\to 1^-} f(x) = \lim\limits_{x\to 1^-} 0 = 0$,$x=1$ 为第二类间断点;

当 $1 < x < 4$ 时，$f(x) = \dfrac{1}{x-1}$ 为简单函数，在该区间内连续；

当 $x = 4$ 时，$\lim\limits_{x \to 4^-} f(x) = \lim\limits_{x \to 4^-} \dfrac{1}{x-1} = \dfrac{1}{3} = f(4)$，函数在该点左连续.

综上所述，$f(x)$ 在 $[-\pi, 1) \bigcup (1, 4]$ 上为连续函数，而 $x = 1$ 为第二类间断点.

【例 14】 求极限 $\lim\limits_{n \to \infty} \left(\dfrac{1}{n^2+1} + \dfrac{1}{n^2+2} + \cdots + \dfrac{1}{n^2+n} \right)$.

解 $\dfrac{n}{n^2+n} \leqslant \dfrac{1}{n^2+1} + \dfrac{1}{n^2+2} + \cdots + \dfrac{1}{n^2+n} \leqslant \dfrac{n}{n^2+1}$

而 $\lim\limits_{n \to \infty} \dfrac{n}{n^2+1} = \lim\limits_{n \to \infty} \dfrac{n}{n^2+n} = 0$，所以 $\lim\limits_{n \to \infty} \left(\dfrac{1}{n^2+1} + \dfrac{1}{n^2+2} + \cdots + \dfrac{1}{n^2+n} \right) = 0$.

【例 15】 求极限 $\lim\limits_{x \to 2} \sqrt{\dfrac{x^2+5x-14}{x-2}}$.

解 $\lim\limits_{x \to 2} \sqrt{\dfrac{x^2+5x-14}{x-2}} = \sqrt{\lim\limits_{x \to 2} \dfrac{x^2+5x-14}{x-2}} = \sqrt{\lim\limits_{x \to 2}(x+7)} = \sqrt{9} = 3$.

三、教材典型习题与难题解答

习题 1-1

A 组

2(4) 解 根据求定义域的方法，有
$$\begin{cases} x^2 - 4 \geqslant 0 \\ x - 2 > 0 \end{cases} \Rightarrow \begin{cases} x \leqslant -2 \text{ 或 } x \geqslant 2 \\ x > 2 \end{cases} \Rightarrow x > 2$$
函数的定义域为 $(2, +\infty)$

5(5) 解 复合函数的复合过程，每一步都需要是基本初等函数或简单函数.
$y = \ln(\sin e^{x+1})$ 是由 $y = \ln u, u = \sin v, v = e^w, w = x+1$ 复合而成.

B 组

3(4) 解 $y = \arccos[\ln(x^2-1)]$ 是由 $y = \arccos u, u = \ln v, v = x^2 - 1$ 复合而成.

习题 1-2

A 组

2 解 (1) 作出函数 $f(x)$ 的图像，如图 1-2 所示.
(2) $\lim\limits_{x \to 0^+} f(x) = \lim\limits_{x \to 0^+} x^2 = 0$
$\lim\limits_{x \to 0^-} f(x) = \lim\limits_{x \to 0^-} x = 0$
(3) $\lim\limits_{x \to 0^+} f(x) = \lim\limits_{x \to 0^-} f(x) = 0$
$\lim\limits_{x \to 0} f(x)$ 存在且等于 0.
3 解 $x = 0 \in (-1, 1)$

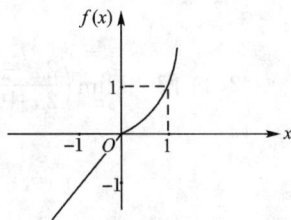
图 1-2

$$\lim_{x \to 0} f(x) = \lim_{x \to 0} 4x = 0$$

又 $x = 1$ 为 $f(x)$ 的分段点

$$\lim_{x \to 1^+} f(x) = \lim_{x \to 1^+} 4x^2 = 4, \lim_{x \to 1^-} f(x) = \lim_{x \to 1^-} 4x = 4$$

则

$$\lim_{x \to 1} f(x) = 4$$

而

$$x = \frac{3}{2} \in (1,2), \lim_{x \to \frac{3}{2}} f(x) = \lim_{x \to \frac{3}{2}} 4x^2 = 9$$

B 组

2 **解** $|x| = \begin{cases} x, & x \geqslant 0 \\ -x, & x < 0 \end{cases}, f(x) = \dfrac{|x|}{x} = \begin{cases} 1, & x \geqslant 0 \\ -1, & x < 0 \end{cases}$

而

$$\lim_{x \to 0^-} f(x) = \lim_{x \to 0^-} (-1) = -1, \lim_{x \to 0^+} f(x) = \lim_{x \to 0^+} 1 = 1$$

故 $\lim\limits_{x \to 0} f(x)$ 不存在.

习题 1-3

A 组

2(3) **解** $\lim\limits_{x \to \infty} \dfrac{100x}{1 + x^2} = 0$

由无穷小与无穷大的倒数关系知 $\lim\limits_{x \to \infty} \dfrac{1 + x^2}{100x} = \infty$.

2(5) **解** $\lim\limits_{x \to \infty} \left(\dfrac{2x}{3 - x} - \dfrac{2}{3x} \right) = \lim\limits_{x \to \infty} \left(\dfrac{2x}{3 - x} \right) - \lim\limits_{x \to \infty} \dfrac{2}{3x}$

$$= -2 - 0 = -2$$

B 组

1(2) **解** $\lim\limits_{x \to +\infty} (\sqrt{x + 5} - \sqrt{x}) = \lim\limits_{x \to +\infty} \dfrac{x + 5 - x}{\sqrt{x + 5} + \sqrt{x}} = \lim\limits_{x \to +\infty} \dfrac{5}{\sqrt{x + 5} + \sqrt{x}} = 0$

1(4) **解** $\lim\limits_{n \to \infty} \dfrac{2^{n+1} + 3^{n+1}}{2^n + 3^n} = \lim\limits_{n \to \infty} \dfrac{\left[\left(\frac{2}{3} \right)^{n+1} + 1 \right] \cdot 3}{\left(\frac{2}{3} \right)^n + 1} = 3$

2(4) **解** $\lim\limits_{x \to \infty} \left(\dfrac{2x - 1}{2x + 1} \right)^{x+1} = \lim\limits_{x \to \infty} \left(\dfrac{1 - \frac{1}{2x}}{1 + \frac{1}{2x}} \right)^{x+1} = \dfrac{\lim\limits_{x \to \infty} \left\{ \left(1 - \frac{1}{2x} \right)^{2x} \right\}^{\frac{1}{2}}}{\lim\limits_{x \to \infty} \left\{ \left(1 + \frac{1}{2x} \right)^{2x} \right\}^{\frac{1}{2}}} \cdot \lim\limits_{x \to \infty} \dfrac{\left(1 - \frac{1}{2x} \right)}{\left(1 + \frac{1}{2x} \right)}$

$$= \mathrm{e}^{-\frac{1}{2}} / \mathrm{e}^{\frac{1}{2}} \cdot 1 = \mathrm{e}^{-1}$$

习题 1-4

A　组

3(8) **解法一**　$\lim\limits_{x\to 0}\dfrac{e^x-1}{2x}=\dfrac{1}{2}\lim\limits_{x\to 0}\dfrac{e^x-1}{x}\xlongequal{\diamondsuit\, e^x-1=t}\dfrac{1}{2}\lim\limits_{t\to 0}\dfrac{t}{\ln(1+t)}$

$$=\dfrac{1}{2}\lim\limits_{t\to 0}\dfrac{1}{\ln(1+t)^{\frac{1}{t}}}=\dfrac{1}{2}\dfrac{1}{\lim\limits_{t\to 0}\ln(1+t)^{\frac{1}{t}}}$$

$$=\dfrac{1}{2}\dfrac{1}{\ln\left[\lim\limits_{t\to 0}(1+t)^{\frac{1}{t}}\right]}=\dfrac{1}{2}\dfrac{1}{\ln e}=\dfrac{1}{2}$$

解法二　当 $x\to 0$ 时

$$e^x-1\sim x,\ \lim\limits_{x\to 0}\dfrac{e^x-1}{2x}=\dfrac{1}{2}\lim\limits_{x\to 0}\dfrac{x}{x}=\dfrac{1}{2}$$

B　组

2(4) **解**　$\lim\limits_{x\to 0^+}\dfrac{\sin ax}{\sqrt{1-\cos x}}=\lim\limits_{x\to 0^+}\dfrac{\sin ax}{\sqrt{2}\sin\frac{x}{2}}=\dfrac{1}{\sqrt{2}}\lim\limits_{x\to 0^+}\dfrac{ax}{\frac{x}{2}}=\sqrt{2}a$

习题 1-5

A　组

4 **解**　当 $x<0$ 时，$f(x)=1+e^x$ 为连续函数

当 $x>0$ 时，$f(x)=x+2a$ 为连续函数.

讨论 $x=0$ 时的连续性：

$$\lim\limits_{x\to 0^+}f(x)=\lim\limits_{x\to 0^-}f(x)=f(0)$$

即

$$\lim\limits_{x\to 0^+}(x+2a)=\lim\limits_{x\to 0^-}(1+e^x)=2$$

$2a=2$，$a=1$ 时，$f(x)$ 在 $(-\infty,+\infty)$ 上连续.

B　组

2 **解**　$\lim\limits_{x\to 0^+}f(x)=\lim\limits_{x\to 0^+}\dfrac{\cos x}{x+2}=\dfrac{1}{2}$

$$\lim\limits_{x\to 0^-}f(x)=\lim\limits_{x\to 0^-}\dfrac{\sqrt{a}-\sqrt{a-x}}{x}=\lim\limits_{x\to 0^-}\dfrac{a-a+x}{x\left(\sqrt{a}+\sqrt{a-x}\right)}$$

$$=\lim\limits_{x\to 0^-}\dfrac{1}{\sqrt{a}+\sqrt{a-x}}=\dfrac{1}{2\sqrt{a}}$$

当 $a\neq 1$ 时，$x=0$ 为 $f(x)$ 的第一类间断点.

四、综合测试题

（一）选择填空

1. $\lim\limits_{x\to\infty}\dfrac{x+\sin x}{x}=$（　　）.

A. 0　　　　　　　　B. 1　　　　　　　　C. 不存在　　　　　　　　D. ∞

2. $\lim\limits_{x\to0}\dfrac{x^2\sin\dfrac{1}{x}}{\sin x}$ 的值是（　　）.

A. 1　　　　　　　　B. ∞　　　　　　　　C. 0　　　　　　　　D. 不存在

3. 无穷大量与有界量的关系是（　　）.

A. 无穷大量可能是有界量　　　　　　B. 无穷大量一定不是有界量

C. 有界量可能是无穷大量　　　　　　D. 不是有界量就一定是无穷大量

4. 当 $x\to0$ 时，变量 $\dfrac{1}{x^2}\sin\dfrac{1}{x}$ 是（　　）.

A. 无穷小　　　　　　　　　　　　　B. 有界的但非无穷小

C. 无界的，但非无穷大　　　　　　　D. 无穷大

5. 下列各式不正确的是（　　）.

A. $\lim\limits_{x\to0}\mathrm{e}^{\frac{1}{x}}=\infty$　　　　　　　　B. $\lim\limits_{x\to0^-}\mathrm{e}^{\frac{1}{x}}=0$

C. $\lim\limits_{x\to0^+}\mathrm{e}^{\frac{1}{x}}=+\infty$　　　　　　D. $\lim\limits_{x\to\infty}\mathrm{e}^{\frac{1}{x}}=1$

6. 下列各式正确的是（　　）.

A. $\lim\limits_{x\to\infty}(1+x)^{\frac{1}{x}}=\mathrm{e}$　　　　　　B. $\lim\limits_{x\to0}(1+x)^{x}=\mathrm{e}$

C. $\lim\limits_{x\to\infty}\left(1+\dfrac{1}{x}\right)^{x}=\mathrm{e}$　　　　D. $\lim\limits_{x\to\infty}\left(1+\dfrac{1}{x}\right)^{\frac{1}{x}}=\mathrm{e}$

7. 下面运算正确的是（　　）.

A. $\lim\limits_{x\to0}\dfrac{x\sin\dfrac{1}{x}}{\cos x}=\lim\limits_{x\to0}\dfrac{1}{\cos x}\cdot\lim\limits_{x\to0}x\sin\dfrac{1}{x}=1\cdot0=0$

B. $\lim\limits_{x\to0}\dfrac{x\sin\dfrac{1}{x}}{\cos x}=\lim\limits_{x\to0}\dfrac{x\cdot\dfrac{1}{x}}{\cos x}=1$

C. $\lim\limits_{x\to0}\dfrac{x\sin\dfrac{1}{x}}{\cos x}=\lim\limits_{x\to0}\dfrac{1}{\cos x}\cdot\lim\limits_{x\to0}\dfrac{\sin\dfrac{1}{x}}{\dfrac{1}{x}}=1\cdot1=1$

8. 下列命题中错误的是（　　）.

A. 若 $\lim\limits_{x\to a}f(x)=+\infty,\lim\limits_{x\to a}g(x)=-\infty$，则 $\lim\limits_{x\to a}[f(x)-g(x)]=+\infty$

B. 若 $\lim\limits_{x\to a}f(x)=-\infty,\lim\limits_{x\to a}g(x)=+\infty$，则 $\lim\limits_{x\to a}[f(x)-g(x)]=-\infty$

C. 若 $\lim\limits_{x\to a}f(x)=-\infty,\lim\limits_{x\to a}g(x)=-\infty$，则 $\lim\limits_{x\to a}[f(x)+g(x)]=-\infty$

D. 若 $\lim\limits_{x \to a} f(x) = +\infty, \lim\limits_{x \to a} g(x) = +\infty$, 则 $\lim\limits_{x \to a}[f(x) - g(x)] = -\infty$

9. 当 $x \to 0^+$ 时, 下列函数中（　　）为无穷小量.

A. $x\sin\dfrac{1}{x}$　　　　　　B. $\mathrm{e}^{\frac{1}{x}}$　　　　　　C. $\ln x$　　　　　　D. $\dfrac{1}{x}\sin x$

10. $\lim\limits_{x \to 0}\dfrac{\sin\dfrac{1}{x}}{\sin x} = （　　）$.

A. 1　　　　　　B. ∞　　　　　　C. 不存在　　　　　　D. 0

11. 若 $\lim\limits_{x \to a} f(x) = k$, 且 $f(x)$ 在 $x = a$ 处无定义, 则点 $x = a$ 必是 $f(x)$ 的（　　）.

A. 第一类间断点　　　B. 第二类间断点　　　C. 连续点

12. $f(x) = \begin{cases} \dfrac{1}{x}\sin 3x, & x \neq 0 \\ a, & x = 0 \end{cases}$, 若使 $f(x)$ 在 $(-\infty, +\infty)$ 内连续, 则 $a = （　　）$.

A. 0　　　　　　B. 1　　　　　　C. $\dfrac{1}{3}$　　　　　　D. 3

13. 方程 $\ln x + x - 2 = 0$ 在 $(1,2)$ 内有（　　）个实根.

A. 0　　　　　　B. 1　　　　　　C. 2　　　　　　D. 3

14. $f(x) = \begin{cases} x, & 0 < x < 1 \\ 2, & x = 1 \\ 2 - x, & 1 < x \leqslant 2 \end{cases}$ 的连续区间为（　　）.

A. $[0,2]$　　　　　B. $(0,2)$　　　　　C. $[0,1)\bigcup(1,2]$　　　D. $(0,1)\bigcup(1,2)$

(二) 判断题

1. $f(x)$ 为定义在 $[-l, l]$ 上的任意函数, 则 $f(x) + f(-x)$ 必为偶函数.　　　（　　）

2. 两个单调增加函数的积函数必为单调增加函数.　　　（　　）

3. 若 $y = f(x)$ 为奇函数, $x = \varphi(t)$ 为奇函数, 则 $y = f[\varphi(t)]$ 必为奇函数.（　　）

4. 对于数列 $\{x_n\}$, 若 $x_{2n} \to a(n \to \infty), x_{2n-1} \to a(n \to \infty)$ 则 $x_n \to a(n \to \infty)$.（　　）

5. $\lim\limits_{x \to 0}\dfrac{2^{\frac{1}{x}} - 1}{2^{\frac{1}{x}} + 1} = \lim\limits_{x \to 0}\dfrac{1 - 2^{-\frac{1}{x}}}{1 + 2^{-\frac{1}{x}}} = \dfrac{1 - 0}{1 + 0} = 1$.　　　（　　）

6. 因为当 $x \to 0$ 时, $\sin x \sim x, \tan x \sim x$, 所以 $\lim\limits_{x \to 0}\dfrac{\sin x - \tan x}{x^3} = \lim\limits_{x \to 0}\dfrac{x - x}{x^3} = 0$.（　　）

7. 若 $\lim\limits_{x \to x_0} f(x)$ 和 $\lim\limits_{x \to x_0} g(x)$ 都不存在, 则 $\lim\limits_{x \to x_0}[f(x) + g(x)]$ 必不存在.　　　（　　）

8. 初等函数在其定义域内必连续.　　　（　　）

9. $x = 0$ 是函数 $f(x) = \begin{cases} \dfrac{x + \sin x}{x}, & x \neq 0 \\ 3, & x = 0 \end{cases}$ 的第一类间断点.　　　（　　）

10. 单调有界函数没有第二类间断点.　　　（　　）

11. 在 (a,b) 区间上连续的函数 $f(x)$ 一定有最大值和最小值.　　　（　　）

12. 若 $\lim\limits_{x \to x_0} f(x) = A$, 则 $f(x_0) = A$.　　　（　　）

13. $y = \sqrt{\sin x - 1}$ 无连续点.   (   )

14. $x = 2$ 是 $f(x) = \arctan \dfrac{1}{2-x}$ 的可去间断点.   (   )

15. 方程 $2^x = x^2 + 1$ 在 $(-1,5)$ 内至少有三个实根.   (   )

(三) 填空题

1. 当(   )时,函数 $f(x) = \ln x^2$ 与 $g(x) = 2\ln x$ 表示同一个函数.

2. $f(x) = e^{x-1}$,则 $f(2) = ($ $)$;$f[f(1)] = ($ $)$.

3. $y = \tan\sqrt{x-5}$ 的复合过程是(   ).

4. 若函数 $f\left(x + \dfrac{1}{x}\right) = x^2 + \dfrac{1}{x^2}$,那么 $f(x) = ($ $)$.

5. 函数 $f(x) = \sqrt{4 - x^2} + \dfrac{1}{|x| - 1}$,那么 $f(x)$ 的定义域为(   ).

6. $\lim\limits_{x \to \infty} \dfrac{\cos x}{x+1} = ($ $)$.

7. $\lim\limits_{x \to 0}(1 + \tan x)^{\frac{2}{x}} = ($ $)$.

8. $f(x) = \sin x \cdot \sin \dfrac{1}{x}$ 的间断点是(   ),是第(   )类间断点.

9. $\lim\limits_{x \to +\infty} x[\ln(x-2) - \ln(x+1)] = ($ $)$.

10. 若 $\lim\limits_{x \to \infty}\left(\dfrac{x^2+1}{x+1} - ax - b\right) = 0$,则 $a = ($ $)$,$b = ($ $)$.

11. 若 $\lim\limits_{x \to 3} \dfrac{x^2 - 2x + k}{x - 3} = 4$,则 $k = ($ $)$.

12. 设 $f(x) = \begin{cases} e^{\frac{1}{x}}, & x < 0 \\ 0, & x = 0 \\ \arctan\dfrac{1}{x}, & x > 0 \end{cases}$,则 $x = 0$ 是 $f(x)$ 的第(   )类间断点.

13. 设 $f(x) = \begin{cases} \dfrac{x^2 + bx + a}{1 - x}, & x \neq 1 \\ 0, & x = 1 \end{cases}$,在 $x = 1$ 处连续,则 $a = ($ $)$,$b = ($ $)$.

(四) 计算题

1. $\lim\limits_{x \to -2} \dfrac{x^3 + 3x^2 + 2x}{x^2 - x - 6}$

2. $\lim\limits_{x \to \infty}(\sqrt{x^2 + 1} - \sqrt{x^2 - 1})$

3. $\lim\limits_{x \to \infty} \dfrac{(2x-3)^{20}(3x+2)^{30}}{(5x+1)^{50}}$

4. $\lim\limits_{x \to 1}\left(\dfrac{1}{x^2 - 1} - \dfrac{1}{x-1}\right)$

5. $\lim\limits_{x \to \infty}\left(\dfrac{x}{1+x}\right)^x$

6. $\lim\limits_{x \to 1}(1-x)\tan\dfrac{\pi}{2}x$

7. $\lim\limits_{x \to 1} x^{\frac{3}{1-x}}$

8. $\lim\limits_{x \to 0} \dfrac{(1 - \cos x)\arcsin x}{x^3}$

9. $\lim\limits_{x \to +\infty}(\sin\sqrt{x} - \sin\sqrt{x+1})$

10. $\lim\limits_{n \to \infty}\left[\dfrac{1}{1 \cdot 2} + \dfrac{1}{2 \cdot 3} + \cdots + \dfrac{1}{n(n+1)}\right]$

11. $\lim\limits_{n \to \infty}\sqrt{3\sqrt{3\sqrt{3\cdots\sqrt{3}}}}$(共有 n 个根号)

12. $\lim\limits_{x \to 0} \mid x \mid \sin \dfrac{1}{x}$ 　　　　　13. $\lim\limits_{x \to \infty} \left(\dfrac{x+a}{x-a} \right)^x$

14. 设 $f(x) = \begin{cases} x^2, & -1 \leqslant x < 0 \\ x, & 0 < x < 1 \\ 2, & x = 1 \\ 2-x, & 1 < x \leqslant 2 \end{cases}$ 求 $\lim\limits_{x \to 0} f(x), \lim\limits_{x \to 1} f(x).$

15. $\lim\limits_{n \to \infty} \left(\dfrac{1}{\sqrt{n^2+1}} + \dfrac{1}{\sqrt{n^2+2}} + \cdots + \dfrac{1}{\sqrt{n^2+n}} \right)$

16. $\lim\limits_{x \to 0^+} (\ln \sin x - \ln x)$

（五）研究函数的连续性

1. 作出函数图像，其中 $f(x) = \begin{cases} 2-x, & \text{当 } x \leqslant 3 \text{ 时} \\ \dfrac{1}{10}x^2, & \text{当 } x > 3 \text{ 时} \end{cases}$，问 $f(x)$ 在 $(-\infty, +\infty)$ 是否连续？若不连续，间断点为哪一类？

2. 讨论 $f(x) = \begin{cases} 2, & x = \pm 2 \\ 4-x^2, & \mid x \mid < 2 \\ 4, & \mid x \mid > 2 \end{cases}$ 的连续性.

3. 当 $x = 0$ 时，函数 $f(x) = x \ln x^2$ 无意义，试定义 $f(0)$ 的值使 $f(x)$ 在 $x = 0$ 处连续.

4. 设 $f(x) = \begin{cases} \dfrac{x^2 + ax + b}{(x-1)(x+2)}, & x \neq 1, x \neq -2 \\ \dfrac{4}{3}, & x = 1, x = -2 \end{cases}$ 在 $x = 1$ 处连续，试求 a, b 的值.

5. 证明方程 $x = a \sin x + b (a > 0, b > 0)$ 至少有一个不大于 $a+b$ 的正根.

（六）应用题

1. 在半径为 r 的球内嵌入一个圆柱，试将圆柱的体积 V 表示为其高 h 的函数，并求定义域.

2. 在边长为 a 的等边三角形里，连接各边中点作一个内接等边三角形，如此继续作下去，求所有这些等边三角形的面积之和.

3. 将长为 a 的线段 AB 分为 n 等分，在每一小段上作中心角为 $\dfrac{\pi}{n}$ 的圆弧，这些圆弧组成曲线，设曲线长为 L_n，求 $\lim\limits_{n \to \infty} L_n$？若在每一小段上都作半圆，其结果如何？

第二章

导数与微分

一、本章教学目标及重点

【教学目标】

1. 理解导数和微分的概念.

2. 了解导数与微分的几何意义及高阶导数的概念,导数的可导性与连续性的关系.

3. 知道一阶微分形式不变性及一些近似计算公式.

4. 熟练掌握导数与微分的运算法则及基本公式,能熟练求出初等函数的一、二阶导数.

5. 掌握隐函数与参数方程所确定的函数的一阶导数的求导方法.

6. 会用导数与微分解决一些简单的实际问题.

【知识点、重点归纳】

1. 导数的概念与几何意义

(1) 常见导数定义式

$$f'(x_0) = \lim_{\Delta x \to 0} \frac{\Delta y}{\Delta x} = \lim_{\Delta x \to 0} \frac{f(x_0 + \Delta x) - f(x_0)}{\Delta x}$$

$$f'(x_0) = \lim_{h \to 0} \frac{f(x_0 + h) - f(x_0)}{h}$$

$$f'(x_0) = \lim_{x \to x_0} \frac{f(x) - f(x_0)}{x - x_0}$$

(2) 左、右导数的概念

左导数 $\qquad f'(x_0 - 0) = \lim\limits_{\Delta x \to 0^-} \dfrac{f(x_0 + \Delta x) - f(x_0)}{\Delta x}$

右导数 $\qquad f'(x_0 + 0) = \lim\limits_{\Delta x \to 0^+} \dfrac{f(x_0 + \Delta x) - f(x_0)}{\Delta x}$

$\qquad f'(x_0)$ 存在 $\Leftrightarrow f'(x_0 - 0) = f'(x_0 + 0)$

(3) 几何意义

函数 $y = f(x)$ 在点 x_0 处的导数 $f'(x_0)$ 就是曲线 $y = f(x)$ 在点 $M(x_0, y_0)$ 处的切线的斜率,即 $k = f'(x_0)$. 曲线 $y = f(x)$ 在点 $M(x_0, y_0)$ 处的

切线方程为: $\qquad y - y_0 = f'(x_0)(x - x_0)$

法线方程为: $\qquad y - y_0 = -\dfrac{1}{f'(x_0)}(x - x_0) \quad (f'(x_0) \neq 0)$

（4）可导与连续的关系

函数 $y = f(x)$ 在点 x 处可导，则函数在该点必连续，但反之未必. 即函数在某点连续是函数在该点可导的必要条件，但不是充分条件. 若 $f(x)$ 在点 x 处不连续，则 $f(x)$ 在点 x 处必不可导.

2.求导法则与求导公式

（1）四则运算

设函数 u 和 v 均为可导函数，则

$$(u \pm v)' = u' \pm v'$$
$$(uv)' = u'v + uv'$$
$$(cu)' = cu' \quad \text{（其中 } c \text{ 为常数）}$$
$$\left(\frac{u}{v}\right)' = \frac{u'v - uv'}{v^2} \quad (v \neq 0)$$

（2）复合函数的导数

设 $y = f(u)$，$u = \varphi(x)$ 且 $f(u)$ 和 $\varphi(x)$ 都可导，则复合函数 $y = f[\varphi(x)]$ 的导数为

$$\frac{dy}{dx} = \frac{dy}{du} \cdot \frac{du}{dx}$$

（3）隐函数的导数

由方程 $F(x,y) = 0$ 所确定的隐函数的求导法，就是将方程两边分别对 x 求导，再求出 $\frac{dy}{dx}$ 即可，注意，y 是 x 的函数.

由方程组 $\begin{cases} F(x,y,z) = 0 \\ G(x,y,z) = 0 \end{cases}$ 所确定的隐函数的求导法，就是将方程组两端同时对 x 求导，再求出 $\frac{dz}{dx}$、$\frac{dy}{dx}$ 即可. 注意，y、z 为关于 x 的函数.

（4）分段函数的导数

注意，分段函数在分段点处的导数必须用导数的定义来求.

（5）由参数方程所确定的函数的导数

若参数方程 $\begin{cases} x = \varphi(t) \\ y = f(t) \end{cases}$ 确定 x 和 y 之间的函数关系，则

$$\frac{dy}{dx} = \frac{\dfrac{dy}{dt}}{\dfrac{dx}{dt}} = \frac{f'(t)}{\varphi'(t)}$$

（6）常用导数公式

$$(c)' = 0(c \text{ 为常数}) \qquad\qquad (x^a)' = ax^{a-1}$$
$$(\sin x)' = \cos x \qquad\qquad (\cos x)' = -\sin x$$
$$(\tan x)' = \sec^2 x \qquad\qquad (\cot x)' = -\csc^2 x$$
$$(\sec x)' = \sec x \tan x \qquad\qquad (\csc x)' = -\csc x \cot x$$
$$(a^x)' = a^x \ln a \qquad\qquad (e^x)' = e^x$$
$$(\log_a x)' = \frac{1}{x \ln a} \qquad\qquad (\ln x) = \frac{1}{x}$$
$$(\arcsin x)' = \frac{1}{\sqrt{1-x^2}} \qquad\qquad (\arccos x)' = -\frac{1}{\sqrt{1-x^2}}$$

$$(\arctan x)' = \frac{1}{1+x^2} \qquad\qquad (\mathrm{arccot} x)' = -\frac{1}{1+x^2}$$

3.微分的概念与应用

(1) 微分的定义

如果函数 $y = f(x)$ 在点 x_0 处具有导数 $f'(x_0)$,那么 $f'(x_0) \cdot \Delta x$ 叫做函数 $y = f(x)$ 在点 x_0 处的微分,记作 $\mathrm{d}y \big|_{x=x_0}$,即

$$\mathrm{d}y \big|_{x=x_0} = f'(x_0) \cdot \Delta x$$

(2) 微分法则与微分基本公式

有了微分的定义和导数公式后,微分公式显而易见.

设函数 $y = f(u), u = \varphi(x)$,则复合函数 $y = f[\varphi(x)]$ 的导数为 $y' = f'(u)\varphi'(x)$. 于是复合函数 $y = f[\varphi(x)]$ 的微分为 $\mathrm{d}y = f'(u)\varphi'(x)\mathrm{d}x$.

因为 $\varphi'(x)\mathrm{d}x = \mathrm{d}u$,所以

$$\mathrm{d}y = f'(u)\mathrm{d}u$$

可见,无论 u 是自变量还是中间变量,函数 $y = f(u)$ 的微分形式总是 $\mathrm{d}y = f'(u)\mathrm{d}u$, 这个性质称为一阶微分形式不变性.

(3) 微分的应用

当 $|\Delta x|$ 很小时,常用的近似计算公式有

$$\Delta y \approx \mathrm{d}y = f'(x_0)\Delta x$$
$$f(x_0 + \Delta x) \approx f(x_0) + f'(x_0)\Delta x$$
$$f(x) \approx f(x_0) + f'(x_0)(x - x_0)$$

当 $|\Delta x| \leqslant \delta (\delta$ 为最大绝对误差$)$ 时,可用 $|f'(x)| \cdot \delta$ 作为近似值的最大绝对误差, 用 $\left|\dfrac{f'(x)}{f(x)}\right| \cdot \delta$ 作为近似值的最大相对误差.

二、典型例题解析

【例 1】 判断下列各题是否正确?

(1) 若函数 $f(x)$ 在点 x_0 处无定义,则函数在点 x_0 处必无导数;若函数 $f(x)$ 在点 x_0 处有定义,则函数在点 x_0 处必可导.

【分析】

(错误) 根据函数 $f(x)$ 在点 x_0 处的导数定义,若函数 $f(x)$ 在点 x_0 处无定义,则 $f(x_0)$ 不存在,所以函数 $f(x)$ 在点 x_0 处必无导数. 但函数 $f(x)$ 在点 x_0 处有定义,却不能 保证函数 $f(x)$ 在点 x_0 处可导,例如,

$$\text{函数 } f(x) = \begin{cases} 1, & x > 0 \\ 0, & x = 0, \text{在点 } x = 0 \text{ 处虽然有定义,但不可导.} \\ -1, & x < 0 \end{cases}$$

(2) 若函数 $f(x)$ 在点 x_0 处不可导,则 $f(x)$ 在点 x_0 处必不连续.

【分析】

(错误) 函数 $f(x)$ 在点 x_0 处可导,则 $f(x)$ 在点 x_0 处必连续,即可导是连续的充分条件,但不是必要条件. 如函数 $f(x) = |\sin x|$ 在点 $x = 0$ 处不可导,但在 $x = 0$ 处连续.

(3) 若 $f'(x_0) = 0$,则必有 $f(x_0) = 0$;反之 $f(x_0) = 0$,则 $f'(x_0) = 0$.

【分析】

(错误) 例如 $f(x) = \cos x$,当 $x_0 = 0$ 时,$f'(0) = -\sin 0 = 0$,但 $f(0) = \cos 0 = 1$;又如 $f(x) = x$,当 $x_0 = 0$ 时,$f(0) = 0$,但 $f'(0) = 1$.

(4) $f'(x_0)$ 等于 $[f(x_0)]'$.

【分析】

(错误) $f'(x_0)$ 表示函数在点 x_0 处的导数,它等于 $f'(x)|_{x=x_0}$,而 $[f(x_0)]'$ 表示对函数值 $f(x_0)$ 这个常数求导数,此时 $[f(x_0)]' = 0$.

(5) 若 $y = f(x)$ 处处可导,则 $y = f(x)$ 处处有切线.

【分析】

(正确) 由导数的几何意义得知结论是正确的,但其逆不真. 即曲线 $y = f(x)$ 处处有切线,函数 $y = f(x)$ 不一定处处可导. 若曲线 $y = f(x)$ 上的 $P(x_0, f(x_0))$ 点有铅直切线 $x = x_0$,则 $f'(x_0) = \infty$,即 $f(x)$ 在点 x_0 处不可导. 如 $f(x) = \sqrt[3]{x}$ 在 $x = 0$ 处有切线 y 轴,但在 $x = 0$ 处不可导.

(6) 函数 $y = f(x)$ 在点 x_0 处可微,则在点 x_0 处可导,反之也成立.

【分析】

(正确) 由微分的定义可知,对于一元函数 $y = f(x)$,其可导与可微是等价的,且 $\mathrm{d}y = f'(x_0)\mathrm{d}x$. 尽管如此,导数与微分是两个完全不同的概念. 导数 $f'(x_0)$ 是函数增量与自变量增量之比的极限,是与点 x_0 有关的一个确定的数值;而微分 $\mathrm{d}y = f'(x_0)\mathrm{d}x$ 是自变量增量 $\Delta x = \mathrm{d}x$ 的线性函数,是函数增量 Δy 的近似值,它同时依赖于 x_0 和 Δx. 在几何意义上,$f'(x_0)$ 表示了曲线 $y = f(x)$ 在点 $(x_0, f(x_0))$ 处切线的斜率,而 $\mathrm{d}y$ 是曲线 $y = f(x)$ 在点 $(x_0, f(x_0))$ 处切线上点的纵坐标增量.

(7) 若函数 $f(x)$ 和 $g(x)$ 在 $x = x_0$ 处均不可导,则函数 $f(x)g(x)$ 在 $x = x_0$ 处也必定不可导.

【分析】

(错误) 由导数的运算法则可知,若函数 $f(x)$ 和 $g(x)$ 在 $x = x_0$ 处都可导,则函数 $f(x)g(x)$ 在 $x = x_0$ 处也可导;但若函数 $f(x)$ 和 $g(x)$ 在 $x = x_0$ 处均不可导,则函数 $f(x)g(x)$ 在 $x = x_0$ 处可能可导,也可能不可导. 例如:

$$f(x) = \frac{x}{1 + |x|},\ g(x) = 1 + |x|$$

在 $x = 0$ 处均不可导,但 $f(x)g(x)$ 在 $x = 0$ 处显然是可导的.

【例 2】　函数 $f(x) = \begin{cases} 0, & x = 0 \\ x^2 \sin \dfrac{1}{x}, & x \neq 0 \end{cases}$,在点 $x = 0$ 处是否可导,导数是否连续?

【分析】 这类题目常用导数和极限定义来解答.用导数定义求解或证明函数在指定点的导数的步骤为一差二比三极限.

解 因为 $\Delta y = f(x_0 + \Delta x) - f(x_0) = f(0 + \Delta x) - f(0)$

$$= (\Delta x)^2 \sin \frac{1}{\Delta x} - 0 = (\Delta x)^2 \sin \frac{1}{\Delta x}$$

$$\frac{\Delta y}{\Delta x} = \frac{(\Delta x)^2 \sin \dfrac{1}{\Delta x}}{\Delta x} = \Delta x \sin \frac{1}{\Delta x}$$

所以 $\lim\limits_{\Delta x \to 0} \dfrac{\Delta y}{\Delta x} = \lim\limits_{\Delta x \to 0} \Delta x \cdot \sin \dfrac{1}{\Delta x} = 0$,即函数 $f(x)$ 在点 $x = 0$ 处可导,且 $f'(0) = 0$.

当 $x \neq 0$ 时,$f(x)$ 可导,且

$$f'(x) = 2x \sin \frac{1}{x} + x^2 \cos \frac{1}{x} \cdot \frac{-1}{x^2} = 2x \sin \frac{1}{x} - \cos \frac{1}{x}$$

$\lim\limits_{x \to 0} f'(x) = \lim\limits_{x \to 0} \left(2x \sin \dfrac{1}{x} - \cos \dfrac{1}{x} \right)$,极限不存在.故 $f(x)$ 在 $x = 0$ 处可导,但导函数 $f'(x)$ 在 $x = 0$ 处不连续.

【例 3】 设 $f(x) = (x - a)\varphi(x)$,且 $\varphi(x)$ 在 $x = a$ 处连续,求 $f'(a)$.

【分析】 因为已知条件仅知 $\varphi(x)$ 连续,并未给出 $\varphi(x)$ 可导的条件,因此 $\varphi'(a)$ 不一定有意义,不能直接利用求导法则.

$$f'(x) = [(x - a)\varphi(x)]' = \varphi(x) + (x - a)\varphi'(x), \quad f'(a) = \varphi(a).$$

这种解法是错误的.

正确的解法是利用导数的定义来计算,即一差二比三极限.

解 因为 $\varphi(x)$ 在 $x = a$ 处连续,故 $\lim\limits_{x \to a} \varphi(x) = \varphi(a)$,又因为

$$\lim_{x \to a} \frac{f(x) - f(a)}{x - a} = \lim_{x \to a} \frac{(x - a)\varphi(x) - (a - a)\varphi(a)}{x - a} = \lim_{x \to a} \varphi(x)$$

所以 $\qquad\qquad\qquad f'(a) = \varphi(a)$

【例 4】 设 $f(x)$ 在 $x = 0$ 处连续,且 $\lim\limits_{x \to 0} \dfrac{f(x)}{x}$ 存在,证明 $f(x)$ 在 $x = 0$ 处可导.

【分析】 欲证 $f(x)$ 在 $x = 0$ 处可导,由定义需证 $\lim\limits_{x \to 0} \dfrac{f(x) - f(0)}{x}$ 存在,故只要证 $f(0) = 0$,这时 $\lim\limits_{x \to 0} \dfrac{f(x) - f(0)}{x} = \lim\limits_{x \to 0} \dfrac{f(x)}{x}$.

证明 设 $\lim\limits_{x \to 0} \dfrac{f(x)}{x} = A$,则 $\lim\limits_{x \to 0} f(x) = \lim\limits_{x \to 0} x \cdot \dfrac{f(x)}{x} = 0 \cdot A = 0$

因为 $f(x)$ 在 $x = 0$ 连续,所以 $f(0) = \lim\limits_{x \to 0} f(x) = 0$.

故 $f'(0) = \lim\limits_{x \to 0} \dfrac{f(x) - f(0)}{x} = \lim\limits_{x \to 0} \dfrac{f(x)}{x} = A$ 存在,即 $f(x)$ 在 $x = 0$ 处可导.

【例 5】 求过点 $(1, 0)$ 并与曲线 $y = \dfrac{1}{x}$ 相切的直线方程.

【分析】 利用函数 $f(x)$ 在 x_0 处的导数 $f'(x_0)$ 是曲线在点 $(x_0, f(x_0))$ 的切线的斜

率,求切线方程.但应注意(1,0)不在曲线上,不是切点.

解　设切点为 $M\left(x_0,\dfrac{1}{x_0}\right)$,则切线的斜率为

$$y'\mid_{x=x_0}=-\frac{1}{x_0^2}$$

切线方程为
$$y-\frac{1}{x_0}=-\frac{1}{x_0^2}(x-x_0)$$

因为点(1,0)在切线上,所以

$$0-\frac{1}{x_0}=-\frac{1}{x_0^2}(1-x_0)$$

解得
$$x_0=\frac{1}{2}$$

所求切线方程为
$$y-2=-4\left(x-\frac{1}{2}\right)$$

即
$$4x+y-4=0$$

【例 6】　求 $y=\sqrt{x\sqrt{x\sqrt{x}}}$ 的导数.

【分析】　该题若用复合函数的求导法则求解很复杂,在求导数的运算中,适当地对函数进行变形、化简,有时会起到事半功倍的效果.

解　因为 $y=\sqrt{x\sqrt{x\sqrt{x}}}=x^{\frac{1}{2}+\frac{1}{4}+\frac{1}{8}}=x^{\frac{7}{8}}$,所以 $y'=\dfrac{7}{8}x^{-\frac{1}{8}}$.

【例 7】　计算下列函数的导数或微分.

(1) 设 $y=\ln\sqrt{1+\ln x}$,求 y';　　　(2) 已知 $y=\sqrt[a]{x}-\sqrt[x]{a}$,求 y';

(3) $y=x^{x^2}$,求 y';　　　　　　　　　(4) $y=x\sqrt{\dfrac{1-x}{1+x}}$,求 $\mathrm{d}y$;

(5) $y=\ln(\mathrm{e}^x+\sqrt{\mathrm{e}^{2x}+1})$,求 $\mathrm{d}y\big|_{x=\ln 2}$.

(1)**【分析】**　这个函数为复合函数,求复合函数的导数时,应分清复合层次,明确对哪个变量求导,由外向内,先利用复合函数的求导法则,然后再利用基本求导公式,求导到底.

$y=\ln\sqrt{1+\ln x}$ 可拆成 $y=\ln u,u=\sqrt{v},v=1+\ln x$.依复合函数求导法则和基本求导公式,分别对 u,对 v,对 x 求导.

解　$y'_x=(\ln u)'_u(\sqrt{v})'_v(1+\ln x)'_x=\dfrac{1}{u}\cdot\dfrac{1}{2\sqrt{v}}\cdot\dfrac{1}{x}$

$$=\frac{1}{\sqrt{1+\ln x}}\cdot\frac{1}{2\sqrt{1+\ln x}}\cdot\frac{1}{x}=\frac{1}{2x(1+\ln x)}$$

当求导熟练后,中间变量可以省略.此题先变形为 $y=\dfrac{1}{2}\ln(1+\ln x)$ 后求导更为简便.

(2)**【分析】**　给出的函数为两个函数之差.其中 $y_1=\sqrt[a]{x}$,$y_2=\sqrt[x]{a}$.

解　因为 $y'=y'_1-y'_2,y'_1=\dfrac{1}{a}x^{\frac{1}{a}-1}$,$y'_2=\sqrt[x]{a}\ln a\left(-\dfrac{1}{x^2}\right)$,所以

$$y'=\frac{1}{a}x^{\frac{1}{a}-1}+\frac{\sqrt[x]{a}\cdot\ln a}{x^2}.$$

(3)【分析】 首先应注意 x^{x^2} 表示 $x^{(x^2)}$,而不是 $(x^x)^2$;其次这是个一题多解题. 如用取对数法求导,要注意 y 是 x 的函数.

解法一 取对数得 $\ln y = x^2 \ln x$,等式两边对 x 求导得

$$\frac{1}{y} \cdot y' = 2x\ln x + x$$

所以
$$y' = x^{x^2}(2x\ln x + x) = x^{x^2+1}(2\ln x + 1)$$

解法二 将原函数变形为指数函数

$$y = x^{x^2} = e^{\ln x^{x^2}} = e^{x^2 \ln x}$$
$$y' = e^{x^2\ln x}(x^2\ln x)' = e^{x^2\ln x}(2x\ln x + x)$$
$$= x^{x^2+1}(2\ln x + 1)$$

(4)【分析】 求微分 $\mathrm{d}y$,利用 $\mathrm{d}y = f'(x)\mathrm{d}x$,先求 $f'(x)$. 幂指函数求导问题,通常采用取对数求导法,本题是多个因式幂的乘积形式,采用取对数求导法可使问题得到简化,注意掌握这种方法.

解 $\ln y = \ln x + \dfrac{1}{2}\ln(1-x) - \dfrac{1}{2}\ln(1+x)$

$$\frac{1}{y} \cdot y' = \frac{1}{x} + \frac{1}{2} \cdot \frac{1}{1-x} \cdot (-1) - \frac{1}{2} \cdot \frac{1}{1+x}$$

$$y' = x\sqrt{\frac{1-x}{1+x}} \cdot \left[\frac{1}{x} - \frac{1}{(1-x)(1+x)}\right]$$

所以 $\mathrm{d}y = y'\mathrm{d}x = x\sqrt{\dfrac{1-x}{1+x}} \cdot \left[\dfrac{1}{x} - \dfrac{1}{(1-x)(1+x)}\right]\mathrm{d}x$

(5)【分析】 求 y 在 $x = \ln 2$ 处的微分,先求出 $\mathrm{d}y$. 求 $\mathrm{d}y$ 除了利用 $\mathrm{d}y = f'(x)\mathrm{d}x$,即会求导数就能写出微分,还可用一阶微分形式不变性,但要分清复合层次以及中间变量.

解 $\mathrm{d}y = \dfrac{1}{e^x + \sqrt{e^{2x}+1}}\mathrm{d}(e^x + \sqrt{e^{2x}+1}) = \dfrac{1}{e^x + \sqrt{e^{2x}+1}}\left(e^x\mathrm{d}x + \dfrac{\mathrm{d}e^{2x}}{2\sqrt{e^{2x}+1}}\right)$

$$= \frac{1}{e^x + \sqrt{e^{2x}+1}}\left(e^x + \frac{e^{2x}}{\sqrt{e^{2x}+1}}\right)\mathrm{d}x = \frac{e^x}{\sqrt{e^{2x}+1}}\mathrm{d}x$$

$$\mathrm{d}y\big|_{x=\ln 2} = \frac{2}{\sqrt{5}}\mathrm{d}x$$

【例8】 计算

(1) 设 $y = f(e^x + e^{-x})$,且 $f(x)$ 可导,求 $\mathrm{d}y$;

(2) 设 $y = f^2(x) + f(x^2)$,其中 $f(x)$ 具有二阶导数,求 y''.

(1)【分析】 y 是 x 的复合函数,即 $y = f(u), u = e^x + e^{-x}$,利用一阶微分形式不变性以及微分的运算法则.

解 $\mathrm{d}y = f'(u)\mathrm{d}u = f'(e^x + e^{-x})\mathrm{d}(e^x + e^{-x})$
$$= f'(e^x + e^{-x})(e^x - e^{-x})\mathrm{d}x$$

(2)【分析】 要清楚 $f^2(x)$ 是由 u^2 及 $u = f(x)$ 复合而成的复合函数,$f(x^2)$ 是由 $f(u), u = x^2$ 复合而成的复合函数,同时应注意 $f'(x^2)$ 仍是复合函数.

解　$y' = 2f(x)f'(x) + f'(x^2)2x$

$y'' = 2[f'(x)]^2 + 2f(x)f''(x) + 2f'(x^2) + 4x^2 f''(x^2)$

【例 9】　已知 $y = y(x) = e^{f^2(x)}$，若 $f'(a) = \dfrac{1}{2f(a)}$，求证 $y(a) = y'(a)$.

【分析】　先求 $y'(x)$，注意利用复合函数求导法则.

证明　$y'(x) = e^{f^2(x)}\big[f^2(x)\big]' = e^{f^2(x)} \cdot 2f(x) \cdot f'(x)$

$y'(a) = e^{f^2(a)} \cdot 2f(a) \cdot f'(a) = e^{f^2(a)} \cdot 2f(a) \cdot \dfrac{1}{2f(a)} = e^{f^2(a)}$

而 $y(a) = e^{f^2(a)}$，所以 $y(a) = y'(a)$.

【例 10】　已知 $y = \sqrt{xy} - \cos(y-x)$，求 $\mathrm{d}y$.

【分析】　求这个函数的微分有两种方法：一是用隐函数求导法则先求 y'，再用 $\mathrm{d}y = y'\mathrm{d}x$；二是直接用微分法则求 $\mathrm{d}y$.

解法一　两边对 x 求导，这时注意 y 是 x 的函数.

$$y' = (\sqrt{xy})'_x - [\cos(y-x)]'_x$$
$$= \frac{1}{2\sqrt{xy}}(y + xy') + \sin(y-x)(y'-1)$$

解出

$$y' = \frac{y - 2\sqrt{xy}\sin(y-x)}{2\sqrt{xy} - x - 2\sqrt{xy}\sin(y-x)}$$

于是

$$\mathrm{d}y = y'\mathrm{d}x = \frac{y - 2\sqrt{xy}\sin(y-x)}{2\sqrt{xy} - x - 2\sqrt{xy}\sin(y-x)}\mathrm{d}x$$

解法二

$$\mathrm{d}y = \mathrm{d}\sqrt{xy} - \mathrm{d}\cos(y-x)$$
$$= \frac{1}{2\sqrt{xy}}\mathrm{d}(xy) + \sin(y-x)\mathrm{d}(y-x)$$
$$= \frac{1}{2\sqrt{xy}}(y\mathrm{d}x + x\mathrm{d}y) + \sin(y-x)(\mathrm{d}y - \mathrm{d}x)$$

解出

$$\mathrm{d}y = \frac{y - 2\sqrt{xy}\sin(y-x)}{2\sqrt{xy} - x - 2\sqrt{xy}\sin(y-x)}\mathrm{d}x$$

【例 11】　求曲线 $\begin{cases} x = a(t - \sin t) \\ y = a(1 - \cos t) \end{cases}$ 在 $t = 0$ 时的切线方程.

【分析】　求切线方程，要利用参数方程求导公式 $\dfrac{\mathrm{d}y}{\mathrm{d}x} = \dfrac{y'_t}{x'_t}$，利用微分法求出 $\mathrm{d}x$、$\mathrm{d}y$，然后用导数是函数微分与自变量的微分之商，即 $\dfrac{\mathrm{d}y}{\mathrm{d}x} = \dfrac{y'_t\mathrm{d}t}{x'_t\mathrm{d}t}$，进一步理解导数与微分的关系.

解　$\mathrm{d}x = a(1 - \cos t)\mathrm{d}t, \mathrm{d}y = a\sin t\mathrm{d}t$

所以

$$\frac{\mathrm{d}y}{\mathrm{d}x} = \frac{\sin t}{1 - \cos t} = \cot\frac{t}{2}$$

当 $t = 0$ 时，$x = 0$，$y' = \infty$，所以曲线在 $x = 0$ 处有垂直于 x 轴的切线，切线方程为 $x = 0$.

【例 12】　问：当函数由参数方程 $\begin{cases} x = \varphi(t) \\ y = f(t) \end{cases}$ 表示时，由于一阶导数为 $\dfrac{\mathrm{d}y}{\mathrm{d}x} = \dfrac{f'(t)}{\varphi'(t)}$，所

以二阶导数为 $\dfrac{\mathrm{d}^2 y}{\mathrm{d} x^2} = \dfrac{f''(t)}{\varphi''(t)}$，对吗？

【分析】 错误. 要正确理解复合函数、二阶导数、由参数方程确定的函数的导数的概念，因为 y 对 x 的一阶导数 $y'_x = \dfrac{f'(t)}{\varphi'(t)} (\varphi'(t) \neq 0)$，是以 x 为自变量的复合函数，它由 $y'_x = \dfrac{f'(t)}{\varphi'(t)}$ 和 $t = \varphi^{-1}(x)$ 复合而成，所以在求二阶导数时，应用复合函数的求导法则. 正确的解法为

$$y''_x = \left(\frac{\mathrm{d}y}{\mathrm{d}x}\right)' = \frac{\mathrm{d}y'}{\mathrm{d}t} \cdot \frac{\mathrm{d}t}{\mathrm{d}x} = \frac{\mathrm{d}y'}{\mathrm{d}t} \cdot \frac{1}{\dfrac{\mathrm{d}x}{\mathrm{d}t}}$$

因为
$$\frac{\mathrm{d}y'}{\mathrm{d}t} = \left[\frac{f'(t)}{\varphi'(t)}\right]'_t = \frac{\varphi'(t)f''(t) - \varphi''(t)f'(t)}{[\varphi'(t)]^2}$$

将 $\dfrac{\mathrm{d}x}{\mathrm{d}t} = \varphi'(t)$ 代入上式，所以

$$y'' = \frac{\varphi'(t)f''(t) - \varphi''(t)f'(t)}{[\varphi'(t)]^2} \cdot \frac{1}{\varphi'(t)}$$
$$= \frac{\varphi'(t)f''(t) - \varphi''(t)f'(t)}{[\varphi'(t)]^3}$$

【例 13】 已知 $f(x) = \arcsin x$，求 $f(0.4983)$.

【分析】 一般地可以利用微分解决下面三个方面的近似计算问题.

1. 计算函数增量的近似值 Δy，即 $\Delta y \approx \mathrm{d}y = f'(x)\mathrm{d}x$；

2. 计算函数的近似值，即 $f(x + \Delta x) \approx f(x) + f'(x)\Delta x$；

3. 按照误差的精度要求进行近似计算.

本题求的是函数的近似值，首先应适当确定自变量的初值与增量. 因为 $0.4983 = 0.5 - 0.0017 = 0.5 + (-0.0017)$. 当 x 为 0.5 时，$f(x)$ 和 $f'(x)$ 的值都容易计算，因此可取 $x = 0.5$，$\Delta x = -0.0017$.

解　因为 $f'(x) = \dfrac{1}{\sqrt{1-x^2}}$，所以

$$f(0.4983) \approx f(0.5) + f'(0.5) \times (-0.0017)$$
$$= \arcsin 0.5 + \frac{1}{\sqrt{1-(0.5)^2}} \times (-0.0017)$$
$$= \frac{\pi}{6} - \frac{0.0017}{\sqrt{1-(0.5)^2}}$$
$$\approx 0.52$$

【例 14】 设从一批具有均匀密度的钢球中，要把所有那些直径等于 1 厘米的球挑选出来，如果挑出来的球在直径上允许有 3% 的相对误差，并且挑选的方法是以重量作为依据，求所挑选的球重量上的相对误差是多少？（钢的比重为 $7.6 \ \mathrm{g/cm^3}$）

【分析】 如何应用微分法去估计呢？在测量时，如果数量是可以直接测量的，测出的数据 x 总是有一定的误差 $\Delta x = \mathrm{d}x$，则 $\left|\dfrac{\mathrm{d}x}{x}\right|$ 就是 x 的相对误差. 由 x 求函数 $y = f(x)$ 的数值时，因 x 的误差 $\mathrm{d}x$ 就引起 y 的误差 Δy，当 $|\mathrm{d}x|$ 很小时，$\Delta y \approx \mathrm{d}y = f'(x)\mathrm{d}x$. 所以

y 的相对误差就可以用微分表示为 $\left|\dfrac{\mathrm{d}y}{y}\right|$.

本题中球的体积 $V = \dfrac{4}{3}\pi r^3$,所以球的重量 $m = 7.6 \times \dfrac{4}{3}\pi r^3$,用 $\mathrm{d}m$ 近似代替 Δm,则

相对误差为 $\left|\dfrac{\mathrm{d}m}{m}\right|$,下面用两种方法求 $\left|\dfrac{\mathrm{d}m}{m}\right|$.

解法一　因为
$$m = 7.6 \times \dfrac{4}{3}\pi r^3$$

两边微分得
$$\mathrm{d}m = 7.6 \times \dfrac{4}{3}\pi \times 3r^2 \,\mathrm{d}r = 7.6 \times 4\pi r^3 \left|\dfrac{\mathrm{d}r}{r}\right|$$

所以
$$\left|\dfrac{\mathrm{d}m}{m}\right| = \dfrac{7.6 \times 4\pi r^3 \left|\dfrac{\mathrm{d}r}{r}\right|}{7.6 \times \dfrac{4}{3}\pi r^3} = 3\left|\dfrac{\mathrm{d}r}{r}\right|$$

由于 $\left|\dfrac{\mathrm{d}r}{r}\right| \leqslant 0.03$(直径的相对误差等于半径的相对误差),所以
$$\left|\dfrac{\mathrm{d}m}{m}\right| \leqslant 3 \times 0.03 = 0.09$$

解法二　因为 $m = 7.6 \times \dfrac{4}{3}\pi r^3$

两边取对数得
$$\ln m = \ln 7.6 + \ln \dfrac{4\pi}{3} + 3\ln r$$

两边微分得
$$\dfrac{\mathrm{d}m}{m} = 3\dfrac{\mathrm{d}r}{r}$$

由
$$\left|\dfrac{\mathrm{d}r}{r}\right| \leqslant 0.03$$

所以
$$\left|\dfrac{\mathrm{d}m}{m}\right| \leqslant 3 \times 0.03 = 0.09$$

三、教材典型习题与难题解答

习题 2-1

B　组

2.利用导数定义求函数 $f(x) = x(x+1)(x+2)\cdots(x+n)$ 在 $x = 0$ 处的导数.

解　用导数定义求导数的步骤,一差二比三极限,又 $f(0) = 0$,所以
$$f'(0) = \lim_{x \to 0} \dfrac{x(x+1)(x+2)\cdots(x+n)}{x}$$
$$= \lim_{x \to 0}(x+1)(x+2)\cdots(x+n) = n!$$

3.确定常数 A 和 B,使 $f(x) = \begin{cases} x^2, & x \leqslant 1 \\ Ax + B, & x > 1 \end{cases}$ 在点 $x = 1$ 处连续且可导.

解　根据连续定义知 $\lim\limits_{x \to 1^-} x^2 = \lim\limits_{x \to 1^+}(Ax + B) = 1$

由导数定义知
$$\lim_{x \to 1^-} \dfrac{x^2 - 1}{x - 1} = \lim_{x \to 1^+} \dfrac{(Ax + B) - 1}{x - 1}$$

$$A \cdot 1 + B = 1 \qquad \text{①}$$
$$A = 2 \qquad \text{②}$$

将式 ② 代入式 ①,得 $\qquad B = -1$

所以当 $A = 2, B = -1$ 时,函数

$$f(x) = \begin{cases} x^2, & x \leqslant 1 \\ Ax + B, & x > 1 \end{cases}$$

在 $x = 1$ 连续且可导.

4. 如果 $f(x)$ 为偶函数,且 $f'(0)$ 存在,证明 $f'(0) = 0$.

证明 因为 $f(x)$ 是偶函数,则有

$$f(x) = f(-x) \text{ 或 } f(\Delta x) = f(-\Delta x)$$

又 $f'(0)$ 存在,有

$$f'(0) = \lim_{\Delta x \to 0} \frac{f(\Delta x) - f(0)}{\Delta x} = -\lim_{\Delta x \to 0} \frac{f(-\Delta x) - f(0)}{-\Delta x} = -f'(0)$$

所以 $2f'(0) = 0$,即 $f'(0) = 0$.

习题 2-2

B 组

2. 求下列函数的导数

(3) $y = \ln[\ln(\ln x)]$

解 $y' = \dfrac{1}{\ln(\ln x)}[\ln(\ln x)]' = \dfrac{1}{\ln(\ln x)} \cdot \dfrac{1}{\ln x} \cdot (\ln x)' = \dfrac{1}{x \ln x \ln(\ln x)}$

(5) $y = \dfrac{\sqrt{1+x} - \sqrt{1-x}}{\sqrt{1+x} + \sqrt{1-x}}$

提示 $y = \dfrac{(\sqrt{1+x})^2 - (\sqrt{1-x})^2}{(\sqrt{1+x} + \sqrt{1-x})^2} = \dfrac{x}{1 + \sqrt{1-x^2}}$

4. 求下列函数的 n 阶导数

(2) $y = \sin 2x$

解 $y' = 2\cos 2x = 2\sin\left(2x + \dfrac{\pi}{2}\right)$

$$y'' = 2^2 \cos\left(2x + \dfrac{\pi}{2}\right) = 2^2 \sin\left(2x + \dfrac{2\pi}{2}\right)$$

$$y''' = 2^3 \cos\left(2x + \dfrac{2\pi}{2}\right) = 2^3 \sin\left(2x + \dfrac{3\pi}{2}\right)$$

...

$$y^{(n)} = 2^n \sin\left(2x + \dfrac{n\pi}{2}\right)$$

习题 2-3

A 组

3.用对数求导法求下列函数的导数

(2) $y = \sqrt{x\sin x\sqrt{1-e^x}}$

解 两边取对数 $\quad \ln y = \dfrac{1}{2}\left[\ln x + \ln\sin x + \dfrac{1}{2}\ln(1-e^x)\right]$

两边对 x 求导 $\quad \dfrac{1}{y}\cdot y' = \dfrac{1}{2}\left(\dfrac{1}{x} + \dfrac{\cos x}{\sin x} + \dfrac{1}{2}\cdot\dfrac{-e^x}{1-e^x}\right)$

所以 $\quad y' = \dfrac{1}{2}\sqrt{x\sin x\sqrt{1-e^x}}\left[\dfrac{1}{x} + \cot x - \dfrac{e^x}{2(1-e^x)}\right]$

B 组

1.求下列函数的导数

(11) $y = x^{2x} + (2x)^{\sqrt{x}}$

提示 令 $y_1 = x^{2x}$；$y_2 = (2x)^{\sqrt{x}}$

对上式两边分别取对数 $\ln y_1 = 2x\ln x \quad ①；\quad \ln y_2 = \sqrt{x}\ln 2x \quad ②$

对式 ① 和 ② 两边同时求导.

3.设曲线方程为 $e^{xy} - 2x - y = 3$，求此曲线在纵坐标为 $y = 0$ 的点处的切线方程.

解 方程两边分别对 x 求导

$$e^{xy}(y + xy') - 2 - y' = 0$$

得 $y' = \dfrac{2 - ye^{xy}}{xe^{xy} - 1}$. 将 $y = 0$ 代入 $e^{xy} - 2x - y = 3$，得 $x = -1$

$y'\Big|_{\substack{x=-1\\y=0}} = -1$，所以过点 $(-1,0)$ 的切线方程为：$y + x + 1 = 0$.

习题 2-4

B 组

1.求下列函数的微分

(4) $y = 5^{\ln\tan x}$

解 $y' = 5^{\ln\tan x}\cdot\ln 5\cdot(\ln\tan x)' = 5^{\ln\tan x}\cdot\ln 5\cdot\dfrac{\sec^2 x}{\tan x} = 5^{\ln\tan x}\cdot\dfrac{2\ln 5}{\sin 2x}$

所以 $dy = 5^{\ln\tan x}\cdot\dfrac{2\ln 5}{\sin 2x}dx$.

3.求下列函数在指定点的微分

(2) $y = \dfrac{1}{(\tan x + 1)^2}$，在 $x = \dfrac{\pi}{6}$，$\Delta x = \dfrac{\pi}{360}$ 处.

解 因为 $\mathrm{d}y = \left[\dfrac{1}{(\tan x + 1)^2}\right]' \mathrm{d}x = \left[\dfrac{-2}{(\tan x + 1)^3} \cdot \sec^2 x\right] \mathrm{d}x$

又 $x = \dfrac{\pi}{6}, \mathrm{d}x = \Delta x = \dfrac{\pi}{360}$，所以

$$\mathrm{d}y = \frac{-2}{\left(\tan \dfrac{\pi}{6} + 1\right)^3} \cdot \sec^2 \frac{\pi}{6} \cdot \frac{\pi}{360} = \frac{-2}{\left(\dfrac{\sqrt{3}}{3} + 1\right)^3} \cdot \left(\frac{2}{\sqrt{3}}\right)^2 \cdot \frac{\pi}{360}$$

$$= \frac{-2\pi}{10(\sqrt{3} + 3)^3} \approx -0.00593$$

习题 2-5

B 组

4. 设扇形的圆心角 $\alpha = 60°$，半径 $R = 100\text{cm}$.（1）如果 R 不变，α 减少 $30'$，问扇形面积大约改变了多少?（2）如果 α 不变，R 增加了 1cm，问扇形面积大约改变了多少?

解 扇形面积 $S = \dfrac{1}{2}\alpha R^2$，又 $\Delta S \approx \mathrm{d}S = \left(\dfrac{1}{2}\alpha R^2\right)'_\alpha \cdot \Delta\alpha = \dfrac{1}{2}R^2 \cdot \Delta\alpha$

$R = 100$ 不变时，将 $\Delta\alpha = -30' = -\left(\dfrac{1}{2}\right)° = -\dfrac{\pi}{360}$ 代入上式得

$$\Delta S \approx \frac{1}{2} \times 100^2 \times \left(-\frac{\pi}{360}\right) \approx -43.63(\text{cm}^2)$$

$\alpha = \dfrac{\pi}{3}$ 不变时，$\Delta R = 1$，$\Delta S \approx \mathrm{d}S = \left(\dfrac{1}{2}\alpha R^2\right)'_R \cdot \Delta R = \alpha R \Delta R$

$$\Delta S \approx \frac{\pi}{3} \times 100 \times 1 \approx 104.72(\text{cm}^2)$$

5. 某厂要生产一扇形板，半径 $R = 200\text{mm}$，要求中心角 $\alpha = 55°$. 产品检验时，一般用测量弦长 l 的办法来间接测量中心角 α，如果测量弦长时的误差 $\delta_l = 0.1\text{mm}$，问由此引起的中心角测量误差 δ_α 是多少?（提示：先求出中心角 α 与弦长 l 的函数关系）

解 如图 2-1 所示，由 $\dfrac{l}{2} = R\sin\dfrac{\alpha}{2}$，得

$$\alpha = 2\arcsin\frac{l}{2R}$$

$$\alpha'_l = \frac{2}{\sqrt{1 - \left(\dfrac{l}{2R}\right)^2}} \cdot \frac{1}{2R} = \frac{2}{\sqrt{4R^2 - l^2}}$$

当 $R = 200, \alpha = 55°$ 时

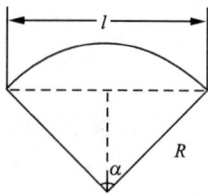

图 2-1

$$l = 2R\sin\frac{\alpha}{2} = 400 \times \sin 27.5° = 184.7$$

$$\alpha'_l = \frac{2}{\sqrt{4 \times 200^2 - (184.7)^2}} = 0.0056$$

所以当 $\delta_l = 0.1$ 时,中心角的误差为

$\delta_a = |\alpha_l'| \, \delta_l = 0.0056 \times 0.1 = 0.00056$(弧度).

四、综合测试题

(一) 选择题

1. 若( )式所示的极限存在,则称 $f(x)$ 在 $x = 0$ 处的导数存在.

A. $\lim\limits_{\Delta x \to 0} \dfrac{f(-\Delta x) - f(0)}{-\Delta x}$ 　　　　　B. $\lim\limits_{\Delta x \to 0^-} \dfrac{f(-\Delta x) - f(0)}{-\Delta x}$

C. $\lim\limits_{\Delta x \to 0^+} \dfrac{f(-\Delta x) - f(0)}{-\Delta x}$ 　　　　　D. $\lim\limits_{\Delta x \to 0^+} \dfrac{f(-\Delta x) - f(0)}{\Delta x}$

2. 平均变化率 $\dfrac{f(x + \Delta x) - f(x)}{\Delta x}$ 是( ).

A. 只与 x 有关 　　　　　　　　B. 只与 Δx 有关

C. 与 x 及 Δx 都有关 　　　　　D. 与 x 和 Δx 都无关

3. 函数 $f(x) = \begin{cases} x^2 \sin \dfrac{1}{x}, & x \neq 0 \\ 0, & x = 0 \end{cases}$ 在 $x = 0$ 点( ).

A. 连续且可导　　　B. 不可导　　　　C. 不连续　　　　D. 连续但不可导

4. 已知直线 $y = x$ 与对数曲线 $y = \log_a x$ 相切,那么 a 的值是( ).

A. e 　　　　　　B. $\dfrac{1}{e}$ 　　　　　C. e^e 　　　　　D. $e^{\frac{1}{e}}$

5. $y' = \dfrac{1}{2}\sin x$ 是下列( )函数的导数.

A. $y = \dfrac{\sin^2 x}{2}$ 　　B. $y = \sin \dfrac{x^2}{2}$ 　　C. $y = \sin^2 \dfrac{x}{2}$ 　　D. $y = \sin\left(\dfrac{x}{2}\right)^2$

6. 函数 $y = (x-1)^{\frac{1}{3}}$ 在 $x = 1$ 处( ).

A. 连续且可导　　　B. 连续不可导　　　C. 既不连续也不可导

7. 函数在 x_0 处左右导数存在是函数在 x_0 处导数存在的( )条件.

A. 充分　　　　B. 必要　　　　C. 充要

8. 设 $f(x) - f(x_0) = A\Delta x + \alpha$($A$ 与 Δx 无关),若 α 是( )时,函数 $f(x)$ 在点 x_0 可微.

A. 无穷小 　　　　　　　　　　B. 关于 Δx 的无穷小

C. 关于 Δx 的同阶无穷小 　　　D. 关于 Δx 的高阶无穷小

9. 已知 $f(x) = \sin(ax^2)$,则 $f'(a) = ($).

A. $\cos ax^2$ 　　　　B. $2a^2 \cos a^3$ 　　　　C. $a^2 \cos ax^2$ 　　　　D. $a^2 \cos a^3$

10. 已知 $y = e^{f(x)}$,则 $y'' = ($).

A. $e^{f(x)}$ 　　　　　　　　　　B. $e^{f(x)} f'(x)$

C. $e^{f(x)}\big[f'(x)+f''(x)\big]$ D. $e^{f(x)}\{[f'(x)]^2+f''(x)\}$

(二) 判断正误

1. 若 $f(x)$ 在 x_0 处不可导,则 $f(x)$ 在 x_0 处必不连续.   (   )

2. 如果函数 $y=f(x)$ 处处可导,则曲线 $y=f(x)$ 处处有切线.   (   )

3. 如果 $f'(x_0)$ 存在,则 $\lim\limits_{x\to x_0}f(x)$ 存在.   (   )

4. 函数 $y=\ln|x|\ (x\neq0)$ 的导数等于 $y'=\dfrac{1}{x}$.   (   )

5. 若 $f(x)$ 在 x_0 处可导,则 $f(x)$ 在 x_0 处必有定义.   (   )

6. 若 $f'(x_0)=0$,则曲线在该点处的切线平行于 x 轴.   (   )

7. 若 $f'(x)=g'(x)$,则 $f(x)=g(x)$.   (   )

8. 二阶导数表示一阶导数的变化率.   (   )

9. 若 $y'=(x^2+1)^{18}$,则 y' 是一个 18 次多项式.   (   )

10. 基本初等函数在其定义域内必然处处可导.   (   )

(三) 填空题

1. 设 $f'(x_0)$ 存在,则 $\lim\limits_{h\to0}\dfrac{f(x_0+2h)-f(x_0)}{h}=$ _____.

2. 设 $f(x)$ 可导,$y=f(e^{\sin x})$,则 $y'=$ _____.

3. 函数 $y=x^2$ 在 x_0 处的改变量与微分之差 $\Delta y-\mathrm{d}y=$ _____.

4. 已知 $y=\sqrt{x^2}$,则 $f'_-(0)=$ _____,$f'_+(0)=$ _____,$f'(0)=$ _____.

5. 若 $f(x)$ 在 x_0 处可导,则 $\lim\limits_{\Delta x\to0}[f(x_0+\Delta x)-f(x_0)]=$ _____.

6. 设 $f(x)$ 可导,则 $[\sin f(x)]'=$ _____,$\mathrm{d}[f(\sin x)]=$ _____.

7. 设 $\Delta y=f(x_0+\Delta x)-f(x_0)$,则 $\dfrac{\Delta y}{\Delta x}$ 表示函数 $y=f(x)$ 在区间 $[x_0,x_0+\Delta x]$ 上的 _____,$f'(x_0)$ 反映函数在 x_0 处的 _____.

8. 设 $f(x)=\ln x^3+e^{3x}$,则 $f'(1)=$ _____.

9. 当 x 满足 _____ 时,曲线 $y=x^2$ 上切线的倾斜角为锐角.

(四) 求下列函数的导数

1. $y=x\log_2 x+\ln2$ 2. $y=\ln\tan x$

3. $y=e^{\arctan\sqrt{x}}$ 4. $x^3+y^3-3axy=0$

5. $y = \sqrt[3]{\dfrac{x(x^2+1)}{(x^2-1)^2}}$

（五）计算题

1. 求 $y = \mathrm{e}^x \sin x$ 的二阶导数.

2. 求 $y = 1 + x\mathrm{e}^y$ 的微分.

3. 计算 $\ln 1.01$ 的近似值.

4. 求参数方程 $\begin{cases} x = \ln(1+t^2). \\ y = t - \arctan t \end{cases}$ 的导数 $\dfrac{\mathrm{d}y}{\mathrm{d}x}$.

5. 求隐函数组 $\begin{cases} xy + xz = \sin x \\ \mathrm{e}^x y + z^2 = \cos x \end{cases}$ 的导数 $\dfrac{\mathrm{d}z}{\mathrm{d}x}$、$\dfrac{\mathrm{d}y}{\mathrm{d}x}$.

（六）应用题

有一圆柱,高为 25 厘米,半径为 20 ± 0.05 厘米,试求该圆柱的体积的相对误差及圆柱侧面积的相对误差.

（七）讨论题

讨论 $f(x) = \begin{cases} \dfrac{\sin x}{x}, & x \neq 0 \\ 1, & x = 0 \end{cases}$ 在 $x = 0$ 处的连续性、可导性、可微性.

第三章

导数的应用

一、本章教学目标及重点

【教学目标】

1. 熟练掌握洛必达法则,会用洛必达法则求未定式的极限.
2. 掌握函数单调性的判别法,并证明简单的不等式.
3. 理解函数极值的概念,并掌握其求法.
4. 理解函数最大值与最小值的概念,掌握其求法,并能解决比较简单的最大、最小值的应用问题.
5. 了解曲线的凹凸和拐点的概念,掌握曲线凹凸的判别法及拐点的求法.
6. 知道曲线的水平和铅直渐近线的求法.
7. 掌握函数图像的描绘方法.

【知识点、重点归纳】

1. 洛必达法则

(1) 洛必达法则 Ⅰ

设函数 $f(x)$ 与 $g(x)$ 满足条件:

① $\lim\limits_{x \to x_0} f(x) = \lim\limits_{x \to x_0} g(x) = 0$;

② 在点 x_0 的某邻域内(点 x_0 可除外), $f'(x)$ 及 $g'(x)$ 都存在,且 $g'(x) \neq 0$;

③ $\lim\limits_{x \to x_0} \dfrac{f'(x)}{g'(x)}$ 存在(或为 ∞),那么 $\lim\limits_{x \to x_0} \dfrac{f(x)}{g(x)} = \lim\limits_{x \to x_0} \dfrac{f'(x)}{g'(x)}$.

将 $x \to x_0$ 改为 $x \to \infty$,当 $|x| > N$ 时,若 $f(x)$, $g(x)$ 可导,且 $g(x) \neq 0$,法则Ⅰ仍然成立.

洛必达法则 Ⅰ 解决的是求 "$\dfrac{0}{0}$" 型未定式的极限问题,需要注意的是:

① 洛必达法则的条件;

② $\lim\limits_{\substack{x \to x_0 \\ (x \to \infty)}} f(x) = \lim\limits_{\substack{x \to x_0 \\ (x \to \infty)}} g(x) = 0$,而 $\lim\limits_{\substack{x \to x_0 \\ (x \to \infty)}} \dfrac{f'(x)}{g'(x)}$ 不存在时,不能说明 $\lim\limits_{\substack{x \to x_0 \\ (x \to \infty)}} \dfrac{f(x)}{g(x)}$ 不存在,这时应改用其他方法求极限;

③ 当 $\lim\limits_{\substack{x \to x_0 \\ (x \to \infty)}} \dfrac{f'(x)}{g'(x)}$ 仍为 "$\dfrac{0}{0}$" 型未定式时可再次使用洛必达法则.

(2) 洛必达法则 Ⅱ

设函数 $f(x)$ 与 $g(x)$ 满足条件：

① $\lim\limits_{x \to x_0} f(x) = \lim\limits_{x \to x_0} g(x) = \infty$；

② 在点 x_0 的某邻域内（点 x_0 可除外），$f'(x)$ 及 $g'(x)$ 都存在，且 $g'(x) \neq 0$；

③ $\lim\limits_{x \to x_0} \dfrac{f'(x)}{g'(x)}$ 存在（或为 ∞），那么 $\lim\limits_{x \to x_0} \dfrac{f(x)}{g(x)} = \lim\limits_{x \to x_0} \dfrac{f'(x)}{g'(x)}$.

将 $x \to x_0$ 改为 $x \to \infty$，当 $|x| > N$ 时，若 $f(x), g(x)$ 可导，且 $g'(x) \neq 0$，法则 Ⅱ 仍然成立.

洛必达法则 Ⅱ 解决的是求"$\dfrac{\infty}{\infty}$"型未定式的极限.

2. 罗尔定理、拉格朗日中值定理及推论

(1) 罗尔定理

若 $f(x)$ 在闭区间 $[a,b]$ 上连续，在开区间 (a,b) 内可导，且 $f(a) = f(b)$，则在 (a,b) 内至少存在一点 $\xi(a < \xi < b)$，使得 $f'(\xi) = 0$.

(2) 拉格朗日中值定理

若 $f(x)$ 在闭区间 $[a,b]$ 上连续，在开区间 (a,b) 内可导，则在 (a,b) 内至少存在一点 $\xi(a < \xi < b)$，使得 $f'(\xi) = \dfrac{f(b) - f(a)}{b - a}$ 或 $f(b) - f(a) = f'(\xi)(b - a)$.

(3) 推论 1

如果函数 $y = f(x)$ 在区间 (a,b) 内任意点处的导数等于零，则在 (a,b) 内 $y = f(x)$ 是常数.

(4) 推论 2

如果函数 $f(x)$ 与 $g(x)$ 在区间 (a,b) 内可导，且对于任意 $x \in (a,b)$，有 $f'(x) = g'(x)$，则在 (a,b) 内 $f(x)$ 与 $g(x)$ 相差一个常数.

即 $f(x) = g(x) + C$　　（其中 C 是任意常数）

3. 函数的单调性与凹凸

(1) 函数的单调性：如果函数 $f(x)$ 在 (a,b) 内可导，要掌握用导数的符号判别函数单调性的方法.

方法　设函数 $f(x)$ 在 $[a,b]$ 上连续，在 (a,b) 内可导，则在 (a,b) 内，

① 如果 $f'(x) > 0$，那么 $f(x)$ 在 $[a,b]$ 上单调增加；

② 如果 $f'(x) < 0$，那么 $f(x)$ 在 $[a,b]$ 上单调减少.

另外，利用函数单调性的判别可证明不等式.

欲证 $f(x) > g(x)$（任意 $x \in (a,b)$），如果在 $[a,b]$ 内，$F(x) = f(x) - g(x)$ 可导，且 $F'(x) > 0, F(a) = 0, F(x) > F(a) = 0$，即达到证明 $f(x) > g(x)$ 的目的.

(2) 曲线的凹凸与拐点

要理解曲线的凹凸、拐点的定义，掌握曲线凹凸的判别定理.

说明　一阶导数 $f'(x)$ 的符号确定曲线 $y = f(x)$ 的升降（即单调性）

二阶导数 $f''(x)$ 的符号确定曲线 $y = f(x)$ 的凹凸

4.函数的极值与最值

所谓函数的极值是局部性概念,由定义,函数极值只能在定义区间内取得,不能在端点取得.

要掌握 $f'(x_0)=0$ 是可导函数 $f(x)$ 在 x_0 处取得极值的必要条件,而不是极值存在的充分条件.

(1) 极值存在的充分条件(极值判别法)

极值判别法 I:设函数 $f(x)$ 在 x_0 连续,且在 x_0 的去心邻域内可导.

① 如果 $x < x_0$ 时 $f'(x) > 0$;$x > x_0$ 时 $f'(x) < 0$,那么 $f(x)$ 在 x_0 取得极大值 $f(x_0)$;

② 如果 $x < x_0$ 时 $f'(x) < 0$;$x > x_0$ 时 $f'(x) > 0$,那么 $f(x)$ 在 x_0 取得极小值 $f(x_0)$;

③ 如果 $x < x_0$ 和 $x > x_0$ 时 $f'(x)$ 不变号,那么 $f(x)$ 在 x_0 取不到极值.

此判别法用于判别驻点或连续但不可导点是否是极值点,它是最基本的判别法.

(2) 极值判别法 II:设函数 $y = f(x)$ 在 x_0 处的二阶导数存在,且 $f'(x_0) = 0$,$f''(x_0) \neq 0$,则 x_0 是函数的极值点,$f(x_0)$ 为函数的极值,并且

① 如果 $f''(x_0) > 0$,那么 x_0 为极小值点,$f(x_0)$ 为极小值;

② 如果 $f''(x_0) < 0$,那么 x_0 为极大值点,$f(x_0)$ 为极大值.

此判别法只能对驻点进行判别,特别对某些二阶导数易求且在驻点处二阶导数值易算的函数,此法较简单.但当 $f'(x_0) = 0$,且 $f''(x_0) = 0$ 或 $f'(x_0) = 0$,但 $f''(x_0)$ 不存在时,此法失效,需要用判别法 I.

5.函数作图题求解的步骤

(1) 确定函数的定义域,并讨论其对称性和周期性;

(2) 讨论函数的单调性,求出极值点和极值;

(3) 讨论曲线的凹凸和拐点;

(4) 确定曲线的水平渐近线和铅直渐近线;

(5) 根据需要由曲线的方程计算出一些特殊点的坐标,特别是曲线与坐标轴的交点;

(6) 描图.

二、典型例题解析

【例 1】　求 $\lim\limits_{x \to \pi}(x - \pi)\tan\dfrac{x}{2}$

【分析】　这是"$0 \cdot \infty$"型未定式,先化成"$\dfrac{0}{0}$"型或"$\dfrac{\infty}{\infty}$"型未定式,然后用洛必达法则求解.

解　$\lim\limits_{x \to \pi}(x - \pi)\tan\dfrac{x}{2} = \lim\limits_{x \to \pi}\dfrac{x - \pi}{\cot\dfrac{x}{2}} = \lim\limits_{x \to \pi}\dfrac{1}{-\dfrac{1}{2}\csc^2\dfrac{x}{2}} = \lim\limits_{x \to \pi}(-2)\sin^2\dfrac{x}{2} = -2$

【例 2】　求 $\lim\limits_{x \to \infty}\left[x - x^2\ln\left(1 + \dfrac{1}{x}\right)\right]$

【分析】　可利用通分方式变形转化为"$\frac{0}{0}$"型或"$\frac{\infty}{\infty}$"型,然后再利用洛必达法则.

解　$\lim\limits_{x\to\infty}\left[x-x^2\ln\left(1+\frac{1}{x}\right)\right]=\lim\limits_{x\to\infty}x^2\left[\frac{1}{x}-\ln\left(1+\frac{1}{x}\right)\right]$

$$=\lim\limits_{x\to\infty}\frac{\frac{1}{x}-\ln\left(1+\frac{1}{x}\right)}{\frac{1}{x^2}}$$

设 $y=\frac{1}{x}$,$x\to\infty$ 时有 $y\to0$,则原式为

$$\lim\limits_{y\to0}\frac{y-\ln(1+y)}{y^2}=\lim\limits_{y\to0}\frac{1-\frac{1}{1+y}}{2y}=\lim\limits_{y\to0}\frac{y}{2y(1+y)}=\frac{1}{2}$$

当式子较复杂时,先化简,然后求极限.

【例3】　求 $\lim\limits_{x\to0}\frac{x-\arcsin x}{\sin^3 x}$

【分析】　这是"$\frac{0}{0}$"型未定式,因为 $\sin x\sim x(x\to0)$,所以 $\sin^3 x\sim x^3(x\to0)$,问题

转化为求 $\lim\limits_{x\to0}\frac{x-\arcsin x}{x^3}$,此时用洛必达法则会比直接用简单.

解　$\lim\limits_{x\to0}\frac{x-\arcsin x}{\sin^3 x}=\lim\limits_{x\to0}\frac{x-\arcsin x}{x^3}=\lim\limits_{x\to0}\frac{1-\frac{1}{\sqrt{1-x^2}}}{3x^2}$

$$=\lim\limits_{x\to0}\frac{\frac{-x}{(1-x^2)\sqrt{1-x^2}}}{6x}=\lim\limits_{x\to0}\frac{-1}{6(1-x^2)\sqrt{1-x^2}}$$

$$=-\frac{1}{6}$$

同理利用 $e^x-1\sim x(x\to0)$ 可求出

$$\lim\limits_{x\to0}\frac{e^{\sin x}-e^x}{\sin x-x}=\lim\limits_{x\to0}\frac{e^x(e^{\sin x-x}-1)}{\sin x-x}$$

$$=\lim\limits_{x\to0}e^x\cdot\lim\limits_{x\to0}\frac{e^{\sin x-x}-1}{\sin x-x}=\lim\limits_{x\to0}e^x\cdot\lim\limits_{x\to0}\frac{\sin x-x}{\sin x-x}=1\times1=1$$

【例4】　求 $\lim\limits_{x\to0}x^{\sin x}$

【分析】　这是"0^0"型未定式,对于"0^0"、"∞^0"、"1^∞"型未定式,一般利用对数性质求极限.

解　$\lim\limits_{x\to0}x^{\sin x}=\lim\limits_{x\to0}e^{\sin x\ln x}=e^{\lim\limits_{x\to0}\frac{\ln x}{\frac{1}{\sin x}}}=e^{\lim\limits_{x\to0}\frac{\frac{1}{x}}{-\frac{\cos x}{\sin^2 x}}}$

$$=e^{\lim\limits_{x\to0}\frac{\frac{\sin x}{x}\cdot\sin x}{-\cos x}}=e^0=1$$

【例5】　求 $\lim\limits_{x\to0}\frac{x^2\sin\frac{1}{x}}{\sin x}$

【分析】 这是"$\frac{0}{0}$"型未定式,但

$$\lim_{x\to 0}\frac{\left(x^2\sin\frac{1}{x}\right)'}{(\sin x)'}=\lim_{x\to 0}\frac{2x\sin\frac{1}{x}+x^2\cos\frac{1}{x}\cdot\left(-\frac{1}{x^2}\right)}{\cos x}=\lim_{x\to 0}\frac{2x\sin\frac{1}{x}-\cos\frac{1}{x}}{\cos x}$$

而$\lim\limits_{x\to 0}\cos\frac{1}{x}$不存在,所以不能用洛必达法则.

解
$$\lim_{x\to 0}\frac{x^2\sin\frac{1}{x}}{\sin x}=\lim_{x\to 0}\frac{x}{\sin x}\cdot x\sin\frac{1}{x}$$
$$=\lim_{x\to 0}\frac{x}{\sin x}\cdot\lim_{x\to 0}x\sin\frac{1}{x}$$
$$=1\cdot 0=0$$

如果$\lim\frac{f'(x)}{g'(x)}$不存在且不是∞,并不表明$\lim\frac{f(x)}{g(x)}$不存在,而是表明洛必达法则失效,此时需用其他方法求极限.

【例6】 求$\lim\limits_{x\to+\infty}\frac{e^x+e^{-x}}{e^x-e^{-x}}$

【分析】 这是"$\frac{\infty}{\infty}$"型未定式.但$\lim\limits_{x\to+\infty}\frac{e^x+e^{-x}}{e^x-e^{-x}}=\lim\limits_{x\to+\infty}\frac{e^x-e^{-x}}{e^x+e^{-x}}=\lim\limits_{x\to+\infty}\frac{e^x+e^{-x}}{e^x-e^{-x}}$用了两次洛必达法则,产生了循环,洛必达法则失效,可采用其他方法求解.

解 $\lim\limits_{x\to+\infty}\frac{e^x+e^{-x}}{e^x-e^{-x}}=\lim\limits_{x\to+\infty}\frac{1+e^{-2x}}{1-e^{-2x}}=1$

【例7】 求$\lim\limits_{x\to+\infty}(\sqrt{x^2+2x}-\sqrt{x^2-x})$

【分析】 这是"$\infty-\infty$"型未定式

$$\lim_{x\to+\infty}(\sqrt{x^2+2x}-\sqrt{x^2-x})=\lim_{x\to+\infty}\frac{(\sqrt{x^2+2x}-\sqrt{x^2-x})(\sqrt{x^2+2x}+\sqrt{x^2-x})}{\sqrt{x^2+2x}+\sqrt{x^2-x}}$$
$$=\lim_{x\to+\infty}\frac{3x}{\sqrt{x^2+2x}+\sqrt{x^2-x}}$$

$$\left(\text{"}\frac{\infty}{\infty}\text{"型未定式(用洛必达法则更复杂)}\right)$$

解 $\lim\limits_{x\to+\infty}(\sqrt{x^2+2x}-\sqrt{x^2-x})=\lim\limits_{x\to+\infty}\frac{3x}{\sqrt{x^2+2x}+\sqrt{x^2-x}}$
$$=\lim_{x\to+\infty}\frac{3}{\sqrt{1+\frac{2}{x}}+\sqrt{1-\frac{1}{x}}}=\frac{3}{2}$$

由以上三例说明,洛必达法则并不是万能的,洛必达法则失效,并不说明极限不存在,此时可用其他方法求出.

【例8】 求函数$f(x)=\frac{x^2}{1+x}$的单调区间.

【分析】 求函数的单调区间可按照求单调区间的步骤进行,本题必须注意函数的定义域为$(-\infty,-1)\bigcup(-1,+\infty)$.

解　(1) 求出函数的定义域$(-\infty,-1)\bigcup(-1,+\infty)$.

(2) 求导数,并求出导数为0的点和导数不存在的点.

$$f'(x)=\frac{2x(1+x)-x^2}{(1+x)^2}=\frac{x(2+x)}{(1+x)^2}$$

令 $f'(x)=0$ 得 $x_1=-2,x_2=0$

导数不存在的点为 $x=-1$,但它不属于函数的定义域.

(3) 列表确定 $f(x)$ 的单调区间

x	$(-\infty,-2)$	-2	$(-2,-1)$	$(-1,0)$	0	$(0,+\infty)$
$f'(x)$	$+$	0	$-$	$-$	0	$+$
$f(x)$	↗		↘	↘		↗

函数的单调增加区间为$(-\infty,-2)$和$(0,+\infty)$,函数的单调减少区间为$(-2,-1)$和$(-1,0)$.

【例9】　证明不等式 $\ln(1+x)\geqslant\dfrac{\arctan x}{1+x}(x\geqslant0)$

【分析】　运用函数的单调性证明不等式,关键在于构造适当的辅助函数,并研究在指定区间上的单调性.本题构造辅助函数 $f(x)=\ln(1+x)-\dfrac{\arctan x}{1+x}$,然后证明 $x\geqslant0$ 时 $f(x)$ 单调增加即可.

证明　设 $f(x)=\ln(1+x)-\dfrac{\arctan x}{1+x}$

$$f'(x)=\frac{1}{1+x}-\frac{\dfrac{1}{1+x^2}\cdot(1+x)-\arctan x}{(1+x)^2}=\frac{x^3+x^2+(1+x^2)\arctan x}{(1+x^2)(1+x)^2}$$

当 $x\geqslant0$ 时,$f'(x)\geqslant0$,$f(x)$ 单调递增.

又 $f(0)=0$,有 $f(x)\geqslant f(0)$,即 $\ln(1+x)-\dfrac{\arctan x}{1+x}\geqslant0,\ln(1+x)\geqslant\dfrac{\arctan x}{1+x}$.

【例10】　设 $x_1=1,x_2=2$ 均为函数 $y=a\ln x+bx^2+x$ 的极值点,求 a,b 的值,并确定 $f(x)$ 在 x_1 及 x_2 处取得极大值还是取得极小值?

【分析】　由于函数 $y=a\ln x+bx^2+x$ 在 $x_1=1,x_2=2$ 处可导,$x_1=1,x_2=2$ 又是极值点,由极值存在的必要条件是 $y'|_{x=1}=y'|_{x=2}=0$,解方程组可求出 a,b 的值.

解　$y'=a\cdot\dfrac{1}{x}+2bx+1$

因为 $x_1=1,x_2=2$ 为极值点,所以由极值存在的必要条件知

$$\begin{cases}\dfrac{a}{x_1}+2bx_1+1=0\\[2mm]\dfrac{a}{x_2}+2bx_2+1=0\end{cases}\ 即\begin{cases}a+2b+1=0\\[2mm]\dfrac{a}{2}+4b+1=0\end{cases}\ 解方程组得\begin{cases}a=-\dfrac{2}{3}\\[2mm]b=-\dfrac{1}{6}\end{cases}$$

$$y''=a\cdot\left(-\frac{1}{x^2}\right)+2b=\frac{2}{3}\cdot\frac{1}{x^2}-\frac{1}{3}$$

$$y''|_{x_1=1} = \frac{2}{3} - \frac{1}{3} = \frac{1}{3} > 0, f(x) \text{ 在 } x_1 = 1 \text{ 处取得极小值,}$$

$$y''|_{x_2=2} = \frac{2}{3} \times \frac{1}{2^2} - \frac{1}{3} = \frac{1}{6} - \frac{1}{3} = -\frac{1}{6} < 0, f(x) \text{ 在 } x_2 = 2 \text{ 处取得极大值.}$$

【例 11】 求函数 $y = \sqrt{5-4x}, x \in [-1,1]$ 的最大值和最小值.

【分析】 求出函数在 $[-1,1]$ 内所有可能的极值点(驻点和不可导点),并求出 $f(x)$ 在这些点处相应的函数值及端点的函数值 $f(-1), f(1)$,然后比较它们的大小.

解 $y' = \dfrac{-4}{2\sqrt{5-4x}} = -\dfrac{2}{\sqrt{5-4x}} \neq 0$,不可导点 $x_0 = \dfrac{5}{4}$,但 $x_0 \notin [-1,1]$.

$$f(-1) = \sqrt{5-4\times(-1)} = \sqrt{5+4} = 3$$

$$f(1) = \sqrt{5-4} = 1.$$

最大值 $f(-1) = 3$,最小值 $f(1) = 1$

【例 12】 当 a、b 为何值时,点 $(1,0)$ 是曲线 $y = ax^3 + bx^2 + 2$ 的拐点.

【分析】 曲线 $y = ax^3 + bx^2 + 2$ 在 $(-\infty, +\infty)$ 内的二阶导数存在,点 $(1,0)$ 为曲线的拐点,在 $x = 1$ 处必有 $y'' = 0$,又由于点 $(1,0)$ 为曲线上的点,必满足曲线方程,解方程可得 a、b 的值.

解 $y' = 3ax^2 + 2bx, y'' = 6ax + 2b, y''|_{x=1} = 0, 6a + 2b = 0$

将 $(1,0)$ 代入曲线方程,得方程

$$a + b + 2 = 0$$

解方程组 $\begin{cases} 6a + 2b = 0 \\ a + b + 2 = 0 \end{cases}$,得 $\begin{cases} a = 1 \\ b = -3 \end{cases}$

【例 13】 把 120 米长的栅栏沿河边围成一矩形场地,如图 3-1 所示.临河一面用双层栅栏,欲使所围地面面积最大,试求矩形的长和宽各等于多少?

【分析】 根据题意,列出函数关系式,对函数关系式求一阶导数,并令其为零,求出驻点.确定该问题存在最大值或最小值,且所求驻点唯一,则函数在该驻点处取得最大值.

解 设矩形的长为 x,宽为 y,矩形场地面积 $S = xy$,其中

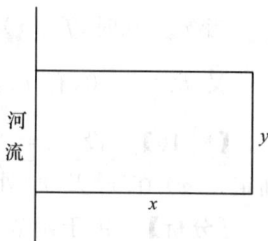

图 3-1

x、y 满足 $2x + 3y = 120$,得 $y = 40 - \dfrac{2}{3}x$ 代入 S 中

$$S = x\left(40 - \frac{2}{3}x\right) \quad (0 < x < 60)$$

$$S' = 40 - \frac{2}{3}x - \frac{2}{3}x = 40 - \frac{4}{3}x = 0, x = 30$$

$$S'' = -\frac{4}{3} < 0$$

故 $x = 30$ 为极大值点,也即最大值点,再解出相应的 $y = 40 - \dfrac{2}{3} \cdot 30 = 20$

所以此矩形场地长 30 米,宽 20 米时,才能使得所围地面面积最大.

三、教材典型习题和难题解答

习题 3-1

A　组

2(6)【分析】　这是"$0 \cdot \infty$"型未定式,首先化成"$\dfrac{0}{0}$"型或"$\dfrac{\infty}{\infty}$"型,再用洛必达法则.

解题提示

1.应用洛必达法则之前,先要判断所求极限是否为"$\dfrac{0}{0}$"型或"$\dfrac{\infty}{\infty}$"型未定式,如果是,则可直接使用,否则"$0 \cdot \infty$"型或"$\infty - \infty$"型等应先转化为"$\dfrac{0}{0}$"型或"$\dfrac{\infty}{\infty}$"型,再用洛必达法则.

2.当 $\lim \dfrac{f'(x)}{g'(x)}$ 仍为"$\dfrac{0}{0}$"型或"$\dfrac{\infty}{\infty}$"型时,可再次使用洛必达法则;当 $\lim \dfrac{f'(x)}{g'(x)}$ 不存在时,只表明此时洛必达法则失效,并不能说明 $\lim \dfrac{f(x)}{g(x)}$ 不存在,这时应改用其他方法求极限.

3.每次使用洛必达法则之前都要将所求极限式子化简.

4.应尽量与无穷小的等价代换等其他求极限方法配合使用.

解　$\lim\limits_{x \to 0} x^2 \mathrm{e}^{1/x^2} = \lim\limits_{x \to 0} \dfrac{\mathrm{e}^{1/x^2}}{\dfrac{1}{x^2}} = \lim\limits_{u \to +\infty} \dfrac{\mathrm{e}^u}{u}$（设 $\dfrac{1}{x^2} = u$）$= \lim\limits_{u \to +\infty} \dfrac{\mathrm{e}^u}{1} = +\infty$

(8) **解法一**　$\lim\limits_{x \to +\infty} (\sqrt[3]{x^3 + x^2 + x + 1} - x)$

$$= \lim_{x \to +\infty} \frac{x^3 + x^2 + x + 1 - x^3}{\sqrt[3]{(x^3 + x^2 + x + 1)^2} + x^2 + x\sqrt[3]{x^3 + x^2 + x + 1}}$$

$$= \lim_{x \to +\infty} \frac{1 + \dfrac{1}{x} + \dfrac{1}{x^2}}{1 + \sqrt[3]{\left(1 + \dfrac{1}{x} + \dfrac{1}{x^2} + \dfrac{1}{x^3}\right)^2} + \sqrt[3]{1 + \dfrac{1}{x} + \dfrac{1}{x^2} + \dfrac{1}{x^3}}} = \frac{1}{3}$$

解法二　$\lim\limits_{x \to +\infty} (\sqrt[3]{x^3 + x^2 + x + 1} - x) = \lim\limits_{x \to +\infty} x\left(\sqrt[3]{1 + \dfrac{1}{x} + \dfrac{1}{x^2} + \dfrac{1}{x^3}} - 1\right)$

$$= \lim_{x \to +\infty} \frac{\sqrt[3]{1 + \dfrac{1}{x} + \dfrac{1}{x^2} + \dfrac{1}{x^3}} - 1}{\dfrac{1}{x}}$$

$$= \lim_{x \to +\infty} \frac{\dfrac{1}{3}\left(1 + \dfrac{1}{x} + \dfrac{1}{x^2} + \dfrac{1}{x^3}\right)^{-\frac{2}{3}}\left(-\dfrac{1}{x^2} - \dfrac{2}{x^3} - \dfrac{3}{x^4}\right)}{-\dfrac{1}{x^2}} = \frac{1}{3}$$

B 组

1.(1)【分析】 这是"$\infty-\infty$"型未定式,首先化成"$\frac{0}{0}$"型或"$\frac{\infty}{\infty}$"型,再用洛必达法则.

解
$$\lim_{x\to 0}\left(\frac{1}{\sin^2 x}-\frac{1}{x^2}\right)=\lim_{x\to 0}\frac{x^2-\sin^2 x}{x^2\sin^2 x}=\lim_{x\to 0}\frac{x^2-\sin^2 x}{x^4}$$

$$=\lim_{x\to 0}\frac{2x-2\sin x\cos x}{4x^3}(洛必达法则)$$

$$=\lim_{x\to 0}\frac{1-\cos 2x}{6x^2}=\lim_{x\to 0}\frac{2\sin 2x}{12x}=\frac{1}{3}$$

(4)**解**
$$\lim_{x\to 0^+}\left(\frac{1}{x}\right)^{\tan x}=\lim_{x\to 0^+}e^{\tan x\ln\frac{1}{x}}=e^{\lim_{x\to 0^+}\tan x\ln\frac{1}{x}}=e^{\lim_{x\to 0^+}\frac{\ln\frac{1}{x}}{\cot x}}$$

$$=e^{\lim_{x\to 0^+}\frac{x\cdot\left(-\frac{1}{x^2}\right)}{-\csc^2 x}}=e^{\lim_{x\to 0^+}\frac{\sin^2 x}{x^2}\cdot x}=e^0=1$$

习题 3-2

A 组

2(2) 求 $y=x+\sqrt{1-x}$ 的单调区间

解 (1)该函数的定义域为$(-\infty,1]$.

(2)令$y'=1+\frac{-1}{2\sqrt{1-x}}=0,2\sqrt{1-x}=1,x=\frac{3}{4}$,

将定义域区间分为$(-\infty,\frac{3}{4}),(\frac{3}{4},1)$.

(3)列表确定 y 的单调区间

x	$(-\infty,\frac{3}{4})$	$(\frac{3}{4},1)$
y'	$+$	$-$
y	↗	↘

单调增加区间为$\left(-\infty,\frac{3}{4}\right)$,单调减少区间为$\left(\frac{3}{4},1\right)$.

3(5) 求 $y=x^{\frac{2}{3}}(x^2-1)^{\frac{1}{3}},x\in[0,2]$ 的最大值和最小值

解 令$y'=\frac{2}{3}x^{-\frac{1}{3}}(x^2-1)^{\frac{1}{3}}+x^{\frac{2}{3}}\cdot\frac{1}{3}(x^2-1)^{-\frac{2}{3}}\cdot 2x=0$

$$x^{-\frac{1}{3}}(x^2-1)^{-\frac{2}{3}}[(x^2-1)+x^2]=0$$

$$x^2=\frac{1}{2},x=\pm\frac{\sqrt{2}}{2},又\ x\in[0,2],x=\frac{\sqrt{2}}{2}$$

又　　　　　　　　　　　$y(0)=0, y(2)=\sqrt[3]{12}, y\left(\dfrac{\sqrt{2}}{2}\right)=-\sqrt[3]{\dfrac{1}{4}}$

比较这三个数大小得知，y 在 $[0,2]$ 上的最大值 $y=\sqrt[3]{12}$，最小值为 $y=-\sqrt[3]{\dfrac{1}{4}}$.

B　组

3.**解**　设抵达渔站的时间为 t 小时，距渔站 x 千米处登岸(如图 3-2 所示).

$$t=\dfrac{x}{5}+\dfrac{\sqrt{81+(15-x)^2}}{4}$$

$$t'=\dfrac{1}{5}+\dfrac{1}{4}\cdot\dfrac{-2(15-x)}{2\sqrt{81+(15-x)^2}}=0$$

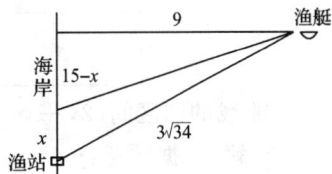

图 3-2

$$x^2-30x+81=0$$

$$x_1=3\quad x_2=27(\text{不合题意舍去})$$

$$t'\big|_{x=3}>0$$

所以 $x=3$ 为唯一的极小值点，所以 $x=3$ 为最小值点.

即距渔站 3 千米登岸，可使抵达渔站的时间最短.

4.**解**　如图 3-3 所示，从甲村至输电杆线作垂线，变压器设在垂足右边 x 千米处，所需输电线为 y 千米.

$$y=\sqrt{x^2+1}+\sqrt{1.5^2+(3-x)^2}$$

$$y'=\dfrac{2x}{2\sqrt{x^2+1}}+\dfrac{-2(3-x)}{2\sqrt{1.5+(3-x^2)}}=0$$

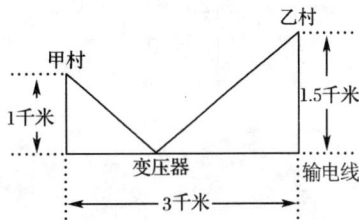

图 3-3

$$x=\dfrac{6}{5}=1.2(\text{千米})$$

$$y''\big|_{x=\frac{6}{5}}>0$$

所以 $x=1.2$ 为唯一的极小值点，所以为最小值点，

即变压器设在垂足右边 1.2 千米处所需输电线最短.

5.**解**　销售量为 $Q=1080+\dfrac{350-p}{5}\cdot20=2480-4p$

收入函数 $R=pQ=p(2480-4p)=2480p-4p^2$

$$R'(p)=2480-8p=0, p_0=310(\text{元})$$

且 $R''(p)=-8<0$，用 $p_0=310$ 是使收入最大的销售价格，此时的销售量为

$$Q=2480-4\times310=1240(\text{台})$$

$$R(310)=1240\times310=384400(\text{元})$$

习题 3-3

B　组

1.**解**　求出使 $y''=0$ 及二阶导数不存在的点.

(1) $y'=\mathrm{e}^{-x}-x\cdot\mathrm{e}^{-x}=(1-x)\mathrm{e}^{-x}$

$$y'' = -e^{-x} - (1-x)e^{-x} = (x-2)e^{-x},令 y'' = 0,即$$
$$(x-2)e^{-x} = 0$$

$x = 2$,没有 y'' 不存在的点.

(2) 列表讨论如下:

x	$(-\infty, 2)$	2	$(2, +\infty)$
y''	$-$	0	$+$
y	凸	$2e^{-2}$	凹

曲线的凹区间$(2, +\infty)$,凸区间$(-\infty, 2)$,拐点为$(2, 2e^{-2})$.

2. **解**   据题意:$y = ax^3 + bx^2 + cx + d$

当 $x = 0$ 时,$y = 2$,即 $d = 2$

$x = -1$ 时,$y = 4$,即 $-a+b-c+d = 4$

$y' = 3ax^2 + 2bx + c$,当 $x = 0$ 时,$y' = 0$,即 $c = 0$

$y'' = 6ax + 2b$,当 $x = -1$ 时,$y'' = 0$,即 $2b - 6a = 0$

解方程组

$$\begin{cases} -a+b-c+d = 4 \\ 2b-6a = 0 \\ c = 0 \\ d = 2 \end{cases} \qquad 解得 \begin{cases} a = 1 \\ b = 3 \\ c = 0 \\ d = 2 \end{cases}$$

四、综合测试题

(一) 选择题

1.函数 $y = \dfrac{x}{1+x}$ 的单调增加区间是(   ).

A.$(-\infty, -1) \bigcup (-1, +\infty)$ B.$(-1, 1)$ C.$(0, 3)$ D.$(-2, 0)$

2.满足方程 $f'(x) = 0$ 的点一定是函数 $y = f(x)$ 的(   ).

A. 极值点   B. 拐点   C. 驻点   D. 间断点

3.设函数 $f(x)$ 在(a,b)内连续,$x_0 \in (a,b)$ 且 $f'(x_0) = f''(x_0) = 0$,则函数在 $x = x_0$ 处(   ).

A. 取得极大值   B. 取得极小值

C. 一定有拐点$(x_0, f(x_0))$ D. 可能有极值,也可能有拐点

4.设函数 $f(x) = ax^3 - (ax)^2 - ax - a$ 在 $x = 1$ 处取得极大值-2,则 $a = ($).

A.1   B.$\dfrac{1}{3}$ C.0   D.$-\dfrac{1}{3}$

5. 函数 $f(x)$ 在点 x_0 处取得极值, 则必有(　　).

A. $f''(x_0) = 0$　　　　　　　　　　　B. $f''(x_0) \neq 0$

C. $f'(x_0) = 0$ 且 $f''(x_0) \neq 0$　　　　D. $f'(x_0) = 0$ 或 $f'(x_0)$ 不存在

6. 函数 $y = x + \sqrt{1-x}$ 在区间 $[-5,1]$ 上的最大值点为(　　).

A. $x = -5$　　　　B. $x = 1$　　　　C. $x = \dfrac{3}{4}$　　　　D. $x = \dfrac{5}{8}$

7. 曲线 $y = x^3 + 1$ 在区间 $(0, +\infty)$ 内(　　).

A. 上升凸　　　　B. 上升凹　　　　C. 下降凸　　　　D. 下降凹

8. 曲线 $y = x^4 - 2x^3$ 的拐点是(　　).

A. $(0,0)$　　　　B. $(0,1)$　　　　C. $(1,0)$　　　　D. $(0,0)$ 和 $(1,-1)$

9. 曲线 $y = x + x^{\frac{5}{3}}$ 在区间(　　)内是凸的.

A. $(-\infty, 0)$　　　　B. $(0, +\infty)$　　　　C. $(-\infty, +\infty)$　　　　D. 以上都不对

10. 下列求极限问题中能使用洛必达法则的是(　　).

A. $\lim\limits_{x \to \infty} \dfrac{x + \sin x}{x}$　　　B. $\lim\limits_{x \to 0} \dfrac{\cos x}{x}$　　　C. $\lim\limits_{x \to +\infty} \dfrac{x}{e^x}$　　　D. $\lim\limits_{x \to +\infty} \dfrac{\sqrt{1 + x^2}}{x}$

(二) 填空题

1. 曲线 $y = 2 + 5x - 3x^3$ 的拐点是_____.

2. 函数 $y = \ln\sqrt{2x-1}$ 的单调增加区间是_____.

3. 若点 $(1,3)$ 是曲线 $y = ax^3 + bx^2$ 的拐点, 则 $a = $ _____　　$b = $ _____.

4. 函数 $y = x - \ln(1+x)$ 在区间_____内单调减少, 在区间_____内单调增加.

5. 当 $x = 4$ 时, 函数 $y = x^2 + px + q$ 取得极值, 则 p _____.

6. 若 $f'(x_0) = 0$, 则称点 x_0 为函数 $f(x)$ 的_____.

7. 曲线 $y = (x-2)^{\frac{5}{3}}$ 的凸区间为_____.

8. 使 $f'(x)$ 变号点是 $f(x)$ 的_____.

9. 函数 $f(x) = \sqrt{2x+1}$ 在 $[0,4]$ 上的最大值是_____, 最小值是_____.

(三) 判断题

1. 若 $f'(x_0) = 0$, 则 x_0 为 $f(x)$ 的极值点.　　　　　　　　　　　　(　　)

2. $f(x)$ 的极值点一定是驻点或不可导点, 反之则不成立.　　　　　　(　　)

3. 若函数 $f(x)$ 在区间 (a,b) 内仅有一个驻点, 则该点一定是函数的极值点.　(　　)

4. 设 x_1, x_2 分别是函数 $f(x)$ 的极大值点和极小值点, 则必有 $f(x_1) > f(x_2)$.　(　　)

5. 设函数 $y = f(x)$ 在区间 (a,b) 内二阶导数存在, 且 $y' < 0, y'' > 0$, 则曲线 $y = f(x)$ 在区间 (a,b) 内是单调递减且凹的.　　　　　　　　　　　　　　(　　)

(四) 计算题

1. 计算下列极限

(1) $\lim\limits_{x \to 0} \dfrac{e^x - 1 - x}{x}$　　　　　　　　(2) $\lim\limits_{x \to 0} \left(\dfrac{1}{x} - \dfrac{1}{e^x - 1} \right)$

(3) $\lim\limits_{x \to +\infty} \left(\dfrac{\pi}{2} - \arctan x \right)$　　　　(4) $\lim\limits_{x \to 0} \dfrac{\ln(1 + \sin 3x)}{\tan 2x}$

(5) $\lim\limits_{x \to +\infty}(1+\dfrac{1}{x})^{\sqrt{x}}$ 　　　　　　　　(6) $\lim\limits_{x \to 0}\dfrac{e^{\sin x}+e^x}{e^x(\sin x - x)}$

(7) $\lim\limits_{x \to +\infty}\dfrac{x}{\sqrt{1+x^2}}$

2. 求函数 $y=\sqrt[3]{(x^2-2x)^2}$ 在区间 $[0,3]$ 内的极大值、极小值和最大值、最小值.

3. 设函数 $f(x)=a\ln x + bx^2 + x$ 在 $x_1=1$ 和 $x_2=2$ 处有极值. 试确定 a 与 b 之值, 并问 $f(x)$ 在 x_1 及 x_2 处是取极大值还是取极小值?

4. 求 $y=xe^{-x}$ 凹凸区间和拐点.

5. 某种窗户的截面是矩形加半圆(如图 3-4 所示),求窗口的周长 c 一定,半圆的半径取何值时,截面面积最大?

6. 生产 Q 台黑白电视机的成本 $C=5000+250Q-\dfrac{1}{100}Q^2$,收入是 $R=400Q-\dfrac{2}{100}Q^2$,假设生产的所有电视机都能售出,应该生产多少台电视机才能获利最大?

图 3-4

7. 证明:当 $x>0$ 时,$\cos x>1-\dfrac{x^2}{2}$.

第四章

不定积分

一、本章教学目标及重点

【教学目标】

1. 理解原函数和不定积分的概念.

2. 了解不定积分和微分之间的内在联系.

3. 掌握简易积分表及其使用方法.

4. 熟练掌握不定积分的基本公式、基本法则和性质.

5. 掌握直接积分法、换元积分法(第一和第二)、分部积分法、利用积分表积分法.

【知识点、重点归纳】

本章主要内容:

1. 原函数与不定积分的有关概念

原函数与不定积分是积分学中的两个重要概念,求不定积分就是求被积函数的所有原函数. 这是本章的理论基础,要在理解原函数与不定积分概念的基础上,弄清不定积分与微分之间的内在联系,能根据积分与微分的互逆关系写出简单的不定积分.

2. 不定积分的法则、性质和基本公式

不定积分的法则、性质和基本公式是求不定积分的基础. 不定积分的法则、性质有以下三个:

(1) $\int kf(x)\mathrm{d}x = k\int f(x)\mathrm{d}x$(常数 $k \neq 0$)

(2) $\int [f(x) \pm g(x)]\mathrm{d}x = \int f(x)\mathrm{d}x \pm \int g(x)\mathrm{d}x$　(可以推广到有限个)

(3) $\left(\int f(x)\mathrm{d}x\right)' = f(x)$ 或 $\mathrm{d}\left(\int f(x)\mathrm{d}x\right) = f(x)\mathrm{d}x$

$\int f'(x)\mathrm{d}x = f(x) + C$ 或 $\int \mathrm{d}f(x) = f(x) + C$

不定积分的基本公式有 25 个,除教材上的 17 个是最基本的积分公式外,还应补充以下几个公式:

$$\int \tan x\mathrm{d}x = -\ln |\cos x| + C \qquad \int \cot x\mathrm{d}x = \ln |\sin x| + C$$

$$\int \sec x\mathrm{d}x = \ln |\sec x + \tan x| + C \qquad \int \csc x\mathrm{d}x = \ln |\csc x - \cot x| + C$$

$$\int \frac{\mathrm{d}x}{a^2 + x^2} = \frac{1}{a}\arctan \frac{x}{a} + C \qquad\qquad \int \frac{1}{\sqrt{a^2 - x^2}}\mathrm{d}x = \arcsin \frac{x}{a} + C$$

$$\int \frac{\mathrm{d}x}{a^2 - x^2} = \frac{1}{2a}\ln\left|\frac{a+x}{a-x}\right| + C$$

$$\int \frac{\mathrm{d}x}{\sqrt{x^2 \pm a^2}} = \ln\left|x + \sqrt{x^2 \pm a^2}\right| + C \quad (\text{公式中 } a > 0)$$

3. 直接积分法

4. 换元积分法

(1) 第一换元积分法(凑微分法)

我们将复合函数求导法则反过来,用于求不定积分,就得出第一换元积分法.第一换元积分法的基本思想是:把所求的被积函数通过适当的变量代换,化成积分公式中的某一形式,然后再求出积分结果.这种积分法在解决积分问题中经常用到.

基本步骤如下:

若 $\int f(u)\mathrm{d}u = F(u) + C, u = \varphi(x)$ 有连续导数,即

$$\int f[\varphi(x)]\varphi'(x)\mathrm{d}x = \int f[\varphi(x)]\mathrm{d}\varphi(x)$$

$$\underline{\text{变量代换 } u = \varphi(x)} \quad \int f(u)\mathrm{d}u = F(u) + C \quad \underline{\text{回代 } u = \varphi(x)} \quad F[\varphi(x)] + C$$

第一换元积分法的关键是将被积表达式凑成两部分,即 $f[\varphi(x)] \cdot \varphi'(x)\mathrm{d}x$,从而形成一部分 $f[\varphi(x)]$ 是 $u = \varphi(x)$ 的函数 $f(u)$,将另一部分 $\varphi'(x)\mathrm{d}x$ 凑成微分 $\mathrm{d}u$,这样 $\int f(u)\mathrm{d}u$ 就可从积分公式中求出积分,再回代,就完成了积分.

常用的凑微分形式有:

$$\int f(ax + b)\mathrm{d}x = \frac{1}{a}\int f(ax + b)\mathrm{d}(ax + b) \quad (a \neq 0)$$

$$\int f(x^\alpha)x^{\alpha-1}\mathrm{d}x = \frac{1}{\alpha}\int f(x^\alpha)\mathrm{d}(x^\alpha) \quad (\alpha \neq 0)$$

$$\int f(\ln x) \frac{1}{x}\mathrm{d}x = \int f(\ln x)\mathrm{d}(\ln x)$$

$$\int f(\mathrm{e}^x)\mathrm{e}^x\mathrm{d}x = \int f(\mathrm{e}^x)\mathrm{d}(\mathrm{e}^x)$$

$$\int f(\arcsin x) \frac{1}{\sqrt{1 - x^2}}\mathrm{d}x = \int f(\arcsin x)\mathrm{d}(\arcsin x)$$

$$\int f(\arccos x) \frac{1}{\sqrt{1 - x^2}}\mathrm{d}x = -\int f(\arccos x)\mathrm{d}(\arccos x)$$

$$\int f(\arctan x) \frac{1}{1 + x^2}\mathrm{d}x = \int f(\arctan x)\mathrm{d}(\arctan x)$$

$$\int f(\mathrm{arccot} x) \frac{1}{1 + x^2}\mathrm{d}x = -\int f(\mathrm{arccot} x)\mathrm{d}(\mathrm{arccot} x)$$

$$\int f(\sin x)\cos x\mathrm{d}x = \int f(\sin x)\mathrm{d}(\sin x)$$

$$\int f(\cos x) \sin x \mathrm{d}x = -\int f(\cos x) \mathrm{d}(\cos x)$$

$$\int f(\tan x) \frac{1}{\cos^2 x} \mathrm{d}x = \int f(\tan x) \mathrm{d}(\tan x)$$

$$\int f(\cot x) \frac{1}{\sin^2 x} \mathrm{d}x = -\int f(\cot x) \mathrm{d}(\cot x)$$

凑微分时经常对被积表达式的系数进行调整,但要注意它必须是等值变换.

（2）第二换元积分法（去根号法）

第二换元积分法是通过适当选择置换式 $x = \varphi(t)$,使代换后的积分易于积出. 它主要用来解决几种简单的无理函数的积分问题.

基本步骤如下:

若 $f(x)$ 是连续函数,$x = \varphi(t)$ 有连续导数 $\varphi'(t)$,$\varphi'(t) \neq 0$.

又
$$\int f[\varphi(t)]\varphi'(t)\mathrm{d}t = F(t) + C$$

则
$$\int f(x)\mathrm{d}x \xrightarrow{x = \varphi(t)} \int f[\varphi(t)]\varphi'(t)\mathrm{d}t = F(t) + C \xrightarrow{t = \varphi^{-1}(x)} F[\varphi^{-1}(x)] + C$$

第二换元积分法经常用来解决被积函数中含 $\sqrt[n]{ax+b}$ 的积分问题,旨在去掉根号,使其化成可以用第一换元积分法或直接积分法来求解. 因此第二换元积分法也称为去根号法.

第二换元积分法是直接进行换元,分为三角函数代换和代数代换两种形式.

① 三角函数代换

$\int R(x, \sqrt{a^2 - x^2})\mathrm{d}x (a > 0)$,令 $x = a\sin t \left(-\frac{\pi}{2} < t < \frac{\pi}{2}\right)$ 或 $x = a\cos t (0 < t < \pi)$.

$\int R(x, \sqrt{x^2 + a^2})\mathrm{d}x (a > 0)$,令 $x = a\tan t \left(-\frac{\pi}{2} < t < \frac{\pi}{2}\right)$ 或 $x = a\cot t (0 < t < \pi)$.

$\int R(x, \sqrt{x^2 - a^2})\mathrm{d}x$,当 $x > a$ 时,令 $x = a\sec t \left(0 < t < \frac{\pi}{2}\right)$ 或 $x = a\csc t (0 < t < \pi)$;

当 $x < -a$ 时,令 $x = a\sec t \left(-\frac{\pi}{2} < t < 0\right)$ 或 $x = a\csc t (-\pi < t < 0)$.

② 代数代换

求形如 $\int \frac{1}{x\sqrt{a^2 \pm x^2}}\mathrm{d}x$、$\int \frac{1}{x^2\sqrt{a^2 \pm x^2}}\mathrm{d}x$、$\int \frac{\sqrt{a^2 \pm x^2}}{x^4}\mathrm{d}x$、$\int \frac{\sqrt{x^2 - a^2}}{x^4}\mathrm{d}x$ 的积分,可令 $\frac{1}{x} = t$;

求形如 $\int R(x, \sqrt[n]{ax+b})\mathrm{d}x (n$ 为正整数) 的积分,可令 $\sqrt[n]{ax+b} = t$;

求形如 $\int R\left(x, \sqrt[n]{\frac{ax+b}{cx+d}}\right)\mathrm{d}x (n$ 为正整数) 的积分,可令 $\sqrt[n]{\frac{ax+b}{cx+d}} = t$.

第一换元积分法和第二换元积分法统称换元积分法. 它们的区别在于积分变量 x 所处的"地位"不同,前者令 $u = \varphi(x)$,x 是自变量,而后者令 $x = \varphi(t)$,x 是中间变量.

5.分部积分法

设 $u(x), v(x)$ 连续可微,则 $\int u\mathrm{d}v = uv - \int v\mathrm{d}u$ 称为分部积分法.分部积分的关键是被积表达式 $u\mathrm{d}v$ 的凑成,原则是保证 $\int v\mathrm{d}u$ 的积分比 $\int u\mathrm{d}v$ 易积出,这样选择的 u、v 才是合理的,否则会使问题更加复杂化.

分部积分法的应用范围较有限,主要用于解决被积函数是两类不同类型函数乘积形式的积分,u 和 v 的选择一般的可总结为:"指三幂对反,谁在后面谁为 u",即被积函数是指数函数、三角函数、幂函数、对数函数、反三角函数中的两类函数乘积形式,谁在后面谁为 u,按此方法选择 u 和 v 是十分有效的.

6.利用简易积分表求积分

利用简易积分表重点是掌握它的使用方法,它的应用有以下三种情况:

(1) 在简易积分表中能直接查到的积分.

(2) 先进行变量代换,再进行查表求积分.

(3) 先进行查表求积分,然后利用相关的递推公式来求得积分.

本章重点内容

原函数与不定积分的概念、直接积分法、换元积分法和分部积分法.

本章难点内容

换元积分法、分部积分法.

二、典型例题解析

【例1】 求 $\int (x^2 + x + 1)\mathrm{d}x$.

【分析】 应用不定积分的法则与幂函数的积分公式.

解 $\int (x^2 + x + 1)\mathrm{d}x = \int x^2 \mathrm{d}x + \int x\mathrm{d}x + \int \mathrm{d}x = \dfrac{1}{3}x^3 + \dfrac{1}{2}x^2 + x + C$

【例2】 求 $\int \dfrac{(x - \sqrt{x})(1 + \sqrt{x})}{\sqrt{x}}\mathrm{d}x$.

【分析】 此积分不能直接应用基本积分公式,需对被积函数进行整理,去掉分母中的 $\sqrt{x}$ 后才可求解.

解 $\int \dfrac{(x - \sqrt{x})(1 + \sqrt{x})}{\sqrt{x}}\mathrm{d}x = \int \dfrac{x\sqrt{x} - \sqrt{x}}{\sqrt{x}}\mathrm{d}x = \int (x - 1)\mathrm{d}x = \dfrac{1}{2}x^2 - x + C$

【例3】 $\int \dfrac{x^4 + 1}{1 + x^2}\mathrm{d}x$.

【分析】 将被积函数化成 $\dfrac{x^4 + 1}{1 + x^2} = \dfrac{x^4 - 1 + 2}{1 + x^2} = x^2 - 1 + \dfrac{2}{1 + x^2}$,这种通过对分子加、减某一项来处理被积函数的方式,在求不定积分时是经常用的一种方法.

解 $\int \dfrac{x^4 + 1}{1 + x^2}\mathrm{d}x = \int \left(x^2 - 1 + \dfrac{2}{1 + x^2}\right)\mathrm{d}x = \dfrac{1}{3}x^3 - x + 2\arctan x + C$

【例4】 求 $\int \dfrac{2 + \sin^2 x}{\cos^2 x}\mathrm{d}x$.

【分析】 对被积函数中的分子利用恒等式 $\sin^2 x + \cos^2 x = 1$ 作恒等变形,使其化成 $\cos^2 x$ 形式,这种利用三角函数恒等式,对被积函数进行恒等变形的方法是求含有三角函数积分的一种常用方法.

解 $\int \dfrac{2 + \sin^2 x}{\cos^2 x} dx = \int \dfrac{3 - \cos^2 x}{\cos^2 x} dx = 3 \int \sec^2 x dx - \int dx = 3\tan x - x + C$

【例5】 求 $\int \cos^2 \dfrac{x}{2} dx$.

【分析】 利用恒等式 $\cos^2 \dfrac{x}{2} = \dfrac{1 + \cos x}{2}$ 对被积函数进行恒等变形后再积分,余弦二倍角公式是求三角函数积分中常用的公式.

解 $\int \cos^2 \dfrac{x}{2} dx = \dfrac{1}{2} \int (1 + \cos x) dx = \dfrac{1}{2} x + \dfrac{1}{2} \sin x + C$

【例6】 已知 $f'(\sin x) = \cos 2x + 2\sin x - 1$,求 $f(x)$.

【分析】 应由条件 $f'(\sin x) = \cos 2x + 2\sin x - 1$ 先求出 $f'(x)$,然后只需对 $f'(x)$ 求不定积分即可.

解 由于 $f'(\sin x) = \cos 2x + 2\sin x - 1 = 1 - 2\sin^2 x + 2\sin x - 1 = -2\sin^2 x + 2\sin x$,所以 $f'(x) = -2x^2 + 2x$,再积分得 $f(x) = \int f'(x) dx = \int (-2x^2 + 2x) dx = x^2 - \dfrac{2}{3} x^3 + C$

【例7】 若一条平面曲线通过点 $A(1,0)$,并且曲线任一点 $P(x,y)$ 处的切线斜率是 $2x - 2(x \in \mathbf{R})$,求该曲线的方程.

【分析】 设该曲线的方程为 $y = f(x)$,则 $f'(x) = 2x - 2$ 且 $f(1) = 0$,利用公式 $f(x) = \int f'(x) dx$ 求出 $f(x)$.

解 $y = f(x) = \int f'(x) dx = \int (2x - 2) dx = x^2 - 2x + C$

又由 $f(1) = 1 - 2 + C = 0$ 得 $C = 1$,故所求曲线方程为 $y = x^2 - 2x + 1$.

【例8】 求 $\int (x+1)^3 dx$.

【分析】 本题属 $\int f(ax+b) dx$ 型,将其凑成 $\int \dfrac{1}{a} f(ax+b) d(ax+b)$ 再进行换元积分.

解 $\int (x+1)^3 dx = \int (x+1)^3 d(x+1) \xequal{u=x+1} \int u^3 du = \dfrac{1}{4} u^4 + C$

$\xequal{\text{回代 } u=x+1} \dfrac{1}{4} (x+1)^4 + C$

【例9】 求 $\int \dfrac{\ln \tan x}{\sin x \cos x} dx$.

【分析】 注意到被积表达式中 $\dfrac{1}{\sin x \cos x} dx = \dfrac{1}{\tan x} \sec^2 x dx = \dfrac{1}{\tan x} d\tan x$

而 $\dfrac{\ln u}{u} du = \ln u \cdot d\ln u$

解 $\int \dfrac{\ln \tan x}{\sin x \cos x} dx = \int \ln \tan x \cdot \dfrac{1}{\tan x} d\tan x = \int \ln \tan x d\ln \tan x = \dfrac{1}{2} \ln^2 \tan x + C$

【例10】 $\int \dfrac{1}{x(x^2+1)} dx$.

【分析】 先将被积函数作恒等变形 $\dfrac{1}{x(x^2+1)} = \dfrac{1 + x^2 - x^2}{x(x^2+1)} = \dfrac{1}{x} - \dfrac{x}{x^2+1}$ 后再求

积分.

解 $\int \dfrac{1}{x(x^2+1)}\mathrm{d}x = \int \left(\dfrac{1}{x} - \dfrac{x}{x^2+1}\right)\mathrm{d}x = \int \dfrac{1}{x}\mathrm{d}x - \dfrac{1}{2}\int \dfrac{1}{x^2+1}\mathrm{d}(x^2+1)$

$$= \ln|x| - \dfrac{1}{2}\ln(x^2+1) + C$$

在熟练的基础上,可省略变量代换和回代过程,凑完微分后即可直接进行积分,省略运算步骤.用此题方法可求得 $\int \dfrac{1}{x(x^n+1)}\mathrm{d}x = \ln|x| - \dfrac{1}{n}\ln(x^n+1) + C$.

【例 11】 求 $\int \dfrac{1}{\sqrt{x-x^2}}\mathrm{d}x$.

【分析】 将 $\dfrac{1}{\sqrt{x-x^2}}$ 化成 $\dfrac{1}{\sqrt{1-u^2}}$ 型即可利用凑微分进行积分运算.

解 $\int \dfrac{1}{\sqrt{x-x^2}}\mathrm{d}x = \int \dfrac{1}{\sqrt{\dfrac{1}{4} - \left(x - \dfrac{1}{2}\right)^2}}\mathrm{d}x = \int \dfrac{1}{\sqrt{1-(2x-1)^2}}\mathrm{d}(2x-1)$

$$= \arcsin(2x-1) + C$$

【例 12】 求 $\int \dfrac{1+x}{\sqrt{x-x^2}}\mathrm{d}x$.

【分析】 用凑微分法求 $\int g(x)\mathrm{d}x$ 时,需要把 $g(x)$ 分成 $f[\varphi(x)]$ 和 $\varphi'(x)$ 两部分,如何分离视具体情况而定,本题根据被积函数的特点选取 $f[\varphi(x)]$ 为 $\dfrac{1}{\sqrt{x-x^2}}$,$\varphi(x)$ 为 $x-x^2$,围绕这一选取将被积函数分成两部分后,分别进行积分.

解 $\int \dfrac{1+x}{\sqrt{x-x^2}}\mathrm{d}x = -\dfrac{1}{2}\int \dfrac{1-2x-3}{\sqrt{x-x^2}}\mathrm{d}x$

$$= -\dfrac{1}{2}\left[\int \dfrac{1}{\sqrt{x-x^2}}\mathrm{d}(x-x^2) - \int \dfrac{3}{\sqrt{\dfrac{1}{4}-\left(x-\dfrac{1}{2}\right)^2}}\mathrm{d}x\right]$$

$$= -\sqrt{x-x^2} + \dfrac{3}{2}\int \dfrac{1}{\sqrt{1-(2x-1)^2}}\mathrm{d}(2x-1)$$

$$= -\sqrt{x-x^2} + \dfrac{3}{2}\arcsin(2x-1) + C$$

本类习题解题小结

第一换元积分法主要是凑微分,其目的是把不定积分 $\int g(x)\mathrm{d}x$ 转化成 $\int f[\varphi(x)]\mathrm{d}\varphi(x)$,从而可以应用基本积分公式求解,如何把 $g(x)$ 分离成 $f[\varphi(x)]\varphi'(x)$ 应视具体情况而定,一般说来,常选取 $g(x)$ 中较复杂的部分作为 $f[\varphi(x)]$.用凑微分法求不定积分时,经常需要用三角函数恒等式,分子或分母有理化,分子加、减某一项等方法对被积函数施行恒等变换,然后再进行凑微分求解.

用不同方法得到的积分结果往往各不相同,但彼此间只相差一个常数,在验证积分结果是否正确时,只需对其求导,看导数是否等于被积函数即可.

【例 13】 求 $\int \dfrac{1}{1+\sqrt{x}}\mathrm{d}x$.

【分析】 为去掉$\sqrt{x}$,可令$x = \varphi(t) = t^2 (t \geqslant 0)$,将被积函数化成有理式再积分.

解　令$x = t^2$,则$\sqrt{x} = t, \mathrm{d}x = 2t\mathrm{d}t$,于是

$$\int \frac{1}{1+\sqrt{x}}\mathrm{d}x = \int \frac{2t}{1+t}\mathrm{d}t = 2\int \left(1 - \frac{1}{1+t}\right)\mathrm{d}t = 2(t - \ln|1+t|) + C$$

$$\xrightarrow[t=\sqrt{x}]{回代} 2\sqrt{x} - 2\ln|1+\sqrt{x}| + C$$

当被积函数中含$\sqrt[n]{ax+b}$时,可令$\sqrt[n]{ax+b} = t$,同理被积函数中含$\sqrt[n]{\dfrac{ax+b}{cx+d}}$时,亦可令$\sqrt[n]{\dfrac{ax+b}{cx+d}} = t$,这类代换叫代数代换(去根号代换).

【例 14】 求$\displaystyle\int \frac{1}{x}\sqrt{\frac{1+x}{1-x}}\mathrm{d}x$.

【分析】 本题属于$\sqrt[n]{\dfrac{ax+b}{cx+d}}$型,可令$\sqrt{\dfrac{1+x}{1-x}} = t$,去掉根号再求解.

解　令$\sqrt{\dfrac{1+x}{1-x}} = t$,则$x = \dfrac{t^2-1}{t^2+1}, \mathrm{d}x = \dfrac{4t}{(t^2+1)^2}\mathrm{d}t$,于是

$$\int \frac{1}{x}\sqrt{\frac{1+x}{1-x}}\mathrm{d}x = \int \frac{t^2+1}{t^2-1} \cdot t \cdot \frac{4t}{(t^2+1)^2}\mathrm{d}t = 4\int \frac{t^2-1+1}{(t^2-1)(t^2+1)}\mathrm{d}t$$

$$= 4\int \frac{1}{t^2+1}\mathrm{d}t + 2\int \left(\frac{1}{t^2-1} - \frac{1}{t^2+1}\right)\mathrm{d}t = 2\int \frac{1}{t^2+1}\mathrm{d}t + \int \left(\frac{1}{t-1} - \frac{1}{t+1}\right)\mathrm{d}t$$

$$= 2\arctan t + \ln|t-1| - \ln|t+1| + C = 2\arctan t + \ln\left|\frac{t-1}{t+1}\right| + C$$

$$\xrightarrow[t=\sqrt{\frac{1+x}{1-x}}]{回代} 2\arctan\sqrt{\frac{1+x}{1-x}} + \ln\left|\frac{\sqrt{1+x}-\sqrt{1-x}}{\sqrt{1+x}+\sqrt{1-x}}\right| + C$$

【例 15】 求$\displaystyle\int \frac{1}{x\sqrt{1-x^2}}\mathrm{d}x$.

【分析】 当被积函数中含有$\sqrt{x^2 \pm a^2}, \sqrt{a^2 \pm x^2}$时可利用三角函数的恒等变换去掉根号,这类代换简称三角代换,如本题可令$x = \sin t \left(-\dfrac{\pi}{2} < t < \dfrac{\pi}{2}\right)$,即可去掉根号化成有理式.

解法一　令$x = \sin t \left(-\dfrac{\pi}{2} < t < \dfrac{\pi}{2}\right)$,则$\mathrm{d}x = \cos t\mathrm{d}t$,于是

$$\int \frac{1}{x\sqrt{1-x^2}}\mathrm{d}x = \int \frac{1}{\sin t \cdot \cos t}\cos t\mathrm{d}t = \int \frac{1}{\sin t}\mathrm{d}t = \int \frac{1}{2\sin\dfrac{t}{2}\cos\dfrac{t}{2}}\mathrm{d}t$$

$$= \int \frac{1}{\tan\dfrac{t}{2}\cos^2\dfrac{t}{2}}\mathrm{d}\left(\frac{t}{2}\right) = \int \frac{\mathrm{d}\left(\tan\dfrac{t}{2}\right)}{\tan\dfrac{t}{2}} = \ln\left|\tan\frac{t}{2}\right| + C$$

回代时作辅助三角形(如图 4-1 所示)

$$\cos t = \sqrt{1-x^2}, \tan\frac{t}{2} = \frac{\sin t}{1+\cos t} = \frac{x}{1+\sqrt{1-x^2}}$$

故 $$\int \frac{1}{x\sqrt{1-x^2}}dx = \ln\left|\frac{x}{1+\sqrt{1-x^2}}\right| + C$$

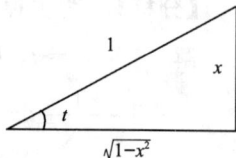

有些不定积分在求解时,可作不同的代换,如本题还有其他代
换解法.

图 4-1

解法二 令 $\sqrt{1-x^2} = t$,则 $x = \sqrt{1-t^2}$,$dx = -\dfrac{t}{\sqrt{1-t^2}}dt$,于是

$$\int \frac{1}{x\sqrt{1-x^2}}dx = -\int \frac{1}{\sqrt{1-t^2}\cdot t}\cdot\frac{t}{\sqrt{1-t^2}}dt = \int\frac{1}{t^2-1}dt$$

$$= \frac{1}{2}\ln\left|\frac{t-1}{t+1}\right| + C = \frac{1}{2}\ln\left|\frac{\sqrt{1-x^2}-1}{\sqrt{1-x^2}+1}\right| + C$$

解法三 令 $x = \dfrac{1}{t}$,则 $dx = -\dfrac{1}{t^2}dt$,于是

$$\int \frac{1}{x\sqrt{1-x^2}}dx = \int \frac{1}{\frac{1}{t}\cdot\sqrt{1-\frac{1}{t^2}}}\cdot\left(-\frac{1}{t^2}\right)dt = -\int\frac{1}{\sqrt{t^2-1}}dt$$

$$= -\ln\left|t+\sqrt{t^2-1}\right| + C = -\ln\left|\frac{1}{x}+\frac{\sqrt{1-x^2}}{x}\right| + C$$

解法四 令 $\sqrt{\dfrac{1+x}{1-x}} = t$,则 $x = \dfrac{t^2-1}{t^2+1}$,$dx = \dfrac{4t}{(t^2+1)^2}dt$

于是 $$\int \frac{1}{x\sqrt{1-x^2}}dx = \int \frac{t^2+1}{t^2-1}\cdot\frac{1}{\sqrt{1-\left(\frac{t^2-1}{t^2+1}\right)^2}}\cdot\frac{4t}{(t^2+1)^2}dt = 2\int\frac{1}{t^2-1}dt$$

$$= \ln\left|\frac{t-1}{t+1}\right| + C = \ln\left|\frac{\sqrt{1+x}-\sqrt{1-x}}{\sqrt{1+x}+\sqrt{1-x}}\right| + C$$

采用不同的积分方法得到的结果,彼此之间相差一个常数,对于一题多解,应注意尽
可能选取使运算过程简捷的代换.

此类换元的目的在于通过变量代换把被积表达式化简,从而可以求出不定积分,其关
键在于选择适当的变量代换 $x = \varphi(t)$.用第二换元积分法来求不定积分,一定要记住,不
要忘记回代过程.

有些积分不仅可用第一换元积分法,而且可以用第二换元积分法,亦可用其他方法.

【例 16】 求 $\displaystyle\int \frac{1}{\sqrt{x(4-x)}}dx$.

解法一 凑微分法

$$\int \frac{1}{\sqrt{x(4-x)}}dx = 2\int\frac{d\sqrt{x}}{\sqrt{4-x}} = 2\int\frac{d\frac{\sqrt{x}}{2}}{\sqrt{1-\left(\frac{\sqrt{x}}{2}\right)^2}} = 2\arcsin\frac{\sqrt{x}}{2} + C$$

解法二 第二换元法

$$\int \frac{1}{\sqrt{x(4-x)}}dx = \int \frac{dx}{\sqrt{4-(x-2)^2}} \xlongequal{\diamond\, x-2=2\sin t} \int dt = t+C = \arcsin\frac{x-2}{2}+C$$

解法三 特殊换元法

$$\int \frac{1}{\sqrt{x(4-x)}}dx \xlongequal{x=4\sin^2 t} 2\int dt = 2t+C = 2\arcsin\frac{\sqrt{x}}{2}+C$$

解法四 有理化被积函数

$$\int \frac{1}{\sqrt{x(4-x)}}dx = \int \frac{1}{x}\sqrt{\frac{x}{4-x}}dx \xlongequal{\sqrt{\frac{x}{4-x}}=t} 2\int \frac{dt}{1+t^2}$$

$$= 2\arctan t + C = 2\arctan\sqrt{\frac{x}{4-x}}+C$$

本题主要介绍这四种方法,其实还可以给出许多类似的解法,就不一一列举了,此类问题提醒大家解决问题的方式不尽相同,要灵活掌握.

【例 17】 求 $\int x\cos x dx$.

【分析】 这里被积函数是两类函数(幂函数与三角函数)的乘积,应采用分部积分法,按"指三幂对反,谁在后面谁作 u"的口诀,可选择 x 作 u.

解 设 $u=x, dv=\cos x dx$,则 $du=dx, v=\sin x$,于是

$$\int x\cos x dx = \int x d\sin x = x\sin x - \int \sin x dx = x\sin x + \cos x + C$$

习惯上,可不必写出 u, v,直接利用分部积分公式来做.

【例 18】 $\int x^n \ln x dx (n \in \mathbf{Z})$.

【分析】这里被积函数是幂函数与对数函数的乘积,用分部积分法,选择 $\ln x$ 作 u,注意 $n=-1$ 的情形不能忘记.

解 当 $n=-1$ 时,$\int x^n \ln x dx = \int \frac{\ln x}{x}dx = \int \ln x d\ln x = \frac{1}{2}(\ln x)^2 + C$

当 $n \neq -1$ 时,$\int x^n \ln x dx = \frac{1}{n+1}\int \ln x d(x^{n+1}) = \frac{1}{n+1}\left(x^{n+1}\ln x - \int x^{n+1} \cdot \frac{1}{x}dx\right)$

$$= \frac{1}{n+1}\left(x^{n+1}\ln x - \frac{1}{n+1}x^{n+1}\right)+C$$

$$= \frac{1}{n+1}x^{n+1}\ln x - \frac{1}{(n+1)^2}x^{n+1}+C$$

【例 19】 求 $\int \cos(\ln x)dx$.

【分析】 本题被积函数不是两类不同函数的乘积,而是一个函数,根据分部积分公式中 $\int u dv$ 形式,可按 $\int f(x)dx$ 直接选取 $u=f(x), dv=dx$,即 $v=x$

解 $\int \cos(\ln x)dx = x\cos(\ln x) - \int x d(\cos \ln x) = x\cos(\ln x) + \int (\sin \ln x)dx$

$$= x\cos(\ln x) + x\sin(\ln x) - \int x \cdot \cos(\ln x) \cdot \frac{1}{x}\mathrm{d}x$$

$$= x\cos(\ln x) + x\sin(\ln x) - \int\cos(\ln x)\mathrm{d}x$$

故 $$\int\cos(\ln x)\mathrm{d}x = \frac{x}{2}\big[\cos(\ln x) + \sin(\ln x)\big] + C$$

在用分部积分法求不定积分时,有时会连续应用分部积分公式,有时连续分部过程中又回到原来所求的积分,但只要它们的系数不相等,就可以采取解方程的方法求出原来的不定积分,自行加常数 C,这种方法称为回归法.

【例 20】 求 $\int e^{2x}(\tan x + 1)^2\mathrm{d}x$.

【分析】 当被积表达式含三角函数时,可先利用三角函数恒等式对其变形,使问题简化再分部求解,本题如不把 $(\tan x + 1)^2$ 进行恒等变形,而是直接作为 u,会使问题复杂化.

解 $$\int e^{2x}(\tan x + 1)^2\mathrm{d}x = \int e^{2x}(\sec^2 x + 2\tan x)\mathrm{d}x = \int e^{2x}\mathrm{d}\tan x + 2\int e^{2x}\tan x\mathrm{d}x$$

$$= e^{2x}\tan x - 2\int e^{2x}\tan x\mathrm{d}x + 2\int e^{2x}\tan x\mathrm{d}x = e^{2x}\tan x + C$$

注意 上面出现的两项不定积分式子一样,只相差一个符号,它们抵消的结果是一个任意常数,而不是零. 事实上,这是因为:

$$\Big[\int f(x)\mathrm{d}x - \int f(x)\mathrm{d}x\Big]' = f(x) - f(x) = 0$$

所以 $$\int f(x)\mathrm{d}x - \int f(x)\mathrm{d}x = C$$

也就是说两个相同的不定积分,其积分常数是不同的,由于数学表述要求简洁,所以不定积分中的积分常数都用 C 来表示.

【例 21】 求 $\int\frac{x^2}{1 + x^2}\arctan x\mathrm{d}x$.

【分析】 由于 $\arctan x$ 不能够作 v,只能由 $\frac{x^2}{1 + x^2}\mathrm{d}x$ 凑成 $\mathrm{d}v$ 形式,但这又是不可能的,所以必须将 $\frac{x^2}{1 + x^2}$ 作恒等变形,$\frac{x^2}{1 + x^2} = \frac{x^2 + 1 - 1}{1 + x^2} = 1 - \frac{1}{1 + x^2}$,然后再求不定积分方可.

解 $$\int\frac{x^2}{1 + x^2}\arctan x\mathrm{d}x = \int\Big(1 - \frac{1}{1 + x^2}\Big)\arctan x\mathrm{d}x$$

$$= \int\arctan x\mathrm{d}x - \int\arctan x\mathrm{d}(\arctan x)$$

$$= x\arctan x - \int\frac{x}{1 + x^2}\mathrm{d}x - \frac{1}{2}(\arctan x)^2$$

$$= x\arctan x - \frac{1}{2}\ln(1 + x^2) - \frac{1}{2}(\arctan x)^2 + C$$

【例 22】 求 $\int e^x\Big(\frac{1}{x} + \ln x\Big)\mathrm{d}x$.

【分析】　形如 $\int e^x \ln x dx, \int \dfrac{\sin x}{x} \ln x dx, \int \dfrac{\sin x}{x} dx$ 等的不定积分虽然存在，但用上述方法却积不出来，因此应采用技巧，即把被积函数分成两部分，对其中一部分积分后其结果中某一项恰与另一部分的积分抵消.

解　$\displaystyle\int e^x\left(\dfrac{1}{x}+\ln x\right)dx = \int e^x \dfrac{1}{x}dx + \int e^x \ln x dx = \int e^x d\ln x + \int e^x \ln x dx$

$$= e^x \ln x - \int e^x \ln x dx + \int e^x \ln x dx = e^x \ln x + C$$

【例 23】　求 $\displaystyle\int \cos^2 \sqrt{x} dx$.

【分析】　对被积函数应先作三角恒等变换方可求解.

解　$\displaystyle\int \cos^2 \sqrt{x} dx = \dfrac{1}{2}\int(1+\cos 2\sqrt{x})dx = \dfrac{1}{2}\int dx + \dfrac{1}{2}\int \cos 2\sqrt{x} dx$

其中 $\displaystyle\int \cos 2\sqrt{x} dx \xlongequal[dx=2tdt]{\sqrt{x}=t} 2\int t\cos 2t dt = t\sin 2t - \int \sin 2t dt = t\sin 2t + \dfrac{1}{2}\cos 2t + C$

$$= \sqrt{x}\sin 2\sqrt{x} + \dfrac{1}{2}\cos 2\sqrt{x} + C$$

故　　　　　$\displaystyle\int \cos^2 \sqrt{x} dx = \dfrac{x}{2} + \dfrac{1}{2}\sqrt{x}\sin 2\sqrt{x} + \dfrac{1}{4}\cos 2\sqrt{x} + C$

【例 24】　求 $\displaystyle\int \sec^3 x dx$.

解　$\displaystyle\int \sec^3 x dx = \int \sec x d\tan x = \sec x \tan x - \int \tan^2 x \sec x dx$

$$= \sec x \tan x - \int \sec^3 x dx + \int \sec x dx$$

$$= \sec x \tan x + \ln|\sec x + \tan x| - \int \sec^3 x dx$$

$$\therefore \int \sec^3 x dx = \dfrac{1}{2}\sec x \tan x + \dfrac{1}{2}\ln|\sec x + \tan x| + C$$

以上分部积分法，可根据被积函数的情况将其分成几部分，逐一解决. 有时会出现其中一部分积分结果中某一项恰与另一部分积分抵消，有时分部积分要与其他运算方法相结合运用，也可根据多次分部积分通过解方程的回归法求解. 分部积分法的关键在于 u、v 的选择，一般依据口诀"指三幂对反，谁在后面谁为 u"的方法去试解，可以收到较好的效果.

三、教材典型习题与难题解答

习题 4-1

A　组

3. 解下列各题：

(1) 已知函数 $y = f(x)$ 的导数等于 $x+2$，且 $x=2$ 时，$y=5$，求这个函数；

(2) 已知在曲线上任一点切线的斜率为 $3x^2$，并且曲线经过点 $(1,2)$，求此曲线的方程；

(3) 已知动点在时刻 t 的速度为 $v = 3t - 2$，且 $t=0$ 时，$S=5$，求此动点的运动方程.

解　(1) 依题意 $f'(x) = x+2$，从而 $f(x) = \displaystyle\int(x+2)dx = \dfrac{1}{2}x^2 + 2x + C$，又 $x=2$ 时，

$y=5$，故 $f(2) = \dfrac{1}{2}\times 2^2 + 2\times 2 + C = 5$，解得：$C = -1$. 这个函数为：$f(x) = \dfrac{1}{2}x^2 + 2x - 1$

(2) 设曲线方程为 $y=f(x)$，依题意 $f'(x)=3x^2$，则 $f(x)=\int 3x^2\mathrm{d}x=x^3+C$，又曲线过点 $(1,2)$，从而 $2=1+C$ 得 $C=1$，故曲线方程为：$y=x^3+1$

(3) 根据题意设 $S=S(t)$，则有 $S'(t)=3t-2$，从而 $S=\int(3t-2)\mathrm{d}t=\dfrac{3}{2}t^2-2t+C$，即动点的运动方程为 $S=\dfrac{3}{2}t^2-2t+C$. 当 $t=0$ 时，$S=5$，解得 $C=5$. 故运动方程为：$S=\dfrac{3}{2}t^2-2t+5$

B　组

3. 解下列各题：

(1) 一曲线通过点 $(\mathrm{e}^2,3)$，且在任一点处的切线斜率等于该点横坐标的倒数，求该曲线的方程；

(2) 一物体由静止开始运动，t 秒后速度为 $3t^2$ 米 / 秒. 问：① 在 3 秒后物体离开出发点的距离是多少？② 物体走完 512 米需要多长时间？

解　(1) 设曲线方程为 $y=f(x)$，则 $\dfrac{\mathrm{d}y}{\mathrm{d}x}=\dfrac{1}{x}$，从而 $y=\int\dfrac{1}{x}\mathrm{d}x=\ln|x|+C$，又曲线过点 $(\mathrm{e}^2,3)$，从而 $3=2+C$，$C=1$，故曲线方程为 $y=\ln|x|+1$.

(2) 设物体的运动规律为 $S=S(t)$，依题意 $S'(t)=v=3t^2$，从而 $S=\int 3t^2\mathrm{d}t=t^3+C$，由于 $t=0$ 时，$S=0$，从而 $C=0$，故 $S(t)=t^3$

① $t=3$ 秒时，$S(3)=3^3=27$（米）

② $S=512$ 米，$512=t^3$，得 $t=8$ 秒

习题 4-2

A　组

1. 计算下列不定积分：

(2) $\int x^2\sqrt{x}\,\mathrm{d}x$ 　　(3) $\int\dfrac{x^2+\sqrt{x^3}+3}{\sqrt{x}}\mathrm{d}x$ 　　(5) $\int\dfrac{3^x+2^x}{3^x}\mathrm{d}x$

(8) $\int\sec x(\sec x-\tan x)\mathrm{d}x$ 　(9) $\int\mathrm{e}^{x-3}\mathrm{d}x$ 　　(10) $\int 10^x 2^{3x}\mathrm{d}x$

(11) $\int\dfrac{1+x+x^2}{x(1+x^2)}\mathrm{d}x$ 　(12) $\int\dfrac{\cos 2x}{\cos x+\sin x}\mathrm{d}x$

解　(2) $\int x^2\sqrt{x}\,\mathrm{d}x=\int x^{\frac{5}{2}}\mathrm{d}x=\dfrac{1}{\frac{5}{2}+1}x^{\frac{5}{2}+1}+C=\dfrac{2}{7}x^{\frac{7}{2}}+C$

(3) $\int\dfrac{x^2+\sqrt{x^3}+3}{\sqrt{x}}\mathrm{d}x=\int(x^{\frac{3}{2}}+x+3x^{-\frac{1}{2}})\mathrm{d}x=\int x^{\frac{3}{2}}\mathrm{d}x+\int x\mathrm{d}x+3\int x^{-\frac{1}{2}}\mathrm{d}x$

$$= \frac{2}{5}x^{\frac{5}{2}} + \frac{1}{2}x^2 + 6\sqrt{x} + C$$

(5) $\displaystyle\int \frac{3^x + 2^x}{3^x} dx = \int \left[1 + \left(\frac{2}{3}\right)^x\right] dx = x + \frac{\left(\frac{2}{3}\right)^x}{\ln\frac{2}{3}} + C = x + \frac{\left(\frac{2}{3}\right)^x}{\ln 2 - \ln 3} + C$

(8) $\displaystyle\int \sec x(\sec x - \tan x) dx = \int (\sec^2 x - \sec x \cdot \tan x) dx = \tan x - \sec x + C$

(9) $\displaystyle\int e^{x-3} dx = \int e^{-3} e^x dx = e^{-3} \int e^x dx = e^{-3} \cdot e^x + C = e^{x-3} + C$

(10) $\displaystyle\int 10^x \cdot 2^{3x} dx = \int 10^x \cdot (2^3)^x dx = \int (10 \cdot 2^3)^x dx = \frac{10^x \cdot 2^{3x}}{\ln(10 \cdot 2^3)} + C$

$$= \frac{10^x \cdot 2^{3x}}{3\ln 2 + \ln 10} + C$$

(11) $\displaystyle\int \frac{1 + x + x^2}{x(1 + x^2)} dx = \int \frac{(1 + x^2) + x}{x(1 + x^2)} dx = \int \left(\frac{1}{x} + \frac{1}{1 + x^2}\right) dx = \ln|x| + \arctan x + C$

(12) $\displaystyle\int \frac{\cos 2x}{\cos x + \sin x} dx = \int \frac{\cos^2 x - \sin^2 x}{\cos x + \sin x} dx = \int (\cos x - \sin x) dx = \sin x + \cos x + C$

2. 证明：如果 $\displaystyle\int f(x) dx = F(x) + C$，则 $\displaystyle\int f(ax + b) dx = \frac{1}{a} F(ax + b) + C \quad (a \neq 0)$.

证明 由已知 $\displaystyle\int f(x) dx = F(x) + C$，故

$$F'(x) = f(x)$$

从而

$$F'(ax + b) = f(ax + b),$$

$$\left[\frac{1}{a} F(ax + b)\right]' = \frac{1}{a} F'(ax + b) \cdot (ax + b)' = F'(ax + b) = f(ax + b)$$

故 $\displaystyle\int f(ax + b) dx = \frac{1}{a} F(ax + b) + C \, (a \neq 0)$

B 组

1. 求下列不定积分：

(1) $\displaystyle\int \frac{dh}{\sqrt{2gh}} (g$ 为常数$)$

(2) $\displaystyle\int \sqrt{x\sqrt{x\sqrt{x}}} \, dx$

(3) $\displaystyle\int \frac{x - 9}{\sqrt{x} + 3} dx$

(4) $\displaystyle\int (\sqrt{x} + 1)(\sqrt{x^3} - 1) dx$

(5) $\displaystyle\int \frac{x^4}{1 + x^2} dx$

(6) $\displaystyle\int \frac{2 \cdot 3^x + 5 \cdot 2^x}{3^x} dx$

(7) $\displaystyle\int \frac{1 + 2x^2}{x^2(1 + x^2)} dx$

(8) $\displaystyle\int \frac{e^{2x} - 1}{e^x + 1} dx$

(9) $\displaystyle\int \frac{dx}{1 + \cos 2x}$

(10) $\displaystyle\int \frac{\cos 2x}{\sin^2 x \cos^2 x} dx$

解 (1) $\displaystyle\int \frac{dh}{\sqrt{2gh}} = \frac{1}{\sqrt{2g}} \int \frac{1}{\sqrt{h}} dh = \frac{2}{\sqrt{2g}} \sqrt{h} + C = \frac{1}{g} \sqrt{2gh} + C$

(2) $\displaystyle\int\sqrt{x\sqrt{x\sqrt{x}}}\,\mathrm{d}x = \int x^{\frac{7}{8}}\,\mathrm{d}x = \frac{8}{15}x^{\frac{15}{8}} + C$

(3) $\displaystyle\int\frac{x-9}{\sqrt{x}+3}\,\mathrm{d}x = \int\frac{(x-9)(\sqrt{x}-3)}{(\sqrt{x}+3)(\sqrt{x}-3)}\,\mathrm{d}x = \int(\sqrt{x}-3)\,\mathrm{d}x = \frac{2}{3}x^{\frac{3}{2}} - 3x + C$

(4) 提示：按乘法展开再积分.

(5) $\displaystyle\int\frac{x^4}{1+x^2}\,\mathrm{d}x = \int\frac{x^4-1+1}{1+x^2}\,\mathrm{d}x = \int\left(x^2-1+\frac{1}{1+x^2}\right)\mathrm{d}x = \frac{1}{3}x^3 - x + \arctan x + C$

(6) $\displaystyle\int\frac{2\cdot 3^x + 5\cdot 2^x}{3^x}\,\mathrm{d}x = \int\left(2 + 5\cdot\left(\frac{2}{3}\right)^x\right)\mathrm{d}x = 2x + \frac{5\cdot\left(\frac{2}{3}\right)^x}{\ln 2 - \ln 3} + C$

(7) $\displaystyle\int\frac{1+2x^2}{x^2(1+x^2)}\,\mathrm{d}x = \int\frac{(1+x^2)+x^2}{x^2(1+x^2)}\,\mathrm{d}x = \int\left(\frac{1}{x^2}+\frac{1}{1+x^2}\right)\mathrm{d}x = -\frac{1}{x} + \arctan x + C$

(8) $\displaystyle\int\frac{\mathrm{e}^{2x}-1}{\mathrm{e}^x+1}\,\mathrm{d}x = \int\frac{(\mathrm{e}^x+1)(\mathrm{e}^x-1)}{\mathrm{e}^x+1}\,\mathrm{d}x = \int(\mathrm{e}^x-1)\,\mathrm{d}x = \mathrm{e}^x - x + C$

(9) $\displaystyle\int\frac{\mathrm{d}x}{1+\cos 2x} = \int\frac{1}{1+2\cos^2 x-1}\,\mathrm{d}x = \frac{1}{2}\int\sec^2 x\,\mathrm{d}x = \frac{1}{2}\tan x + C$

(10) $\displaystyle\int\frac{\cos 2x}{\sin^2 x\cos^2 x}\,\mathrm{d}x = \int\frac{\cos^2 x-\sin^2 x}{\sin^2 x\cos^2 x}\,\mathrm{d}x = \int\left(\frac{1}{\sin^2 x}-\frac{1}{\cos^2 x}\right)\mathrm{d}x$

$$= \int(\csc^2 - \sec^2 x)\,\mathrm{d}x = -\tan x - \cot x + C$$

2. 设物体以速度 $v = 2\cos t$ 作直线运动，开始时质点的位移为 S_0，求质点的运动方程.

解　设质点的运动方程为 $S = S(t)$，依题意

$$S'(t) = v = 2\cos t$$

从而
$$S(t) = \int 2\cos t\,\mathrm{d}t = 2\sin t + C$$

又 $t = 0$ 时，$S = S_0$，由 $S_0 = 2\sin 0 + C$

得
$$C = S_0$$

故质点的运动方程为 $S(t) = 2\sin t + S_0$.

3. 设有一个物体以加速度 $a = 2t$ 作直线运动，当 $t = 2\mathrm{s}$ 时，物体的速度为 $v = 6\mathrm{m/s}$，求该物体的速度变化规律.

解　设物体的速度变化规律为 $v = v(t)$，依题意

$$v'(t) = a = 2t$$

从而
$$v(t) = \int 2t\,\mathrm{d}t = t^2 + C$$

当 $t = 2\mathrm{s}$ 时，$v = 6\mathrm{m/s}$，得 $6 = 4 + C$，$C = 2$

故
$$v(t) = t^2 + 2$$

习题 4-3

A　组

1. 求下列不定积分：

$(4)\displaystyle\int\frac{e^{2x}-1}{e^x}dx$ 　　　　$(5)\displaystyle\int\frac{x}{1+x^2}dx$ 　　　　$(6)\displaystyle\int x\sqrt{2+x^2}\,dx$

$(7)\displaystyle\int\sin^3x\cos x\,dx$ 　　　　$(8)\displaystyle\int\frac{1}{\sqrt{x}}\sin\sqrt{x}\,dx$ 　　　　$(9)\displaystyle\int\frac{\ln x}{x}dx$

解　$(4)\displaystyle\int\frac{e^{2x}-1}{e^x}dx=\int(e^x-e^{-x})dx=\int e^x dx+\int e^{-x}d(-x)=e^x+e^{-x}+C$

$(5)\displaystyle\int\frac{x}{1+x^2}dx=\frac{1}{2}\int\frac{1}{1+x^2}d(1+x^2)=\frac{1}{2}\ln(1+x^2)+C$

$(6)\displaystyle\int x\sqrt{2+x^2}\,dx=\frac{1}{2}\int\sqrt{2+x^2}\,d(2+x^2)=\frac{1}{2}\cdot\frac{2}{3}(2+x^2)^{\frac{3}{2}}+C$

$\qquad\qquad\qquad=\dfrac{1}{3}(2+x^2)^{\frac{3}{2}}+C$

$(7)\displaystyle\int\sin^3x\cos x\,dx=\int\sin^3x\,d\sin x=\frac{1}{4}\sin^4x+C$

$(8)\displaystyle\int\frac{1}{\sqrt{x}}\sin\sqrt{x}\,dx=2\int\sin\sqrt{x}\,d\sqrt{x}=-2\cos\sqrt{x}+C$

$(9)\displaystyle\int\frac{\ln x}{x}dx=\int\ln x\,d\ln x=\frac{1}{2}\ln^2x+C$

2. 计算下列不定积分：

$(3)\displaystyle\int\frac{\sqrt{x}}{\sqrt{x}-\sqrt[3]{x}}dx$ 　　　$(4)\displaystyle\int\frac{\sqrt{1+x}}{1+\sqrt{1+x}}dx$ 　　　$(5)\displaystyle\int\frac{x^2}{\sqrt{4-x^2}}dx$

$(6)\displaystyle\int\frac{dx}{x\sqrt{x^2+4}}$ 　　　$(7)\displaystyle\int\frac{\sqrt{x^2-2}}{x}dx$ 　　　$(8)\displaystyle\int\frac{dx}{\sqrt{4x^2+9}}$

$(9)\displaystyle\int\frac{1}{x\sqrt{1-x^2}}dx$

解　（3）令 $\sqrt[6]{x}=t, x=t^6, dx=6t^5dt$

$\displaystyle\int\frac{\sqrt{x}}{\sqrt{x}-\sqrt[3]{x}}dx=\int\frac{t^3}{t^3-t^2}\cdot6t^5dt=6\int\frac{t^6}{t-1}dt=6\int\left(\frac{t^6-1}{t-1}+\frac{1}{t-1}\right)dt$

$\qquad=6\int\left[(t+1)(t^4+t^2+1)+\frac{1}{t-1}\right]dt$

$\qquad=6\int(t^5+t^4+t^3+t^2+t+1)dt+6\int\frac{1}{t-1}dt$

$\qquad=t^6+\frac{6}{5}t^5+\frac{3}{2}t^4+2t^3+3t^2+6t+6\ln|t-1|+C$

$$\xrightarrow{\text{回代}\ t=\sqrt[6]{x}} x + \frac{6}{5}x^{\frac{5}{6}} + \frac{3}{2}x^{\frac{2}{3}} + 2x^{\frac{1}{2}} + 3x^{\frac{1}{3}} + 6x^{\frac{1}{6}} +$$

$$6\ln\mid\sqrt[6]{x}-1\mid+C$$

(4) 令 $\sqrt{1+x}=t$,则 $x=t^2-1,\mathrm{d}x=2t\mathrm{d}t$,则有

$$\int\frac{\sqrt{1+x}}{1+\sqrt{1+x}}\mathrm{d}x = \int\frac{t}{1+t}\cdot2t\mathrm{d}t = 2\int\frac{t^2-1+1}{1+t}\mathrm{d}t = 2\int\left(t-1+\frac{1}{1+t}\right)\mathrm{d}t$$

$$= 2\left[\frac{1}{2}t^2 - t + \ln\mid1+t\mid\right] + C_1$$

$$= x + 1 - 2\sqrt{1+x} + 2\ln\mid1+\sqrt{1+x}\mid + C_1$$

$$= x - 2\sqrt{1+x} + 2\ln\mid1+\sqrt{1+x}\mid + C$$

(5) $\displaystyle\int\frac{x^2}{\sqrt{4-x^2}}\mathrm{d}x \xrightarrow[\mathrm{d}x=2\cos t\mathrm{d}t]{x=2\sin t} 4\int\sin^2 t\mathrm{d}t = 4\int\frac{1-\cos2t}{2}\mathrm{d}t$

$$= 2t - \sin2t + C = 2t - 2\sin t\cos t + C$$

$$= 2\arcsin\frac{x}{2} - \frac{x}{2}\sqrt{4-x^2} + C$$

(6) $\displaystyle\int\frac{\mathrm{d}x}{x\sqrt{x^2+4}} \xrightarrow[\mathrm{d}x=2\sec^2 t\mathrm{d}t]{x=2\tan t} \int\frac{2\sec^2 t\mathrm{d}t}{2\tan t\cdot2\sec t} = \frac{1}{2}\int\csc t\mathrm{d}t = -\frac{1}{2}\ln\mid\csc t+\cot t\mid+C$

$$= -\frac{1}{2}\ln\left|\frac{\sqrt{4+x^2}}{x}+\frac{2}{x}\right|+C = \frac{1}{2}\ln\left|\frac{x}{\sqrt{x^2+4}+2}\right|+C$$

(7) $\displaystyle\int\frac{\sqrt{x^2-2}}{x}\mathrm{d}x \xrightarrow[\mathrm{d}x=\sqrt{2}\sec t\tan t\mathrm{d}t]{x=\sqrt{2}\sec t} \int\frac{\sqrt{2}\tan t\sqrt{2}\sec t\tan t\mathrm{d}t}{\sqrt{2}\sec t} = \sqrt{2}\int\tan^2 t\mathrm{d}t$

$$= \sqrt{2}\int(\sec^2 t-1)\mathrm{d}t = \sqrt{2}(\tan t-t) + C = \sqrt{2}\left[\frac{1}{\sqrt{2}}\sqrt{x^2-2} - \arccos\frac{\sqrt{2}}{x}\right] + C$$

$$= \sqrt{x^2-2} - \sqrt{2}\arccos\frac{\sqrt{2}}{x} + C$$

(8) $\displaystyle\int\frac{\mathrm{d}x}{\sqrt{4x^2+9}} \xrightarrow[\mathrm{d}x=\frac{3}{2}\sec^2 t\mathrm{d}t]{x=\frac{3}{2}\tan t} \frac{3}{2}\int\frac{\sec^2 t\mathrm{d}t}{3\sec t} = \frac{1}{2}\int\sec t\mathrm{d}t = \frac{1}{2}\ln\mid\sec t+\tan t\mid+C$

$$= \frac{1}{2}\ln\left|\frac{2}{3}x+\frac{1}{3}\sqrt{4x^2+9}\right|+C_1 = \frac{1}{2}\ln\mid2x+\sqrt{4x^2+9}\mid-\frac{1}{2}\ln3+C_1$$

$$= \frac{1}{2}\ln\mid2x+\sqrt{4x^2+9}\mid+C$$

(9) $\displaystyle\int\frac{1}{x\sqrt{1-x^2}}\mathrm{d}x \xrightarrow[\mathrm{d}x=\cos t\mathrm{d}t]{x=\sin t} \int\frac{\cos t\mathrm{d}t}{\sin t\cos t} = \int\csc t\mathrm{d}t = -\ln\mid\csc t+\cot t\mid+C$

$$= -\ln\left|\frac{1}{x}+\frac{\sqrt{1-x^2}}{x}\right|+C = \ln\left|\frac{x}{1+\sqrt{1-x^2}}\right|+C$$

B 组

1.求下列不定积分:

(4) $\int \dfrac{\sqrt{1+\ln x}}{x}\mathrm{d}x$　　　　(5) $\int \dfrac{(\arctan x)^2}{1+x^2}\mathrm{d}x$　　　　(6) $\int \dfrac{1}{\cos^2 x\sqrt{1+\tan x}}\mathrm{d}x$

(7) $\int \cos x\sin 3x\mathrm{d}x$　　　　(8) $\int \tan^7 x\sec^2 x\mathrm{d}x$　　　　(9) $\int \sin^3 x\mathrm{d}x$

(10) $\int \sec^4 x\mathrm{d}x$　　　　(11) $\int \dfrac{\cos x-\sin x}{\cos x+\sin x}\mathrm{d}x$　　　　(12) $\int \dfrac{\ln\tan x}{\sin x\cos x}\mathrm{d}x$

解

(4) $\int \dfrac{\sqrt{1+\ln x}}{x}\mathrm{d}x = \int \sqrt{1+\ln x}\,\mathrm{d}\ln x = \int \sqrt{1+\ln x}\,\mathrm{d}(1+\ln x) = \dfrac{2}{3}(1+\ln x)^{\frac{3}{2}}+C$

(5) $\int \dfrac{(\arctan x)^2}{1+x^2}\mathrm{d}x = \int (\arctan x)^2\,\mathrm{d}\arctan x = \dfrac{1}{3}(\arctan x)^3+C$

(6) $\int \dfrac{1}{\cos^2 x\sqrt{1+\tan x}}\mathrm{d}x = \int \dfrac{1}{\sqrt{1+\tan x}}\,\mathrm{d}\tan x = 2\sqrt{1+\tan x}+C$

(7) $\int \cos x\sin 3x\mathrm{d}x = \dfrac{1}{2}\int(\sin 4x+\sin 2x)\mathrm{d}x = \dfrac{1}{2}\left[-\dfrac{1}{4}\cos 4x-\dfrac{1}{2}\cos 2x\right]+C$

$$= -\dfrac{1}{8}\cos 4x-\dfrac{1}{4}\cos 2x+C$$

(8) $\int \tan^7 x\sec^2 x\mathrm{d}x = \int \tan^7 x\,\mathrm{d}\tan x = \dfrac{1}{8}\tan^8 x+C$

(9) $\int \sin^3 x\mathrm{d}x = \int \sin^2 x\sin x\mathrm{d}x = -\int(1-\cos^2 x)\mathrm{d}\cos x = -\cos x+\dfrac{1}{3}\cos^3 x+C$

(10) $\int \sec^4 x\mathrm{d}x = \int \sec^2 x\,\mathrm{d}\tan x = \int(1+\tan^2 x)\mathrm{d}\tan x = \tan x+\dfrac{1}{3}\tan^3 x+C$

(11) $\int \dfrac{\cos x-\sin x}{\cos x+\sin x}\mathrm{d}x = \int \dfrac{1}{\cos x+\sin x}\,\mathrm{d}(\cos x+\sin x) = \ln|\sin x+\cos x|+C$

(12) $\int \dfrac{\ln\tan x}{\sin x\cos x}\mathrm{d}x = \int \ln\tan x\,\mathrm{d}\ln\tan x = \dfrac{1}{2}(\ln\tan x)^2+C$

2.求下列不定积分：

(1) $\int \dfrac{x^2}{\sqrt{a^2-x^2}}\mathrm{d}x\,(a>0)$　　　　(2) $\int \dfrac{\sqrt{x^2+a^2}}{x^2}\mathrm{d}x$　　　　(3) $\int \dfrac{1}{x\sqrt{1-x^2}}\mathrm{d}x$

(4) $\int \dfrac{2x-1}{\sqrt{9x^2-4}}\mathrm{d}x$　　　　(5) $\int \dfrac{x}{\sqrt{x^2+2x+2}}\mathrm{d}x$　　　　(6) $\int \dfrac{\mathrm{d}x}{\sqrt{1+x-x^2}}\mathrm{d}x$

解　(1) $\int \dfrac{x^2}{\sqrt{a^2-x^2}}\mathrm{d}x$　$(a>0)$　令 $x=a\sin t,\mathrm{d}x=a\cos t\mathrm{d}t$

原式 $= \int \dfrac{a^2\sin^2 t}{a\cos t}a\cos t\mathrm{d}t = a^2\int \dfrac{1-\cos 2t}{2}\mathrm{d}t = \dfrac{a^2}{2}t-\dfrac{a^2}{4}\int \cos 2t\mathrm{d}(2t)$

$$= \dfrac{1}{2}a^2 t-\dfrac{a^2}{4}\sin 2t+C = \dfrac{1}{2}a^2 t-\dfrac{a^2}{2}\sin t\cos t+C$$

$$= \dfrac{a^2}{2}\left(\arcsin\dfrac{x}{a}-\dfrac{x}{a^2}\sqrt{a^2-x^2}\right)+C$$

$$= \dfrac{a^2}{2}\arcsin\dfrac{x}{a}-\dfrac{x}{2}\sqrt{a^2-x^2}+C$$

$(2) \int \dfrac{\sqrt{x^2+a^2}}{x^2}\mathrm{d}x \quad$ 令 $x = a\tan t, \mathrm{d}x = a\sec^2 t\mathrm{d}t$

原式 $= \int \dfrac{a\sec t}{a^2\tan^2 t}a\sec^2 t\mathrm{d}t = \int \csc^2 t\sec t\mathrm{d}t = -\int \sec t\mathrm{d}\cot t = -\sec t\cot t + \int \sec t\mathrm{d}t$

$\qquad = -\sec t\cot t + \ln \mid \sec t + \tan t \mid + C = -\dfrac{1}{x}\sqrt{x^2+a^2} + \ln(x+\sqrt{x^2+a^2}) + C$

$(3) \int \dfrac{1}{x\sqrt{x^2-1}}\mathrm{d}x \quad$ 令 $x = \sec t, \mathrm{d}x = \sec t\tan t\mathrm{d}t$

原式 $= \int \dfrac{\sec t\tan t}{\sec t \cdot \tan t}\mathrm{d}t = \int \mathrm{d}t = t + C = \arccos\dfrac{1}{x} + C$

$(4) \int \dfrac{2x-1}{\sqrt{9x^2-4}}\mathrm{d}x \xlongequal{x=\frac{2}{3}\sec t} \int \dfrac{\frac{4}{3}\sec t - 1}{2\tan t} \cdot \dfrac{2}{3}\sec t\tan t\mathrm{d}t = \int \left(\dfrac{4}{9}\sec^2 t - \dfrac{1}{3}\sec t\right)\mathrm{d}t$

$\qquad = \dfrac{4}{9}\tan t - \dfrac{1}{3}\ln \mid \sec t + \tan t \mid + C_1$

$\qquad \xlongequal{\text{回代}} \dfrac{2}{9}\sqrt{9x^2-4} - \dfrac{1}{3}\ln\left|\dfrac{3}{2}x + \dfrac{1}{2}\sqrt{9x^2-4}\right| + C_1$

$\qquad = \dfrac{2}{9}\sqrt{9x^2-4} - \dfrac{1}{3}\ln \mid 3x+\sqrt{9x^2-4} \mid + C \quad (C = C_1 + \dfrac{1}{3}\ln 2)$

$(5) \int \dfrac{x}{\sqrt{x^2+2x+2}}\mathrm{d}x = \int \dfrac{x}{\sqrt{(x+1)^2+1}}\mathrm{d}x \xlongequal{x+1=\tan t} \int \dfrac{-1+\tan t}{\sec t}\sec^2 t\mathrm{d}t$

$\qquad = \int (\tan t\sec t - \sec t)\mathrm{d}t = \sec t - \ln \mid \sec t + \tan t \mid + C$

$\qquad = \sqrt{x^2+2x+2} - \ln \mid \sqrt{x^2+2x+2} + x + 1 \mid + C$

$(6) \int \dfrac{\mathrm{d}x}{\sqrt{1+x-x^2}} = \int \dfrac{\mathrm{d}x}{\sqrt{\dfrac{5}{4}-\left(x-\dfrac{1}{2}\right)^2}} \xlongequal{x-\frac{1}{2}=\frac{\sqrt{5}}{2}\sin t} \int \dfrac{\dfrac{\sqrt{5}}{2}\cos t\mathrm{d}t}{\sqrt{\dfrac{5}{4}}\cos t} = \int \mathrm{d}t = t + C$

$\qquad = \arcsin\dfrac{2}{\sqrt{5}}\left(x-\dfrac{1}{2}\right) + C = \arcsin\dfrac{2x-1}{\sqrt{5}} + C$

3. 分别用第一换元积分法及第二换元积分法求下列不定积分：

$(1) \int \dfrac{\mathrm{d}x}{\sqrt{1+2x}} \qquad (2) \int \dfrac{\mathrm{d}x}{\sqrt{x}(1+x)} \qquad (3) \int \dfrac{x}{\sqrt{a^2+x^2}}\mathrm{d}x(a>0) \qquad (4) \int \dfrac{x}{(1+x^2)^2}\mathrm{d}x$

解 $(1) \int \dfrac{\mathrm{d}x}{\sqrt{1+2x}}$

（第一换元） $\int \dfrac{\mathrm{d}x}{\sqrt{1+2x}} = \dfrac{1}{2}\int \dfrac{1}{\sqrt{1+2x}}\mathrm{d}(1+2x) = \sqrt{1+2x} + C$

（第二换元）令 $\sqrt{1+2x} = t, x = \dfrac{1}{2}(t^2-1), \mathrm{d}x = t\mathrm{d}t$

$\int \dfrac{\mathrm{d}x}{\sqrt{1+2x}} = \int \dfrac{1}{t} \cdot t\mathrm{d}t = \int \mathrm{d}t = t + C \xlongequal{\text{回代}} \sqrt{1+2x} + C$

(2) $\displaystyle\int\frac{\mathrm{d}x}{\sqrt{x}\,(1+x)}$

（第一换元） $\displaystyle\int\frac{\mathrm{d}x}{\sqrt{x}\,(1+x)} = 2\int\frac{1}{1+(\sqrt{x})^2}\mathrm{d}\sqrt{x} = 2\arctan\sqrt{x}+C$

（第二换元） 令 $\sqrt{x}=t$，$\mathrm{d}x=2t\mathrm{d}t$

$\displaystyle\int\frac{\mathrm{d}x}{\sqrt{x}\,(1+x)} = \int\frac{2t\mathrm{d}t}{t(1+t^2)} = 2\int\frac{1}{1+t^2}\mathrm{d}t = 2\arctan t+C \xrightarrow{\text{回代}} 2\arctan\sqrt{x}+C$

(3) $\displaystyle\int\frac{x}{\sqrt{a^2+x^2}}\mathrm{d}x\,(a>0)$

（第一换元）$\displaystyle\int\frac{x}{\sqrt{a^2+x^2}}\mathrm{d}x = \frac{1}{2}\int\frac{1}{\sqrt{a^2+x^2}}\mathrm{d}(a^2+x^2) = \sqrt{a^2+x^2}+C$

（第二换元）令 $x=a\tan t$，$\mathrm{d}x=a\sec^2 t\mathrm{d}t$

$\displaystyle\int\frac{x}{\sqrt{a^2+x^2}}\mathrm{d}x = \int\frac{a\tan t}{a\sec t}a\sec^2 t\mathrm{d}t = a\int\sec t\tan t\mathrm{d}t$

$\displaystyle\qquad\qquad = a\sec t+C \xrightarrow{\text{回代}} a\sqrt{1+\frac{x^2}{a^2}}+C = \sqrt{a^2+x^2}+C$

(4) $\displaystyle\int\frac{x}{(1+x^2)^2}\mathrm{d}x$

（第一换元）$\displaystyle\int\frac{x}{(1+x^2)^2}\mathrm{d}x = \frac{1}{2}\int\frac{1}{(1+x^2)^2}\mathrm{d}(1+x^2) = -\frac{1}{2}\cdot\frac{1}{1+x^2}+C$

$\displaystyle\qquad\qquad = -\frac{1}{2(1+x^2)}+C$

（第二换元）令 $x=\tan t$，则 $\mathrm{d}x=\sec^2 t\mathrm{d}t$

$\displaystyle\int\frac{x}{(1+x^2)^2}\mathrm{d}x = \int\frac{\tan t}{\sec^4 t}\sec^2 t\mathrm{d}t = \int\sin t\cos t\mathrm{d}t = \frac{1}{2}\int\sin 2t\mathrm{d}t$

$\displaystyle\qquad\qquad = -\frac{1}{4}\cos 2t+C_1 = -\frac{1}{4}(2\cos^2 t-1)+C_1$

$\displaystyle\qquad\qquad = -\frac{1}{2}\cos^2 t+C \xrightarrow{\text{回代}} -\frac{1}{2(1+x^2)}+C$

习题 4-4

A 组

求下列不定积分：

3. $\displaystyle\int x^2 \mathrm{e}^{3x}\mathrm{d}x$ 4. $\displaystyle\int x^2\cos 3x\mathrm{d}x$ 5. $\displaystyle\int\ln(1+x^2)\mathrm{d}x$ 6. $\displaystyle\int\arcsin x\mathrm{d}x$

7. $\displaystyle\int\mathrm{e}^{-x}\sin 2x\mathrm{d}x$ 8. $\displaystyle\int\frac{\ln x}{\sqrt{1+x}}\mathrm{d}x$ 9. $\displaystyle\int xf''(x)\mathrm{d}x$

解

3. $\displaystyle\int x^2 e^{3x} dx = \frac{1}{3}\int x^2 de^{3x} = \frac{1}{3}\left[x^2 e^{3x} - 2\int xe^{3x}dx\right]$

$\displaystyle = \frac{1}{3}x^2 e^{3x} - \frac{2}{3}\cdot\frac{1}{3}\int xde^{3x} = \frac{1}{3}x^2 e^{3x} - \frac{2}{9}xe^{3x} + \frac{2}{9}\int e^{3x}dx$

$\displaystyle = \frac{1}{3}x^2 e^{3x} - \frac{2}{9}xe^{3x} + \frac{2}{9}\cdot\frac{1}{3}\int e^{3x}d(3x) = \left(\frac{1}{3}x^2 - \frac{2}{9}x + \frac{2}{27}\right)e^{3x} + C$

4. $\displaystyle\int x^2\cos3x dx = \frac{1}{3}\int x^2 d\sin3x = \frac{1}{3}x^2\sin3x - \frac{2}{3}\int x\sin3x dx$

$\displaystyle = \frac{1}{3}x^2\sin3x + \frac{2}{9}\int xd\cos3x$

$\displaystyle = \frac{1}{3}x^2\sin3x + \frac{2}{9}x\cos3x - \frac{2}{9}\int\cos3x dx$

$\displaystyle = \frac{1}{3}x^2\sin3x + \frac{2}{9}x\cos3x - \frac{2}{27}\sin3x + C$

$\displaystyle = \left(\frac{1}{3}x^2 - \frac{2}{27}\right)\sin3x + \frac{2}{9}x\cos3x + C$

5. $\displaystyle\int\ln(1+x^2)dx = x\ln(1+x^2) - \int xd\ln(1+x^2) = x\ln(1+x^2) - \int\frac{2x^2}{1+x^2}dx$

$\displaystyle = x\ln(1+x^2) - 2\int\frac{x^2+1-1}{1+x^2}dx$

$\displaystyle = x\ln(1+x^2) - 2\int\left(1 - \frac{1}{1+x^2}\right)dx$

$\displaystyle = x\ln(1+x^2) - 2x + 2\arctan x + C$

6. $\displaystyle\int\arcsin x dx = x\arcsin x - \int xd(\arcsin x) = x\arcsin x - \int\frac{x}{\sqrt{1-x^2}}dx$

$\displaystyle = x\arcsin x + \frac{1}{2}\int\frac{1}{\sqrt{1-x^2}}d(1-x^2) = x\arcsin x + \sqrt{1-x^2} + C$

7. $\displaystyle\int e^{-x}\sin2x dx = -\int\sin2x de^{-x} = -e^{-x}\sin2x + \int2e^{-x}\cos2x dx$

$\displaystyle = -e^{-x}\sin2x - 2\int\cos2x de^{-x} = -e^{-x}\sin2x - 2e^{-x}\cos2x + 2\int e^{-x}d\cos2x$

$\displaystyle = -e^{-x}\sin2x - 2e^{-x}\cos2x - 4\int e^{-x}\sin2x dx$

所以有

$$5\int e^{-x}\sin2x dx = -e^{-x}(\sin2x + 2\cos2x) + C_1$$

$$\int e^{-x}\sin2x dx = -\frac{1}{5}e^{-x}(\sin2x + 2\cos2x) + C,\left(C = \frac{1}{5}C_1\right)$$

8. $\displaystyle\int\frac{\ln x}{\sqrt{1+x}}dx = 2\int\ln xd\sqrt{1+x} = 2\sqrt{1+x}\ln x - 2\int\frac{\sqrt{1+x}}{x}dx$

其中 $\displaystyle\int\frac{\sqrt{1+x}}{x}dx \xlongequal[x=t^2-1]{\diamondsuit\sqrt{1+x}=t}\int\frac{t}{t^2-1}\cdot2t dt$

$$= 2\int \frac{t^2}{t^2-1}dt = 2\int \frac{t^2-1+1}{t^2-1}dt$$

$$= 2\int\left(1+\frac{1}{t^2-1}\right)dt = 2t + \ln\left|\frac{t-1}{t+1}\right| + C = 2\sqrt{1+x} + \ln\left|\frac{\sqrt{1+x}-1}{\sqrt{1+x}+1}\right| + C$$

故原式 $= 2\sqrt{1+x}\ln x - 4\sqrt{1+x} - 2\ln\left|\dfrac{\sqrt{1+x}-1}{\sqrt{1+x}+1}\right| + C$

9. $\displaystyle\int xf''(x)dx = \int x df'(x) = xf'(x) - \int f'(x)dx = xf'(x) - f(x) + C$

B　组

1. 求下列不定积分：

(1) $\displaystyle\int \sin(\ln x)dx$　　　　(2) $\displaystyle\int (x^2-5x+7)\cos 2x dx$　　　(3) $\displaystyle\int \ln(x+\sqrt{1+x^2})dx$

(4) $\displaystyle\int \frac{1}{\sqrt{x}}\arcsin\sqrt{x}dx$　　(5) $\displaystyle\int (\arcsin x)^2 dx$　　　　　(6) $\displaystyle\int \frac{\ln(\ln x)}{x}dx$

(7) $\displaystyle\int e^{2x}\cos 3x dx$　　　　(8) $\displaystyle\int \cos^2\sqrt{x}dx$　　　　　　(9) $\displaystyle\int \sec^3 x dx$

解

(1) $\displaystyle\int \sin(\ln x)dx = x\sin\ln x - \int x d\sin(\ln x) = x\sin(\ln x) - \int \cos(\ln x)dx$

$$= x\sin(\ln x) - x\cos(\ln x) + \int x d\cos(\ln x)$$

$$= x\sin(\ln x) - x\cos(\ln x) - \int \sin(\ln x)dx$$

所以　　　　　$\displaystyle\int \sin(\ln x)dx = \frac{1}{2}x[\sin(\ln x) - \cos(\ln x)] + C$

(2) $\displaystyle\int (x^2-5x+7)\cos 2x dx$

$$= \frac{1}{2}\int (x^2-5x+7)d\sin 2x$$

$$= \frac{1}{2}(x^2-5x+7)\sin 2x - \frac{1}{2}\int (2x-5)\sin 2x dx$$

$$= \frac{1}{2}(x^2-5x+7)\sin 2x + \frac{1}{4}\int (2x-5)d\cos 2x$$

$$= \frac{1}{2}(x^2-5x+7)\sin 2x + \frac{1}{4}(2x-5)\cos 2x - \frac{1}{2}\int \cos 2x dx$$

$$= \frac{1}{4}(2x-5)\cos 2x + \frac{1}{2}\left(x^2-5x+\frac{13}{2}\right)\sin 2x + C$$

(3) $\displaystyle\int \ln(x+\sqrt{1+x^2})dx = x\ln(x+\sqrt{1+x^2}) - \int x d\ln(x+\sqrt{1+x^2})$

$$= x\ln(x+\sqrt{1+x^2}) - \int \frac{x}{\sqrt{1+x^2}}dx$$

$$= x\ln(x+\sqrt{1+x^2}) - \frac{1}{2}\int \frac{1}{\sqrt{1+x^2}}\mathrm{d}(1+x^2)$$

$$= x\ln(x+\sqrt{1+x^2}) - \sqrt{1+x^2} + C$$

(4) $\displaystyle\int \frac{1}{\sqrt{x}}\arcsin\sqrt{x}\,\mathrm{d}x = 2\int \arcsin\sqrt{x}\,\mathrm{d}\sqrt{x} = 2\sqrt{x}\arcsin\sqrt{x} - 2\int \sqrt{x}\,\mathrm{d}\arcsin\sqrt{x}$

$$= 2\sqrt{x}\arcsin\sqrt{x} - \int \frac{1}{\sqrt{1-x}}\mathrm{d}x$$

$$= 2\sqrt{x}\arcsin\sqrt{x} + 2\sqrt{1-x} + C$$

(5) $\displaystyle\int (\arcsin x)^2\,\mathrm{d}x \xrightarrow[x=\sin t]{\text{令}\ \arcsin x=t} \int t^2\cos t\,\mathrm{d}t = \int t^2\,\mathrm{d}\sin t = t^2\sin t - 2\int t\sin t\,\mathrm{d}t$

$$= t^2\sin t + 2\int t\,\mathrm{d}\cos t = t^2\sin t + 2t\cos t - 2\int \cos t\,\mathrm{d}t = t^2\sin t + 2t\cos t - 2\sin t + C$$

$$\xrightarrow{\text{回代}} x(\arcsin x)^2 + 2\sqrt{1-x^2}\arcsin x - 2x + C$$

(6) $\displaystyle\int \frac{\ln(\ln x)}{x}\mathrm{d}x = \int \ln(\ln x)\,\mathrm{d}\ln x = \ln x\ln(\ln x) - \int \ln x\,\mathrm{d}\ln(\ln x)$

$$= \ln x\ln(\ln x) - \int \frac{1}{x}\mathrm{d}x = \ln x\ln(\ln x) - \ln x + C$$

$$= \ln x[\ln(\ln x) - 1] + C$$

(7) $\displaystyle\int e^{2x}\cos 3x\,\mathrm{d}x = \frac{1}{2}\int \cos 3x\,\mathrm{d}e^{2x} = \frac{1}{2}e^{2x}\cos 3x + \frac{3}{2}\int e^{2x}\sin 3x\,\mathrm{d}x$

$$= \frac{1}{2}e^{2x}\cos 3x + \frac{3}{4}\int \sin 3x\,\mathrm{d}e^{2x}$$

$$= \frac{1}{2}e^{2x}\cos 3x + \frac{3}{4}e^{2x}\sin 3x - \frac{9}{4}\int e^{2x}\cos 3x\,\mathrm{d}x$$

所以 　　　　$\displaystyle\frac{13}{4}\int e^{2x}\cos 3x\,\mathrm{d}x = \frac{1}{2}e^{2x}\cos 3x + \frac{3}{4}e^{2x}\sin 3x + C_1$

$$\int e^{2x}\cos x\,\mathrm{d}x = \frac{1}{13}e^{2x}(3\sin 3x + 2\cos 3x) + C, \quad \left(C = \frac{4}{13}C_1\right)$$

(8) 详见典型例题精析例 23

(9) $\displaystyle\int \sec^3 x\,\mathrm{d}x = \int \sec x\,\mathrm{d}\tan x = \sec x\tan x - \int \tan x\,\mathrm{d}\sec x = \sec x\tan x - \int \tan^2 x \cdot \sec x\,\mathrm{d}x$

$$= \sec x\tan x - \int (\sec^2 x - 1)\sec x\,\mathrm{d}x = \sec x\tan x - \int \sec^3 x\,\mathrm{d}x + \int \sec x\,\mathrm{d}x$$

所以 　　　　$\displaystyle 2\int \sec^3 x\,\mathrm{d}x = \sec x\tan x + \ln|\sec x + \tan x| + C_1$

$$\int \sec^3 x\,\mathrm{d}x = \frac{1}{2}\sec x\tan x + \frac{1}{2}\ln|\sec x + \tan x| + C, \quad \left(C = \frac{1}{2}C_1\right)$$

2.已知 $f(x)$ 的一个原函数为 $\dfrac{\sin x}{x}$，证明 $\displaystyle\int xf'(x)\,\mathrm{d}x = \cos x - \frac{2\sin x}{x} + C$

证明 　　由于 $f(x)$ 的一个原函数为 $\dfrac{\sin x}{x}$，即

$$f(x) = \left(\frac{\sin x}{x}\right)' = \frac{x\cos x - \sin x}{x^2}$$

同时又有
$$\int f(x)\mathrm{d}x = \frac{\sin x}{x} + C$$

$$\int x f'(x)\mathrm{d}x = \int x\mathrm{d}f(x) = xf(x) - \int f(x)\mathrm{d}x$$

$$= x\frac{x\cos x - \sin x}{x^2} - \frac{\sin x}{x} + C = \cos x - \frac{2\sin x}{x} + C$$

从而等式得证.

四、综合测试题

(一) 填空题

1. 若 $F'(x) = f(x)$，则 $\left[\int F'(x)\mathrm{d}x\right]' = $ _____.

2. 若 $\int f(x)\mathrm{d}x = 3\mathrm{e}^{\frac{x}{3}} + C$，则 $f(x) = $ _____.

3. 已知：$f'(\sin^2 x) = \cos 2x + \cot^2 x$，则 $f(x) = $ _____.

4. $\int\left(\frac{1}{\sin^2 x} + \frac{2}{\cos^2 x}\right)\mathrm{d}x = $ _____.

5. $\int (1-x)(1-2x)(1-3x)\mathrm{d}x = $ _____.

6. $\int \frac{x+2}{\sqrt{x}}\mathrm{d}x = $ _____.

7. $\int \frac{x}{1+x^4}\mathrm{d}x = $ _____.

8. $\int\left(\sqrt[3]{x^2} + \sqrt[3]{x} + \frac{1}{\sqrt[3]{x^2}}\right)\mathrm{d}x = $ _____.

9. $\int \frac{1}{1+\cos x}\mathrm{d}x = $ _____.

10. $\int (\ln x)^2\mathrm{d}x = $ _____.

11. $\int 5^x \mathrm{e}^x \mathrm{d}x = $ _____.

12. $\int \cos^2 x\mathrm{d}x = $ _____.

13. $\int (\tan x + \cot x)^2\mathrm{d}x = $ _____.

14. $\int \frac{1}{\sin^2 x + 2\cos^2 x}\mathrm{d}x = $ _____.

15. 设 $f(x) = k\tan 2x$ 的一个原函数为 $\frac{2}{8}\ln\cos 2x + 3$，则 $k = $ _____.

16. 已知函数 $F(x)$ 的导数 $f(x) = \arccos x$，且 $F(0) = -1$，则 $F(x) = $ _____.

17. 若 $f'(2x) = \cos 2x$，则 $f(2x) = $ _____.

18. $\int f(x)\mathrm{d}x = \mathrm{e}^{2x} + C$，则 $f(x) = $ _____.

19. 若 $\int f(x)\mathrm{d}x = x^2 + C$，则 $\int xf(1-x^2)\mathrm{d}x = $ _____.

20. 曲线 $y = f(x)$ 在点 x 处的切线斜率为 $-x+2$，且曲线过点 $(2,5)$，则曲线方程为 _____.

(二) 选择题

1. 设函数 $f(x)$ 具有连续的导数，则 $f(x) = $ (   ).

A. $\mathrm{d}\int f(x)\mathrm{d}x$　　　B. $\int \mathrm{d}f(x)$　　　C. $\dfrac{\mathrm{d}}{\mathrm{d}x}\int f(x)\mathrm{d}x$　　　D. $f(x)\mathrm{d}x$

2. 设 $f'\left(x\tan\dfrac{x}{2}\right) = 1 + x\tan\dfrac{x}{2}$，则 $f(x) = $ (   ).

A. $\dfrac{1}{2}x^2 + x + C$　　B. $-\dfrac{1}{2}x^2 + x$　　C. $\int\left(x\tan\dfrac{x}{2}+1\right)\mathrm{d}x$　D. $\dfrac{1}{3}x^3 + x$

3. 若函数 $f(x)$ 的一个原函数是 e^{-x^2}，则 $\int f'(x)\mathrm{d}x = $ (   ).

A. $-2x\mathrm{e}^{-x^2} + C$　　　　　　　B. $-\dfrac{1}{2}\mathrm{e}^{-x^2} + C$

C. $-(2x^2+1)\mathrm{e}^{-x^2} + C$　　　　D. $-x\mathrm{e}^{-x^2} + f(x) + C$

4. 设积分曲线族 $y = \int f(x)\mathrm{d}x$ 中有倾斜角为 $\dfrac{\pi}{3}$ 的直线，则 $y = f(x)$ 图像是(   ).

A. 平行于 y 轴的直线　　　　　　　B. 抛物线

C. 直线 $y = x$　　　　　　　　　　　D. 平行于 x 轴的直线

5. $\int xf''(x)\mathrm{d}x = $ (   ).

A. $xf'(x) - \int f(x)\mathrm{d}x$　　　　　　B. $xf'(x) - f'(x) + C$

C. $xf'(x) - f(x) + C$　　　　　　　　D. $xf'(x) - \int f(x)\mathrm{d}x + C$

6. 设 $f(x)$ 的一个原函数是 $\cos x$，则 $\int xf'(x)\mathrm{d}x = $ (   ).

A. $-x\sin x - \cos x + C$　　　　　　B. $x\sin x + \cos x + C$
C. $x\cos x + \sin x + C$　　　　　　　D. $x\cos x - \sin x + C$

7. 设 $f(x)$ 的导数是 $\cos x$，则 $f(x)$ 有一原函数为(   ).

A. $1 - \sin x$　　　　B. $1 + \sin x$　　　　C. $1 - \cos x$　　　　D. $1 + \cos x$

8. $\int \ln\sqrt{1+x}\,\mathrm{d}x = $ (   ).

A. $\dfrac{1}{2}(-x + \ln(1+x) + x\ln(1+x)) + C$　B. $x\ln\sqrt{1+x} - \dfrac{1}{2}[x + \ln(1+x)] + C$

C. $x\ln\sqrt{1+x}-\dfrac{1}{2}x+\ln(1+x)+C$　　　　D. $x\ln\sqrt{1+x}-\dfrac{1}{2}x+C$

9. 设 $\ln f(x)=\cos x$，则 $\displaystyle\int\dfrac{xf'(x)}{f(x)}\mathrm{d}x=($ 　　$)$.

A. $x\cos x-\sin x+C$　　　　　　　　B. $x\sin x-\cos x+C$

C. $x(\cos x+\sin x)+C$　　　　　　　D. $x\sin x+C$

10. $\displaystyle\int\dfrac{x+2}{x^2+4x+8}\mathrm{d}x=($ 　　$)$.

A. $\ln\dfrac{x^2+4x+8}{2}$　　　　　　　　B. $\ln(x^4+4x+8)+C$

C. $2\ln(x^2+4x+8)+C$　　　　　　　D. $\ln\sqrt{x^2+4x+8}+C$

（三）求下列不定积分

1. $\displaystyle\int\dfrac{\mathrm{d}x}{\cos^2(2-3x)}$　　　　2. $\displaystyle\int\dfrac{\mathrm{d}x}{\sqrt[3]{2-3x}}$　　　　3. $\displaystyle\int\left(1-\dfrac{1}{x^2}\right)\sqrt{x\sqrt{x}}\,\mathrm{d}x$

4. $\displaystyle\int\dfrac{3x^4+3x^2+1}{x^2+1}\mathrm{d}x$　　5. $\displaystyle\int\dfrac{1}{1-\cos 2x}\mathrm{d}x$　　6. $\displaystyle\int\dfrac{\arcsin x}{x^2}\mathrm{d}x$

7. $\displaystyle\int\dfrac{\mathrm{d}x}{(x-3)\sqrt{x+1}}$　　8. $\displaystyle\int\dfrac{x}{1+\sqrt{1+x^2}}\mathrm{d}x$　　9. $\displaystyle\int\dfrac{1}{\sqrt{1+\mathrm{e}^x}}\mathrm{d}x$

10. $\displaystyle\int\dfrac{x-2}{x^2+2x+3}\mathrm{d}x$　　11. $\displaystyle\int\dfrac{1}{\sqrt{x^2-2x+5}}\mathrm{d}x$　　12. $\displaystyle\int\dfrac{\cos x}{\sin x+\cos x}\mathrm{d}x$

13. $\displaystyle\int\dfrac{1}{\mathrm{e}^x+2\mathrm{e}^{-x}+3}\mathrm{d}x$　　14. $\displaystyle\int\dfrac{1+\sin x}{1+\cos x}\mathrm{d}x$　　15. $\displaystyle\int\sqrt{x}\ln^2 x\,\mathrm{d}x$

16. $\displaystyle\int\mathrm{e}^{ax}\cos nx\,\mathrm{d}x$　　17. $\displaystyle\int x\ln(9+x^2)\mathrm{d}x$　　18. $\displaystyle\int\csc^3 x\,\mathrm{d}x$

（四） 一质点作直线运动，已知其加速度为 $a(t)=3t^2-\sin t$，若 $v(0)=2,S(0)=1$，求速度 v、位移 S 与时间 t 的关系.

（五） 设 $f(x)$ 的原函数为 $\ln(x+\sqrt{1+x^2})$，求 $\displaystyle\int xf'(x)\mathrm{d}x$.

第五章

定积分

一、本章教学目标及重点

【教学目标】

1. 理解定积分的概念;掌握定积分的性质;了解定积分的几何意义,会用定积分表示曲边梯形的面积.

2. 了解变上限的定积分的概念和性质;熟练掌握牛顿－莱布尼兹公式.

3. 熟练掌握定积分的换元积分法和分部积分法,会求定积分.

4. 了解广义积分的概念;会判断较简单的广义积分的敛散性;掌握用"p 积分"判断广义积分的敛散性.

【知识点、重点归纳】

1. 定积分的概念:了解定积分的引入,对掌握定积分定义,用定积分解决实际问题意义重大.定积分的思想就是把求不规则的"量",用分割、近似代替(用规则的量代替)、求和、取极限的方法去解决.

2. 定积分的性质:包括基本性质和运算性质.基本性质可以用来检验积分结果;运算性质为计算积分、估计积分值、证明与积分有关的结论提供理论保障.

3. 定积分的几何意义.

4. 变上限的定积分的概念和性质:当 $x \in [a,b]$ 时,$\int_a^x f(t)\mathrm{d}t$ 的值依赖 x 而变化,因此是 x 的函数,记为 $\varphi(x)$,且 $\varphi'(x) = f(x)$.

而 $\int_x^b f(t)\mathrm{d}t$ 也是 x 的函数,且 $\left(\int_x^b f(t)\mathrm{d}t\right)' = \left[-\int_b^x f(t)\mathrm{d}t\right]' = -f(x)$. 一般地,$\left[\int_a^{\varphi(x)} f(t)\mathrm{d}t\right]_x' = f[\varphi(x)]\varphi'(x)$. $\left[\int_{\varphi(x)}^{\psi(x)} f(t)\mathrm{d}t\right]_x' = f[\varphi(x)]\varphi'(x) - f[\psi(x)]\psi'(x)$.

5. 牛顿－莱布尼兹公式:牛顿－莱布尼兹公式揭示了微分学与积分学的内在联系.

6. 定积分的换元积分法和分部积分法:定积分的换元积分法在应用中要注意的是:换元的同时要换"限".

7. 广义积分的概念和敛散性的判定:广义积分包括两部分:一部分是积分区间为无限的广义积分;一部分是在有限区间上被积函数无界的广义积分.对于后者,学习时要特别注意,从表面看与定积分没有什么区别,但被积函数在积分区间内有无穷间断点,要用广义积分方法解决.尤其提醒读者的是,在积分时要考虑被积函数的可积性,否则是广义积分.

本章重点内容

定积分的概念和性质；牛顿 - 莱布尼兹公式；定积分的换元积分法和分部积分法.

二、典型例题解析

【例 1】 定积分 $\int_a^b f(x)\mathrm{d}x$ 是(　　).

A. $f(x)$ 的一个原函数　　　　B. $f(x)$ 的全体原函数

C. 任意常数　　　　　　　　D. 确定常数

解　由定积分的定义知,应选 D.

【例 2】 设函数 $f(x)$ 在区间 $[a,b]$ 上连续,则 $\int_a^b f(x)\mathrm{d}x - \int_a^b f(t)\mathrm{d}t$ 的值是(　　).

A. 小于 0　　　　B. 大于 0　　　　C. 等于 0　　　　D. 不能确定

解　应选 C.因为定积分的值只与被积函数和积分区间有关而与积分变量无关.

【例 3】 设函数 $f(x)$ 在区间 $[a,b]$ 上连续, $x \in [a,b]$,则下式中是 $f(x)$ 一个原函数的是(　　).

A. $\int f(x)\mathrm{d}x$　　　B. $\int_a^b f(x)\mathrm{d}x$　　　C. $\int_a^x f(t)\mathrm{d}t$　　　D. $\int_a^x f'(t)\mathrm{d}t$

解　应选 C.由定理 5-1 知, $\int_a^x f(t)\mathrm{d}t$ 是 $f(x)$ 的一个原函数,而 A 是 $f(x)$ 的全体原函数,B 是一个确定的常数,D 是 $f(x) - f(a)$.

【例 4】 下列广义积分中收敛的是(　　).

A. $\int_e^{+\infty} \frac{1}{x\ln x}\mathrm{d}x$　　　　　　B. $\int_e^{+\infty} \frac{\ln x}{x}\mathrm{d}x$

C. $\int_e^{+\infty} \frac{1}{x\ln^2 x}\mathrm{d}x$　　　　　D. $\int_e^{+\infty} \frac{\ln^2 x}{x}\mathrm{d}x$

解　应选 C.因为设 $x = e^t$,则 $\mathrm{d}x = e^t\mathrm{d}t$,当 x 从 e 变到 $+\infty$ 时, t 从 1 变到 $+\infty$,所以四式依次变为 $\int_1^{+\infty} \frac{1}{t}\mathrm{d}t$、$\int_1^{+\infty} t\mathrm{d}t$、$\int_1^{+\infty} \frac{1}{t^2}\mathrm{d}t$、$\int_1^{+\infty} t^2\mathrm{d}t$.由于广义积分 $\int_1^{+\infty} \frac{1}{t^p}\mathrm{d}t$ 在 $p > 1$ 时收敛, $p \leqslant 1$ 时发散,所以只有 C 式广义积分收敛.

【例 5】 下列积分中可用牛顿 - 莱布尼兹公式计算的是(　　).

A. $\int_0^1 e^x\mathrm{d}x$　　　　　　　B. $\int_{-1}^1 \frac{1}{\sqrt{1-x^2}}\mathrm{d}x$

C. $\int_0^4 \frac{1}{x-3}\mathrm{d}x$　　　　　D. $\int_0^e \frac{1}{x\ln x}\mathrm{d}x$

解　应选 A.按定积分的定义, $f(x)$ 在区间 $[a,b]$ 上连续就可积.而 $\frac{1}{\sqrt{1-x^2}}$ 在区间 $[-1,1]$ 的端点, $\frac{1}{x-3}$ 在区间 $[0,4]$ 上 $x=3$ 处, $\frac{1}{x\ln x}$ 在区间 $[0,e]$ 上的左端点处及 $x=1$ 处的某邻域内无界(或者这些点分别是各自函数的无穷间断点),因而不能应用牛顿 - 莱布尼兹公式计算.

【例 6】 比较 $\displaystyle\int_0^2 \mathrm{e}^{-x}\mathrm{d}x$ 与 $\displaystyle\int_0^2 (1+x)\mathrm{d}x$ 的值的大小.

【分析】 只要比较 e^{-x} 与 $1+x$ 在区间 $[0,2]$ 上的大小即可. 方法有二: 一是在 $[0,2]$ 上做出它们的图像, 再比较(略); 二是用导数的知识比较大小.

解 令 $f(x) = \mathrm{e}^{-x} - (1+x)$, 则 $f'(x) = -(\mathrm{e}^{-x}+1) < 0$, 而 $f(0) = 0$, 所以 $f(x)$ 在 $[0,2]$ 上从 0 开始单调减小, 因此有 $\mathrm{e}^{-x} \leqslant (1+x)$. 故

$$\int_0^2 \mathrm{e}^{-x}\mathrm{d}x \leqslant \int_0^2 (1+x)\mathrm{d}x$$

【例 7】 已知 $\displaystyle\varphi(x) = \int_{\cos x}^{\sin x}(1-t^2)\mathrm{d}t$, 求 $\varphi'(x)$.

【分析】 函数 $\displaystyle\int_0^{\sin x}(1-t^2)\mathrm{d}t$ 是 x 的复合函数, $\displaystyle\int_{\cos x}^0(1-t^2)\mathrm{d}t$ 也是 x 的复合函数. 按照复合函数的求导法则分别对 x 求导.

解
$$\varphi'(x) = \left[\int_0^{\sin x}(1-t^2)\mathrm{d}t\right]' - \left[\int_0^{\cos x}(1-t^2)\mathrm{d}t\right]'$$
$$= (1-\sin^2 x)(\sin x)' - (1-\cos^2 x)(\cos x)' = \cos^3 x + \sin^3 x$$

【例 8】 求 $\displaystyle\lim_{x\to 0}\frac{\int_0^x \cos^2 t\,\mathrm{d}t}{x}$

解 当 $x\to 0$ 时, $\displaystyle\int_0^x \cos^2 t\,\mathrm{d}t \to 0$, 所求极限为 $\dfrac{0}{0}$ 型未定式, 应用洛必达法则得

$$\lim_{x\to 0}\frac{\int_0^x \cos^2 t\,\mathrm{d}t}{x} = \lim_{x\to 0}\frac{\left[\int_0^x \cos^2 t\,\mathrm{d}t\right]'}{1} = \lim_{x\to 0}\cos^2 x = 1$$

【例 9】 求 $\displaystyle\int_0^2 |1-x|\,\mathrm{d}x$

【分析】 $f(x) = |1-x| = \begin{cases} 1-x, & 0 \leqslant x \leqslant 1 \\ x-1, & 1 < x \leqslant 2 \end{cases}$ 是分段函数, 不能直接计算. 但由于 $x=1$ 是分界点, 可用 $x=1$ 把积分区间分成 $[0,1]$ 和 $[1,2]$ 两个子区间, 分别在这两个区间上对不同的被积函数积分. 凡分段函数、含绝对值的函数均这样做.

解 $\displaystyle\int_0^2 |1-x|\,\mathrm{d}x = \int_0^1 (1-x)\mathrm{d}x + \int_1^2 (x-1)\mathrm{d}x = 1$

【例 10】 求 $\displaystyle\int_1^{\sqrt[6]{e}} \frac{1}{x(x^6+4)}\mathrm{d}x$

【分析】 被积函数是分式, 分母是两项的乘积, 不能直接应用公式, 可把被积函数分解成两个分式的代数和再分别积分.

解
$$\int_1^{\sqrt[6]{e}} \frac{1}{x(x^6+4)}\mathrm{d}x = \frac{1}{4}\int_1^{\sqrt[6]{e}}\left(\frac{1}{x} - \frac{x^5}{x^6+4}\right)\mathrm{d}x$$
$$= \frac{1}{4}\int_1^{\sqrt[6]{e}}\frac{1}{x}\mathrm{d}x - \frac{1}{24}\int_1^{\sqrt[6]{e}}\frac{1}{x^6+4}\mathrm{d}(x^6+4) = \frac{1}{24}\ln\frac{5e}{e+4}$$

【例 11】 求 $\displaystyle\int_1^{\sqrt{3}} \frac{1+2x^2}{x^2(x^2+1)}\mathrm{d}x$

【分析】　被积函数的分母是两项的积,而这两项的和(有时是差)正好是分子(或者说分子可拆成分母中两项的和),这样可通过拆项(有时补项,如 $1=1-e^x+e^x$ 或 $1=1+e^x-e^x$ 或 $1=1-x^2+x^2$ 等)将被积函数化成两项的和(或差),然后再积分.

解　$\int_1^{\sqrt{3}}\frac{1+2x^2}{x^2(x^2+1)}dx=\int_1^{\sqrt{3}}\frac{(1+x^2)+x^2}{x^2(x^2+1)}dx=\int_1^{\sqrt{3}}\frac{1}{x^2}dx+\int_1^{\sqrt{3}}\frac{1}{1+x^2}dx$

$$=-\frac{1}{x}\Big|_1^{\sqrt{3}}+\arctan x\Big|_1^{\sqrt{3}}=1-\frac{\sqrt{3}}{3}+\frac{\pi}{3}-\frac{\pi}{4}=1-\frac{\sqrt{3}}{3}+\frac{\pi}{12}$$

【例 12】　求 $\int_0^3\frac{x}{1+\sqrt{x+1}}dx$

【分析】　被积函数含有根号,被开方式是 x 的一次式,且不能直接应用积分公式或适当变形后应用积分公式计算.这类积分采用第二换元积分法.

解　令 $\sqrt{x+1}=t$(或令 $x=t^2-1,t>0$),则
$$x=t^2-1,dx=2tdt$$
当 $x=0$ 时,$t=1$;当 $x=3$ 时,$t=2$.
$$\int_0^3\frac{x}{1+\sqrt{x+1}}dx=2\int_1^2(t^2-t)dt=2\left(\frac{1}{3}t^3-\frac{1}{2}t^2\right)\Big|_1^2=\frac{5}{3}$$

【例 13】　求 $\int_0^1 x^2\sqrt{1-x^2}dx$

【分析】　被积函数虽含有根号,但被开方式是 x 的二次式,采用例 12 的解法比较麻烦(有些题目也可采用上述方法),因而采用三角代换法.

解　令 $x=\sin t$(或令 $x=\cos t$.则当 $x=0$ 时,$t=0$;当 $x=1$ 时,$t=\frac{\pi}{2}$,$dx=\cos tdt$.这样
$$\int_0^1 x^2\sqrt{1-x^2}dx=\frac{1}{4}\int_0^{\frac{\pi}{2}}\sin^2(2t)dt=\frac{1}{8}\int_0^{\frac{\pi}{2}}(1-\cos 4t)dt$$
$$=\left(\frac{1}{8}t-\frac{1}{32}\sin 4t\right)\Big|_0^{\frac{\pi}{2}}=\frac{\pi}{16}$$

在定积分的换元积分法中,要求 $x=\varphi(t)$ 单调且可导.如令 $x=t^2$,总是让 $t\geqslant 0$(有时也可以让 $t\leqslant 0$);令 $x=\sin t$,总是让 $-\frac{\pi}{2}\leqslant t\leqslant\frac{\pi}{2}$(当然也可以是某个单调区间)等等.实际做题时,往往默认这些条件而不写出.有时还需综合运用换元积分法和分部积分法.

【例 14】　求 $\int_0^1 e^{\sqrt{x}}dx$

【分析】　被积函数含有简单根式,不能直接应用积分公式,令 $x=t^2(t>0)$ 则 $dx=2tdt$,当 $x=0$ 时,$t=0$;当 $x=1$ 时,$t=1$.通过这样的换元后,新的被积函数就变成 te^t,是幂函数与指数函数的乘积,因而要用分部积分法计算.即先换元积分再分部积分.

解法一　令 $x=t^2(t>0)$ 则 $dx=2tdt$,当 $x=0$ 时,$t=0$;当 $x=1$ 时,$t=1$,因此

$$\int_0^1 e^{\sqrt{x}} dx = 2\int_0^1 te^t dt = 2\int_0^1 t de^t = 2te^t \Big|_0^1 - 2\int_0^1 e^t dt = 2e - 2(e-1) = 2$$

解法二　（先凑微分再分部积分）由于 $d\sqrt{x} = \dfrac{1}{2\sqrt{x}}dx$，所以 $dx = 2\sqrt{x}d\sqrt{x}$.

$$\int_0^1 e^{\sqrt{x}} dx = 2\int_0^1 \sqrt{x} e^{\sqrt{x}} d\sqrt{x} = 2\int_0^1 \sqrt{x} de^{\sqrt{x}} = 2\sqrt{x} e^{\sqrt{x}} \Big|_0^1 - 2e^{\sqrt{x}} \Big|_0^1 = 2$$

【例 15】　求 $\displaystyle\int_1^2 \dfrac{x}{\sqrt{x-1}} dx$

【分析】　因为 $x \to 1^+$ 时，$\dfrac{x}{\sqrt{x-1}} \to +\infty$，所以，积分为广义积分.

解　取 $\varepsilon > 0$，$\displaystyle\int_1^2 \dfrac{x}{\sqrt{x-1}} dx = \lim_{\varepsilon \to 0^+} \int_{1+\varepsilon}^2 \dfrac{x}{\sqrt{x-1}} dx = \lim_{\varepsilon \to 0^+} \int_{1+\varepsilon}^2 \dfrac{(x-1)+1}{\sqrt{x-1}} dx$

$$= \lim_{\varepsilon \to 0^+} \int_{1+\varepsilon}^2 \left(\sqrt{x-1} + \dfrac{1}{\sqrt{x-1}} \right) dx = \lim_{\varepsilon \to 0^+} \left[\dfrac{2}{3}(x-1)^{\frac{3}{2}} + 2(x-1)^{\frac{1}{2}} \right] \Big|_{1+\varepsilon}^2 = \dfrac{8}{3}$$

故广义积分收敛于 $\dfrac{8}{3}$

三、教材典型习题与难题解答

习题 5-2

A　组

1.（6）求 $\displaystyle\int_0^{\frac{\pi}{4}} \tan^3 x dx$

解　$\displaystyle\int_0^{\frac{\pi}{4}} \tan^3 x dx = \int_0^{\frac{\pi}{4}} \tan x (\sec^2 x - 1) dx = \int_0^{\frac{\pi}{4}} \tan x d\tan x + \int_0^{\frac{\pi}{4}} \dfrac{1}{\cos x} d\cos x$

$$= \left(\dfrac{1}{2}\tan^2 x + \ln|\cos x| \right) \Big|_0^{\frac{\pi}{4}} = \dfrac{1}{2} - \dfrac{1}{2}\ln 2$$

B　组

1.（5）求 $\displaystyle\int_1^{\sqrt{3}} \dfrac{1}{\sqrt{4-x^2}} dx$

解　$\displaystyle\int_1^{\sqrt{3}} \dfrac{1}{\sqrt{4-x^2}} dx = \int_1^{\sqrt{3}} \dfrac{1}{\sqrt{1-\left(\frac{x}{2}\right)^2}} d\dfrac{x}{2} = \arcsin\dfrac{x}{2} \Big|_1^{\sqrt{3}} = \dfrac{\pi}{3} - \dfrac{\pi}{6} = \dfrac{\pi}{6}$

（6）求 $\displaystyle\int_2^3 \dfrac{1}{x^2-1} dx$

解 $\displaystyle\int_2^3 \frac{1}{x^2-1}\mathrm{d}x = \frac{1}{2}\int_2^3\left(\frac{1}{x-1}-\frac{1}{x+1}\right)\mathrm{d}x = \frac{1}{2}\ln\left(\frac{x-1}{x+1}\right)\Big|_2^3$

$$= \frac{1}{2}(\ln3-\ln2)$$

(8) 求 $\displaystyle\int_0^1 \frac{1}{x^2-x+1}\mathrm{d}x$

解 $\displaystyle\int_0^1 \frac{1}{x^2-x+1}\mathrm{d}x = \int_0^1 \frac{1}{\left(x-\frac{1}{2}\right)^2+\frac{3}{4}}\mathrm{d}x = \frac{2\sqrt{3}}{3}\int_0^1 \frac{1}{1+\left(\frac{2}{\sqrt{3}}x-\frac{1}{\sqrt{3}}\right)^2}\mathrm{d}\left(\frac{2}{\sqrt{3}}x-\frac{1}{\sqrt{3}}\right)$

$$= \frac{2\sqrt{3}}{3}\arctan\left(\frac{2}{\sqrt{3}}x-\frac{1}{\sqrt{3}}\right)\Big|_0^1 = \frac{2\sqrt{3}}{9}\pi$$

(9) 求 $\displaystyle\int_0^\pi \sqrt{1+\cos2x}\,\mathrm{d}x$

解 $\displaystyle\int_0^\pi \sqrt{1+\cos2x}\,\mathrm{d}x = \sqrt{2}\int_0^\pi |\cos x|\,\mathrm{d}x = \sqrt{2}\left(\int_0^{\frac{\pi}{2}}\cos x\,\mathrm{d}x - \int_{\frac{\pi}{2}}^\pi \cos x\,\mathrm{d}x\right) = 2\sqrt{2}$

习题 5-3

A 组

1. (2) 求 $\displaystyle\int_0^{\ln2} \sqrt{\mathrm{e}^x-1}\,\mathrm{d}x$

解 令 $\sqrt{\mathrm{e}^x-1}=t$, 则

$$x=\ln(t^2+1),\mathrm{d}x=\frac{2t}{t^2+1}\mathrm{d}t$$

当 $x=0$ 时, $t=0$; 当 $x=\ln2$ 时, $t=1$.

$$\int_0^{\ln2}\sqrt{\mathrm{e}^x-1}\,\mathrm{d}x = 2\int_0^1 \frac{t^2}{t^2+1}\mathrm{d}t = 2\int_0^1 \frac{t^2+1-1}{t^2+1}\mathrm{d}t$$

$$= 2-2\int_0^1 \frac{1}{t^2+1}\mathrm{d}t = 2-\frac{\pi}{2}$$

B 组

5. 求 $\displaystyle\int_{-\frac{1}{2}}^{\frac{1}{2}} \frac{x\arcsin x}{\sqrt{1-x^2}}\mathrm{d}x$

解法一 $\displaystyle\int_{-\frac{1}{2}}^{\frac{1}{2}} \frac{x\arcsin x}{\sqrt{1-x^2}}\mathrm{d}x = -2\int_0^{\frac{1}{2}}\arcsin x\,\mathrm{d}\sqrt{1-x^2} = 1-\frac{\sqrt{3}}{6}\pi$

解法二 令 $x=\sin t$, 则 $\mathrm{d}x=\cos t\,\mathrm{d}t$, 当 $x=-\frac{1}{2}$ 时, $t=-\frac{\pi}{6}$;

当 $x=\frac{1}{2}$ 时, $t=\frac{\pi}{6}$.

$$\int_{-\frac{1}{2}}^{\frac{1}{2}} \frac{x\arcsin x}{\sqrt{1-x^2}}dx = \int_{-\frac{\pi}{6}}^{\frac{\pi}{6}} t\sin t dt = -\int_{-\frac{\pi}{6}}^{\frac{\pi}{6}} t d\cos t = (-t\cos t + \sin t)\Big|_{-\frac{\pi}{6}}^{\frac{\pi}{6}} = 1 - \frac{\sqrt{3}\pi}{6}$$

6. 求 $\displaystyle\int_{\ln 3}^{\ln 8} \frac{x\mathrm{e}^x}{\sqrt{1+\mathrm{e}^x}}dx$

解   令 $\sqrt{\mathrm{e}^x+1} = t$，则 $x = \ln(t^2-1)$，$dx = \dfrac{2t}{t^2-1}dt$，当 $x = \ln 3$ 时，$t=2$；

当 $x = \ln 8$ 时，$t = 3$.

$$\int_{\ln 3}^{\ln 8} \frac{x\mathrm{e}^x}{\sqrt{1+\mathrm{e}^x}}dx = 2\int_2^3 \ln(t^2-1)dt = 2t\ln(t^2-1)\Big|_2^3 - 4\int_2^3 \frac{t^2}{t^2-1}dt = 20\ln 2 - 6\ln 3 - 4$$

8. 求 $\displaystyle\int_0^{\frac{\pi}{2}} \mathrm{e}^x\cos x dx$

解 $\displaystyle\int_0^{\frac{\pi}{2}} \mathrm{e}^x\cos x dx = \int_0^{\frac{\pi}{2}} \cos x d\mathrm{e}^x = \mathrm{e}^x\cos x\Big|_0^{\frac{\pi}{2}} + \int_0^{\frac{\pi}{2}} \mathrm{e}^x\sin x dx = -1 + \int_0^{\frac{\pi}{2}} \sin x d\mathrm{e}^x$

$$= -1 + \mathrm{e}^x\sin x\Big|_0^{\frac{\pi}{2}} - \int_0^{\frac{\pi}{2}} \mathrm{e}^x\cos x dx = \mathrm{e}^{\frac{\pi}{2}} - 1 - \int_0^{\frac{\pi}{2}} \mathrm{e}^x\cos x dx$$

移项并整理，得 $\displaystyle\int_0^{\frac{\pi}{2}} \mathrm{e}^x\cos x dx = \frac{1}{2}(\mathrm{e}^{\frac{\pi}{2}}-1)$

习题 5-4

A 组

4. 计算广义积分 $\displaystyle\int_{-\infty}^{+\infty} \frac{1}{x^2+2x+2}dx$

解 $\displaystyle\int_{-\infty}^{+\infty} \frac{dx}{x^2+2x+2} = \int_{-\infty}^0 \frac{dx}{x^2+2x+2} + \int_0^{+\infty} \frac{dx}{x^2+2x+2} = \pi$

8. 计算广义积分 $\displaystyle\int_2^3 \frac{1}{\sqrt{x-2}}dx$

解 $\displaystyle\int_2^3 \frac{dx}{\sqrt{x-2}} = \lim_{\varepsilon\to 0^+}\int_{2+\varepsilon}^3 (x-2)^{-\frac{1}{2}}dx = 2\lim_{\varepsilon\to 0^+}\sqrt{x-2}\Big|_{2+\varepsilon}^3 = 2$

B 组

1.（1）计算广义积分 $\displaystyle\int_0^{+\infty} \mathrm{e}^{-\sqrt{x}}dx$

解   令 $-\sqrt{x} = t$，则 $x = t^2$，$dx = 2tdt$，当 $x = 0$ 时，$t = 0$；当 $x\to +\infty$ 时，$t\to -\infty$.

$$\int_0^{+\infty} \mathrm{e}^{-\sqrt{x}}dx = 2\int_0^{-\infty} t\mathrm{e}^t dt = 2\lim_{b\to -\infty}(t\mathrm{e}^t - \mathrm{e}^t)\Big|_0^b = 2\lim_{b\to -\infty}[\mathrm{e}^b(b-1)+1] = 2$$

（2）计算广义积分 $\int_0^{+\infty} x^2 \mathrm{e}^{-x} \mathrm{d}x$

解 $\int_0^{+\infty} x^2 \mathrm{e}^{-x} \mathrm{d}x = -\lim_{b \to +\infty} \int_0^b x^2 \mathrm{d}\mathrm{e}^{-x} = \lim_{b \to +\infty} \left[-x^2 \mathrm{e}^{-x} \Big|_0^b + 2\int_0^b x\mathrm{e}^{-x} \mathrm{d}x \right]$

$$= 2\lim_{b \to +\infty} \int_0^b x\mathrm{e}^{-x} \mathrm{d}x = -2\lim_{b \to +\infty} \int_0^b x\mathrm{d}\mathrm{e}^{-x}$$

$$= \lim_{b \to +\infty} (-2x\mathrm{e}^{-x} - 2\mathrm{e}^{-x}) \Big|_0^b = 2$$

［（1）、（2）题在求极限时，应用了洛必达法则］

（3）求 $\int_{\frac{\pi}{4}}^{\frac{3\pi}{4}} \sec^2 x \mathrm{d}x$

解 因为 $\lim\limits_{x \to \frac{\pi}{2}} \sec^2 x = +\infty$，所以 $\int_{\frac{\pi}{4}}^{\frac{3\pi}{4}} \sec^2 x \mathrm{d}x = \int_{\frac{\pi}{4}}^{\frac{\pi}{2}} \sec^2 x \mathrm{d}x + \int_{\frac{\pi}{2}}^{\frac{3\pi}{4}} \sec^2 x \mathrm{d}x$，而

$\lim\limits_{\varepsilon \to 0^+} \int_{\frac{\pi}{4}}^{\frac{\pi}{2}-\varepsilon} \sec^2 x \mathrm{d}x = \lim\limits_{\varepsilon \to 0^+} \tan x \Big|_{\frac{\pi}{4}}^{\frac{\pi}{2}-\varepsilon} = \lim\limits_{\varepsilon \to 0^+} \left[\tan\left(\frac{\pi}{2} - \varepsilon\right) - 1 \right]$ 不存在，所以 $\int_{\frac{\pi}{4}}^{\frac{\pi}{2}} \sec^2 x \mathrm{d}x$ 发散. 因此，原广义积分发散.

四、综合测试题

（一）选择题

1. 函数 $f(x)$ 在区间 $[a,b]$ 上连续是 $f(x)$ 在 $[a,b]$ 上可积的（   ）.

A. 必要条件   B. 充分条件

C. 充分必要条件   D. 既非充分也非必要条件

2. 下列等式不正确的是（   ）.

A. $\dfrac{\mathrm{d}}{\mathrm{d}x}\left[\int_a^b f(x)\mathrm{d}x \right] = f(x)$ B. $\dfrac{\mathrm{d}}{\mathrm{d}x}\left[\int_a^{b(x)} f(t)\mathrm{d}t \right] = f[b(x)]b'(x)$

C. $\dfrac{\mathrm{d}}{\mathrm{d}x}\left[\int_a^x f(x)\mathrm{d}x \right] = f(x)$ D. $\dfrac{\mathrm{d}}{\mathrm{d}x}\left[\int_a^x F'(t)\mathrm{d}t \right] = F'(x)$

3. $\lim\limits_{x \to 0} \dfrac{\int_0^x \sin t \mathrm{d}t}{\int_0^x t \mathrm{d}t}$ 的值等于（   ）.

A. -1 B. 0   C. 1   D. 2

4. 设 $f(x) = x^3 + x$，则 $\int_{-2}^2 f(x)\mathrm{d}x$ 的值等于（   ）.

A. 0   B. 8   C. $\int_0^2 f(x)\mathrm{d}x$ D. $2\int_0^2 f(x)\mathrm{d}x$

5. 设广义积分 $\int_1^{+\infty} x^a \mathrm{d}x$ 收敛，则必定有（   ）.

A. $\alpha < -1$ B. $\alpha > -1$ C. $\alpha < 1$ D. $\alpha > 1$

(二) 判断题

1. $\left[\int_a^b f(x)\mathrm{d}x\right]' = 0.$ (   )

2. 定积分的值只与被积函数有关,与积分变量无关. (   )

3. $\int_a^b [f(x) + g(x)]\mathrm{d}x = \int_a^b f(x)\mathrm{d}x + \int_a^b g(x)\mathrm{d}x.$ (   )

4. $y = 1 - \mathrm{e}^x, x = 1, y = 0$ 所围成的图形面积为 $\int_0^1 (1 - \mathrm{e}^x)\mathrm{d}x.$ (   )

5. $\int_{-1}^1 x^{-4}\mathrm{d}x = -\dfrac{2}{3}.$ (   )

(三) 填空题

1. 曲线 $y = x^2, x = 0, y = 1$ 所围成的图形的面积可用定积分表示为_____.

2. 已知 $\varphi(x) = \int_0^x \sin t^2 \mathrm{d}t$,则 $\varphi'(x) = $ _____.

3. $\lim\limits_{x \to 0} \dfrac{\int_0^{x^2} \arcsin 2\sqrt{t}\mathrm{d}t}{x^3} = $ _____.

4. $\int_{-1}^1 \dfrac{\sin x}{x^2 + 1}\mathrm{d}x = $ _____.

5. $\int_{\frac{\pi}{4}}^{\frac{5\pi}{4}} (1 + \sin^2 x)\mathrm{d}x$ 的值的范围为_____.

6. $\int_2^{+\infty} \dfrac{\mathrm{d}x}{\sqrt{(x-1)^3}} = $ _____.

(四) 计算下列定积分

1. $\int_0^{\sqrt{3}a} \dfrac{\mathrm{d}x}{a^2 + x^2} (a \neq 0)$ 2. $\int_0^{\sqrt{2}} \sqrt{2 - x^2}\mathrm{d}x$ 3. $\int_{-\pi}^{\pi} \sin kx \sin lx \mathrm{d}x (k \neq l)$

4. $\int_1^{\sqrt{3}} \dfrac{\mathrm{d}x}{x^2 \sqrt{1 + x^2}}$ 5. $\int_1^{\mathrm{e}} \sin(\ln x)\mathrm{d}x$ 6. $\int_1^{\mathrm{e}} \dfrac{\mathrm{d}x}{x \sqrt{1 - (\ln x)^2}}$

(五) 证明题

1. 已知函数 $f(x)$ 在区间 $[a, b]$ 上连续,设 $\varphi(x) = \int_a^x (x - t)^2 f(t)\mathrm{d}t, x \in [a, b]$,

证明: $\varphi'(x) = 2\int_a^x (x - t) f(t)\mathrm{d}t.$

2. 设 $f(x)$ 是以 l 为周期的周期函数,证明: $\int_a^{a+l} f(x)\mathrm{d}x = \int_0^l f(x)\mathrm{d}x$ (a 为任意实数).

3. 证明: $\int_0^{\frac{\pi}{2}} (\sin x)^n \mathrm{d}x = \int_0^{\frac{\pi}{2}} (\cos x)^n \mathrm{d}x.$

第六章

定积分的应用

一、本章教学目标及重点

【教学目标】

本章介绍了定积分解决问题的思想方法 —— 定积分的微元法,并应用该方法解决了几何及物理方面的一些实际应用问题.

教学要求

1. 理解微元法的思想,并将其解决问题的过程步骤化.

2. 熟练掌握求解平面图形面积的方法,并能灵活、恰当地选择积分变量.

3. 会求平行截面面积已知的立体的体积,并能熟练求解旋转体的体积.

4. 能够解决物理应用中变力作功、液体压力方面的简单问题.

【知识点、重点归纳】

本章做为定积分的应用,主要介绍了一种方法 —— 定积分的微元法,并突出了定积分在两方面的实际应用:

1. 求平面图形的面积;

2. 求旋转体的体积.

在学习中,关键是要理解微元法的思想,利用定积分的微元法的思想灵活地解决一些实际应用问题.

二、典型例题解析

【例 1】 求由曲线 $x = y^2$,$x = \dfrac{1}{4}y^2$ 及直线 $x = 1$ 所围成的平面图形的面积.

【分析】 求解平面图形的面积时,基本步骤如下:

(1) 画图,确定所讨论的图形.

(2) 求交点坐标.

(3) 根据图形特点,恰当选择积分变量.

(4) 确定所讨论图形对应积分变量的变化范围,即积分区间 $[a, b]$.

(5) 在积分区间内任取一小区间 $[x, x+\mathrm{d}x]$(或 $[y, y+\mathrm{d}y]$),求该小区间所对应的窄条图形面积的近似值,即求面积微元 $\mathrm{d}S$.

(6) 将面积微元 $\mathrm{d}S$ 在积分区间上积分, 即得所求面积 S. 另外, 在解题过程中, 还应注意下面两个问题:

(a) 观察所讨论图形是否具有对称性, 若是对称图形, 最好将面积 S 表达为某一部分图形面积的倍数形式.

(b) 在积分区间 $[a, b]$ 上, 对应不同的子区间, 其面积微元有时会不同, 这时面积 S 应表达为几部分面积之和.

解 (1) 画图 (如图 6-1 所示), 所求面积为阴影部分的面积.

(2) 该图形为对称图形, 故所求面积 $S = 2S_1$, 交点分别为 $O(0, 0)$, $A(1, 2)$, $B(1, 1)$.

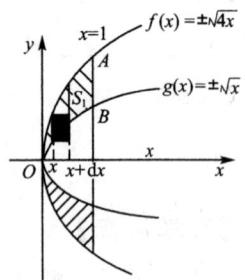

图 6-1

(3) 根据图形特点, 选 x 为积分变量 (若选 y 为积分变量, S 需表达为两部分的和).

(4) 阴影部分对应 x 的变化区间为 $[0, 1]$, 即积分区间为 $[0, 1]$.

在 $[0, 1]$ 上任取一小区间 $[x, x + \mathrm{d}x]$, 其对应窄条图形的面积用以 $f(x) - g(x) = \sqrt{4x} - \sqrt{x} = \sqrt{x}$ 为高, 以 $\mathrm{d}x$ 为宽的矩形面积近似代替, 即面积微元 $\mathrm{d}S_1 = \sqrt{x}\,\mathrm{d}x$

$$S = 2S_1 = 2\int_0^1 \mathrm{d}S_1 = 2\int_0^1 \sqrt{x}\,\mathrm{d}x = 2 \times \frac{2}{3}x^{\frac{3}{2}}\Big|_0^1 = \frac{4}{3}$$

【例 2】 求由双曲线 $y = \dfrac{1}{x}$, 直线 $y = x$, $y = 2x$ 所围成的第一象限部分图形的面积.

【分析】 求解面积的关键问题是寻找面积微元 $\mathrm{d}S$. 一般情况下, 我们用一小矩形的面积近似代替 $\mathrm{d}x$ (或 $\mathrm{d}y$) 段所对应小窄条图形的面积. 这个小矩形的一边长度为 $\mathrm{d}x$ (或 $\mathrm{d}y$), 而另一边长度的确定方法为:

若选 x (或 y) 为积分变量, 则在积分区间内任取一点 x (或 y), 过点 x (或 y) 作垂直于 x 轴 (或 y 轴) 的直线, 该直线位于所讨论图形上的线段长度即为所求长度.

观察本题图 6-2, 选 x (或 y) 为积分变量, 在积分区间内用垂直于 x 轴 (或 y 轴) 的直线在图形内作平行移动时, 位于图形上的线段的上 (或右) 端点变化于不同的曲线上, 故面积微元不能用统一的式子表达.

解 (1) 画图, 确定所讨论图形即为阴影部分图形 (见图 6-2)

(2) 解方程组

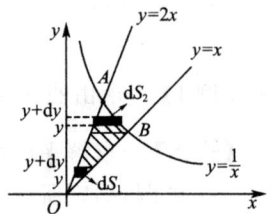

图 6-2

$$\begin{cases} y = 2x \\ y = \dfrac{1}{x} \end{cases} \quad \text{和} \quad \begin{cases} y = x \\ y = \dfrac{1}{x} \end{cases}$$

得交点 $A\left(\dfrac{\sqrt{2}}{2}, \sqrt{2}\right)$, $B(1, 1)$, 另有交点 $O(0, 0)$

(3) 选 y 为积分变量 (选 x 的情形请读者完成), 则积分区间为 $[0, \sqrt{2}] = [0, 1] \bigcup$

$[1,\sqrt{2}]$，在$[0,1]$上，$dS_1=\left(y-\dfrac{y}{2}\right)dy$，在$[1,\sqrt{2}]$上，$dS_2=\left(\dfrac{1}{y}-\dfrac{y}{2}\right)dy$

$(4)S=S_1+S_2=\displaystyle\int_0^1\left(y-\dfrac{y}{2}\right)dy+\int_1^{\sqrt{2}}\left(\dfrac{1}{y}-\dfrac{y}{2}\right)dy=\dfrac{y^2}{4}\bigg|_0^1+\left(\ln|y|-\dfrac{1}{4}y^2\right)\bigg|_1^{\sqrt{2}}$

$=\dfrac{1}{4}+\ln\sqrt{2}-\dfrac{1}{2}+\dfrac{1}{4}=\ln\sqrt{2}$

【例3】 求由圆$x^2+y^2=6$与抛物线$x=y^2$所围成的平面图形中较小的一块，分别绕x轴，y轴旋转形成的旋转体的体积.

【分析】 由截面面积为已知的立体的体积公式$V=\displaystyle\int_a^b S(x)dx$可得：

(1) 由曲线$y=f(x)$，直线$x=a,x=b(a<b)$，x轴围成的曲边梯形绕x轴旋转形成的旋转体的体积$V=\pi\displaystyle\int_a^b[f(x)]^2dx$

(2) 由曲线$x=\varphi(y)$，直线$y=c,y=d(c<d)$，y轴围成的曲边梯形绕y轴旋转形成的旋转体的体积$V=\pi\displaystyle\int_c^d[\varphi(y)]^2dy$

要想准确应用公式，应注意的问题是：

(1) 绕x轴旋转时，过任意一点x截立体所得截面圆的半径为y(即$f(x)$)，此时积分变量为x，截面圆面积为$\pi y^2=\pi[f(x)]^2$.

(2) 绕y轴旋转时，过任意一点y截立体所得截面圆的半径为x(即$\varphi(y)$)，此时积分变量为y，截面圆面积为$\pi x^2=\pi[\varphi(y)]^2$.

(3) 确定所求体积是否由曲边梯形旋转而成，如果是，则直接应用公式，否则，根据问题的实际情况，转化为可利用公式求解的情形.

画出本题图，平面图形为阴影部分. 其绕x轴旋转形成的旋转体可看成是由两个曲边梯形绕x轴旋转形成旋转体的体积和. 这两个曲边梯形分别为：

(1) 由抛物线$y=\sqrt{x}$，直线$x=2$及x轴围成.

(2) 由半圆$y=\sqrt{6-x^2}$，直线$x=2$及x轴围成.

阴影部分绕y轴旋转形成立体的体积，应为下面两个曲边梯形绕y轴旋转形成旋转体的体积差，这两个曲边梯形分别为：

(1) 由半圆$x=\sqrt{6-y^2}$，直线$y=-\sqrt{2},y=\sqrt{2}$及y轴围成.

(2) 由抛物线$x=y^2$，直线$y=-\sqrt{2},y=\sqrt{2}$及y轴围成.

解 (1) 画图，如图6-3所示.

(2) 求交点坐标

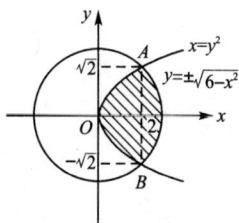

图 6-3

由$\begin{cases}x=y^2\\x^2+y^2=6\end{cases}$ 得$A(2,\sqrt{2})$、$B(2,-\sqrt{2})$

$V_x=V_1+V_2=\pi\displaystyle\int_0^2(\sqrt{x})^2dx+\pi\int_2^{\sqrt{6}}(\sqrt{6-x^2})^2dx=\pi\dfrac{x^2}{2}\bigg|_0^2+\pi\left(6x-\dfrac{x^3}{3}\right)\bigg|_2^{\sqrt{6}}$

$$= 2\pi + 4\sqrt{6}\pi - \frac{28}{3}\pi = \left(4\sqrt{6} - \frac{22}{3}\right)\pi$$

$$V_y = V_1' - V_2' = \int_{-\sqrt{2}}^{\sqrt{2}} \pi(\sqrt{6-y^2})^2 dy - \int_{-\sqrt{2}}^{\sqrt{2}} \pi(y^2)^2 dy$$

$$= 2\pi\left(6y - \frac{1}{3}y^3\right)\Big|_0^{\sqrt{2}} - 2\pi\frac{1}{5}y^5\Big|_0^{\sqrt{2}} = \frac{136}{15}\sqrt{2}\pi$$

【例4】 设物体按规律 $x = kt^3$ 作直线运动（x 为时间 t 内物体通过的距离），媒质的阻力与物体的运动速度的平方成正比.

试求物体由 $x = 0$ 运动至 $x = a$ 时克服阻力所作的功.

【分析】 由于物体作变速直线运动，而阻力与速度的平方成正比，可知这是变力作功问题. 应用微元法解决变力作功问题，关键问题为：

(1) 正确确定变力 $F(x)$；

(2) 确定 x 的变化区间；

(3) 功微元 $dW = F(x)dx$ 的表达，其中 dx 的含义为在运动范围内任取一微小路径.

解 (1) 建立数轴 Ox，物体的起始位置为 O，终点位置为 A（如图 6-4 所示）. 对应坐标分别为 $x = 0, x = a$.

(2) 设物体的阻力为 $F(x)$，由已知 $x = kt^3$，则物体的运动速度 $v = \dfrac{dx}{dt} = 3kt^2$，故 $F(x) = -Cv^2$（C 为比例系数，负号表示阻力的方向与 x 轴正向相反），将 v 代入 $F(x)$，有

$F(x) = -9k^2Ct^4$，而由 $x = kt^3$，知 $t = \sqrt[3]{\dfrac{x}{k}}$，故 $F(x) =$

$-9k^2C\left(\dfrac{x}{k}\right)^{\frac{4}{3}} = -9k^{\frac{2}{3}}Cx^{\frac{4}{3}}$

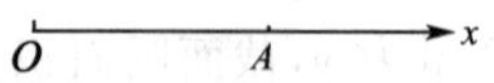

图 6-4

(3) x 的变化区间为 $[0, a]$.

(4) 功微元 $dW = -F(x)dx = 9k^{\frac{2}{3}}Cx^{\frac{4}{3}}dx$（$-F(x)$ 表示克服阻力所用的力）

(5) 所求功

$$W = \int_0^a dW = \int_0^a 9k^{\frac{2}{3}}Cx^{\frac{4}{3}}dx = 9k^{\frac{2}{3}}C\frac{3}{7}x^{\frac{7}{3}}\Big|_0^a = \frac{27}{7}k^{\frac{2}{3}}Ca^{\frac{7}{3}}$$

三、教材典型题和难题解答

习题 6-2

A 组

1. 求阴影部分的面积

$(1)S = \int_0^\pi \sin x\, dx = -\cos x\Big|_0^\pi = 1 + 1 = 2$

$(3)S = \displaystyle\int_0^1 (2x - x)\mathrm{d}x = \int_0^1 x\mathrm{d}x = \dfrac{1}{2}x^2 \Big|_0^1 = \dfrac{1}{2}$

$(4)S = \displaystyle\int_0^1 \mathrm{e}^y \mathrm{d}y = \mathrm{e}^y \Big|_0^1 = \mathrm{e} - 1$

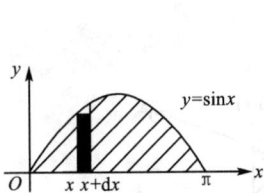

题 1(1) 图

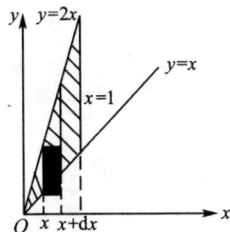

题 1(3) 图

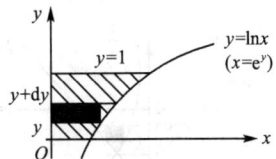

题 1(4) 图

(5) 提示：$\mathrm{d}S = (4 - x^2)\mathrm{d}x$

(6) 提示：$S = 2S_1 = 2\displaystyle\int_0^1 (1 - x^2)\mathrm{d}x$

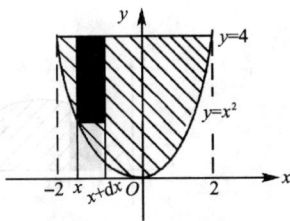

题 1(5) 图

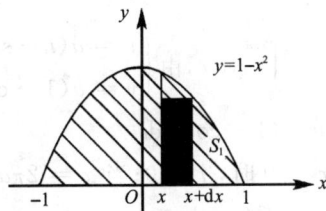

题 1(6) 图

2. 求下列各曲线所围成的平面图形的面积

$(1)\mathrm{d}S = \mathrm{e}^y \mathrm{d}y$

$S = \displaystyle\int_{\ln a}^{\ln b} \mathrm{e}^y \mathrm{d}y = \mathrm{e}^y \Big|_{\ln a}^{\ln b} = b - a$

$(2)\mathrm{d}S = (\sqrt{x} - x^3)\mathrm{d}x$

$S = \displaystyle\int_0^1 (\sqrt{x} - x^3)\mathrm{d}x = \left(\dfrac{2}{3}x^{\frac{3}{2}} - \dfrac{1}{4}x^4\right)\Big|_0^1 = \dfrac{2}{3} - \dfrac{1}{4} = \dfrac{5}{12}$

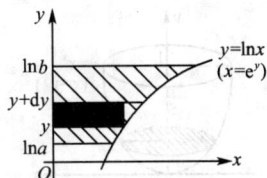

题 2(1) 图

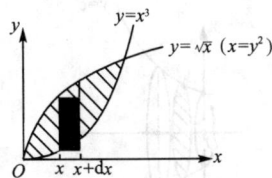

题 2(2) 图

提示：若选 y 为积分变量，则

$$dS = (\sqrt[3]{y} - y^2)\,dy$$

（3）$dS = \left(y - \dfrac{1}{y}\right)dy$

$S = \displaystyle\int_1^2 \left(y - \dfrac{1}{y}\right)dy = \left(\dfrac{y^2}{2} - \ln y\right)\Big|_1^2 = (2 - \ln 2) - \left(\dfrac{1}{2} - 0\right) = \dfrac{3}{2} - \ln 2$

（7）$dS = [\sqrt{x} - (-\sqrt{x})]\,dx$

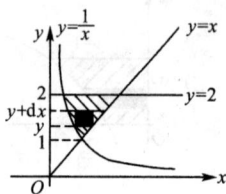

题 2(3) 图

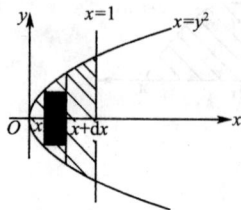

题 2(7) 图

$S = \displaystyle\int_0^1 2\sqrt{x}\,dx = 2 \cdot \dfrac{2}{3} x^{\frac{3}{2}}\Big|_0^1 = \dfrac{4}{3}$

3. $S = \displaystyle\int_0^{2\pi a} y\,dx$，由 $\begin{cases} x = a(t - \sin t) \\ y = a(1 - \cos t) \end{cases}$

$dx = a(1 - \cos t)\,dt$

当 $x = 0$ 时，$t = 0$；当 $x = 2\pi a$ 时，$t = 2\pi$，

故 $S = \displaystyle\int_0^{2\pi} a(1 - \cos t)a(1 - \cos t)\,dt$

$\quad = a^2 \displaystyle\int_0^{2\pi} (1 - 2\cos t + \cos^2 t)\,dt$

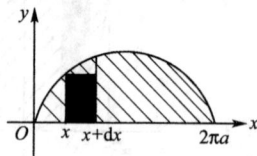

题 3 图

$\quad = a^2 \displaystyle\int_0^{2\pi} \left(1 - 2\cos t + \dfrac{1 + \cos 2t}{2}\right)dt = a^2\left(\dfrac{3}{2}t - 2\sin t + \dfrac{1}{4}\sin 2t\right)\Big|_0^{2\pi} = 3\pi a^2$

4. （2）$V_x = \displaystyle\int_0^1 \pi y^2\,dx = \int_0^1 \pi e^{2x}\,dx = \pi\int_0^1 \dfrac{1}{2}e^{2x}\,d(2x) = \dfrac{\pi}{2}e^{2x}\Big|_0^1 = \dfrac{\pi}{2}(e^2 - 1)$

（4）$V_y = \displaystyle\int_0^1 S(y)\,dy = \int_0^1 \pi x^2\,dy = \int_0^1 \pi(y^{\frac{1}{3}})^2\,dy = \pi\dfrac{3}{5}y^{\frac{5}{3}}\Big|_0^1 = \dfrac{3}{5}\pi$

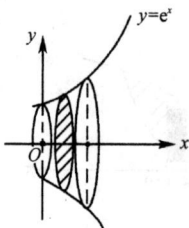

题 4(2) 图

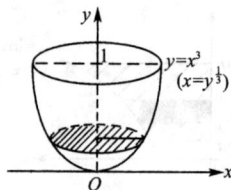

题 4(4) 图

5. 提示: $V = V_1 - V_2, V_1 = \pi(1)^2 \times 1 = \pi$

$$V_2 = \int_0^1 S(y)\mathrm{d}y = \int_0^1 \pi x^2 \mathrm{d}y = \int_0^1 \pi y \mathrm{d}y$$

6. 提示: 球是由圆绕直径旋转而成,如图所示建立直角坐标系,则圆的方程为

$$x^2 + y^2 = R^2$$

$$V = \int_{-R}^R S(x)\mathrm{d}x = \int_{-R}^R \pi y^2 \mathrm{d}x = \int_{-R}^R \pi(R^2 - x^2)\mathrm{d}x$$

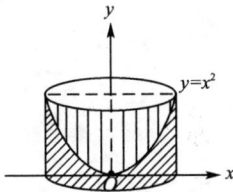

题 5 图

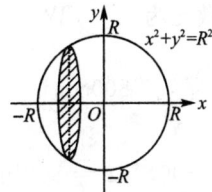

题 6 图

7.(1) 由物理学知弹力

$F = -kx$ ($|x|$ 为拉长距离)

由已知: $x = 1$ 时, $F = -1$, 故 $k = 1$

则 $\qquad\qquad F = -x$

(2) 拉力 $f = -F = x; x \in [0,10]$

功微元 $\quad \mathrm{d}W = f\mathrm{d}x = x\mathrm{d}x$

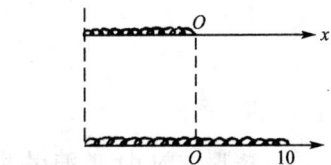

题 7 图

(3)$W = \int_0^{10} x\mathrm{d}x = \left.\dfrac{x^2}{2}\right|_0^{10} = 50(千克·厘米) = 50 \times 10^{-2}(千克·米) = 0.5(千克·米)$

$\qquad = 0.5 \times 9.8(焦耳) = 49(焦耳)$

8.(1) 由于弹力 $\quad F = -kx$ ($|x|$ 为压缩距离)

由已知: $x = -1$ 时, $F = 0.05$, 故 $k = 0.05$

则 $\qquad\qquad F = -0.05x$

(2) 压力 $\quad f = -F = 0.05x; x \in [-100,0]$

功微元 $\quad \mathrm{d}W = f\mathrm{d}x = 0.05x\mathrm{d}x$

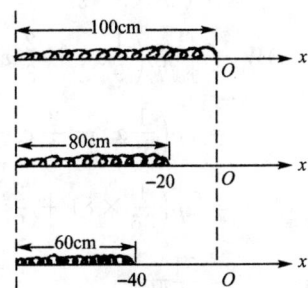

(3)$W = \int_{-20}^{-40} 0.05x\mathrm{d}x = \left.\dfrac{0.05}{2}x^2\right|_{-20}^{-40}$

$\qquad = 30(牛顿·厘米) = 30 \times 10^{-2}(牛顿·米)$

题 8 图

$\qquad = 0.3(焦耳)$

9.(1) 在等温条件下,

$$压强 \times 体积 = 常量$$

由初始位置有: $10 \times S \times 80 = k$(为常数, S 为底面积)

即 $\qquad\qquad\qquad k = 800S$

在任意一点 x 处有

$$P(x)Sx = 800S, \quad P(x) = \frac{800}{x}$$

则气体对活塞的压力

$$F = P(x)S = \frac{800S}{x}$$

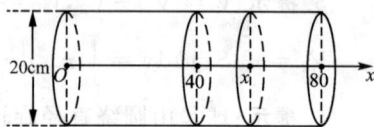

题 9 图

于是所需外力

$$f = -F = -\frac{800S}{x}$$

则功的微元为

$$\mathrm{d}W = f\mathrm{d}x = -\frac{800S}{x}\mathrm{d}x$$

$$(2)W = \int_{80}^{40} -\frac{800S}{x}\mathrm{d}x = \int_{40}^{80} \frac{800S}{x}\mathrm{d}x = 800S\ln x \Big|_{40}^{80}$$

$$= 800S\ln 2 = 800\ln 2 \times \pi(10)^2 = 80000\pi\ln 2 (千克 \cdot 厘米)$$

$$= 800\pi\ln 2 (千克 \cdot 米) = 800\pi\ln 2 \times 9.8 (焦耳) = 7840\pi\ln 2 (焦耳)$$

11.(1) 建立直线 AB 的方程

$$\frac{y-1}{x-0} = \frac{2-1}{3-0} = \frac{1}{3}$$

$$y = \frac{1}{3}x + 1$$

(2) 将厚度为 $\mathrm{d}x$ 的油层吸出需作功的近似值

$$\mathrm{d}W = \pi y^2 \rho x \mathrm{d}x = \pi\rho x\left(\frac{1}{3}x + 1\right)^2 \mathrm{d}x$$

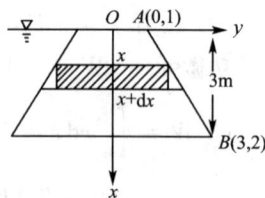

题 11 图

$$= \pi\rho x\left(\frac{1}{9}x^2 + \frac{2}{3}x + 1\right)\mathrm{d}x$$

$$= \pi\rho\left(\frac{1}{9}x^3 + \frac{2}{3}x^2 + x\right)\mathrm{d}x$$

$$(3)W = \int_0^3 \pi\rho\left(\frac{1}{9}x^3 + \frac{2}{3}x^2 + x\right)\mathrm{d}x$$

$$= \pi\rho\left(\frac{1}{36}x^4 + \frac{2}{9}x^3 + \frac{1}{2}x^2\right)\Big|_0^3$$

$$= \pi\rho\left(\frac{1}{36} \times 81 + \frac{2}{9} \times 27 + \frac{1}{2} \times 9\right)$$

$$= \frac{51}{4}\pi\rho$$

将 $\rho = 7.84 \times 10^3 (牛顿／米^3)$ 代入,$W = 99960\pi(焦耳)$.

13.(1)a. 如题 13(1) 图所示建立坐标系

首先求直线 AB 的方程:$\dfrac{y - \dfrac{a}{2}}{x - 0} = \dfrac{0 - \dfrac{a}{2}}{h - 0}$

即

$$y = \frac{a}{2} - \frac{a}{2h}x$$

b. 求压力微元

$$\mathrm{d}p = x\rho 2y \cdot \mathrm{d}x = 2\rho x\left(\frac{a}{2} - \frac{a}{2h}x\right)\mathrm{d}x$$

c. 压力

$$p = \int_0^h 2\rho\frac{a}{2}\left(x - \frac{x^2}{h}\right)\mathrm{d}x = a\rho\left(\frac{1}{2}x^2 - \frac{1}{3h}x^3\right)\Big|_0^h$$

$$= a\rho\left(\frac{1}{2}h^2 - \frac{1}{3}h^2\right) = \frac{a\rho}{6}h^2$$

将 $\rho = 9.8 \times 10^3$(牛顿)代入得 $p = \frac{500}{3}ah^2 \times 9.8$(牛顿)

(2)a. 如题 13(2)图所示建立坐标系,求直线 OA 的方程

$$y = \frac{\frac{a}{2}}{h}x = \frac{a}{2h}x$$

b. 压力微元

$$\mathrm{d}p = x\rho 2y\mathrm{d}x = 2\rho x\frac{a}{2h}x\mathrm{d}x = \frac{a\rho}{h}x^2\mathrm{d}x$$

c. 压力

$$p = \int_0^h \frac{a\rho}{h}x^2\mathrm{d}x = \frac{a\rho}{h} \cdot \frac{h^3}{3} = \frac{a\rho}{3}h^2$$

将 $\rho = 9.8 \times 10^3$(牛顿)代入,得

$$p = \frac{ah^2}{3} \times 9.8 \times 10^3 = \frac{ah^2}{3} \times 10^3 \times 9.8(牛顿)$$

$$= 3266.67\, ah^2(牛顿)$$

14.(1) 如题 14 图所示建立直角坐标系,则圆的方程为:$(x-7)^2 + y^2 = 4$

右半圆的方程为:$y = \sqrt{4 - (x-7)^2}$

(2) 压力微元

$$\mathrm{d}p = x\rho 2y\mathrm{d}x = 2\rho x\sqrt{4 - (x-7)^2}\mathrm{d}x$$

(3) $p = \int_5^9 2\rho x\sqrt{4 - (x-7)^2}\mathrm{d}x$

设 $x - 7 = t$,则 $\mathrm{d}x = \mathrm{d}t$,当 $x = 5$ 时,$t = -2$;当 $x = 9$ 时,$t = 2$

则 $\quad p = 2\rho\int_{-2}^2 (7+t)\sqrt{4-t^2}\mathrm{d}t$

$$= 14\rho\int_{-2}^2 \sqrt{4-t^2}\mathrm{d}t + 2\rho\int_{-2}^2 t\sqrt{4-t^2}\mathrm{d}t$$

$$= 28\rho\int_0^2 \sqrt{4-t^2}\mathrm{d}t = 28\rho\pi$$

$$= 28\pi \times 10^3 \times 9.8(牛顿) = 2.744\pi \times 10^5(牛顿)$$

B 组

1.求阴影部分面积

$(1)\mathrm{d}S = (2x - x^3)\mathrm{d}x$

$S = \int_0^{\sqrt{2}}(2x - x^3)\mathrm{d}x = \left(x^2 - \dfrac{1}{4}x^4\right)\Big|_0^{\sqrt{2}} = 2 - \dfrac{1}{4}\times 4 = 1$

$(3)\mathrm{d}S = \left(\sqrt{y} - \dfrac{1}{\sqrt{2}}\sqrt{y}\right)\mathrm{d}y$

$S = \int_0^1(1 - \dfrac{\sqrt{2}}{2})\sqrt{y}\mathrm{d}y = \left(1 - \dfrac{\sqrt{2}}{2}\right)\dfrac{2}{3}y^{\frac{3}{2}}\Big|_0^1 = \dfrac{2 - \sqrt{2}}{3}$

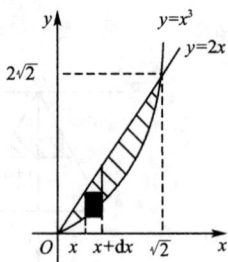

题 1(1) 图

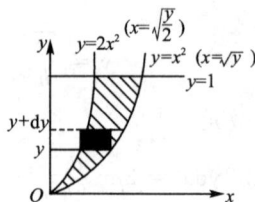

题 1(3) 图

2.求下列各曲线所围成的平面图形的面积

$(3)\mathrm{d}S = \arctan y\,\mathrm{d}y$

$S = \int_0^1 \arctan y\,\mathrm{d}y$

$\quad = (y\arctan y)\Big|_0^1 - \int_0^1 y\dfrac{1}{1+y^2}\mathrm{d}y$

$\quad = \dfrac{\pi}{4} - \dfrac{1}{2}\int_0^1\dfrac{1}{1+y^2}\mathrm{d}(1+y^2)$

$\quad = \dfrac{\pi}{4} - \dfrac{1}{2}\ln(1+y^2)\Big|_0^1 = \dfrac{\pi}{4} - \dfrac{1}{2}\ln 2$

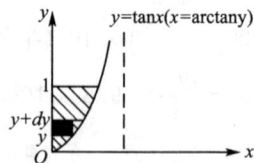

题 2(3) 图

$(4)\mathrm{d}S = \left(4 + y - \dfrac{y^2}{2}\right)\mathrm{d}y$

$S = \int_{-2}^4\left(4 + y - \dfrac{y^2}{2}\right)\mathrm{d}y$

$S = \left(4y + \dfrac{1}{2}y^2 - \dfrac{1}{6}y^3\right)\Big|_{-2}^4 = 18$

(5) 提示：$\mathrm{d}S = \left[(3 - 2x - x^2) - (x+3)\right]\mathrm{d}x$

$S = \int_{-3}^0(3 - 2x - x^2 - x - 3)\mathrm{d}x$

$\quad = \int_{-3}^0(-x^2 - 3x)\mathrm{d}x$

$\quad = -\dfrac{x^3}{3} - \dfrac{3}{2}x^2\Big|_{-3}^0 = 4.5$

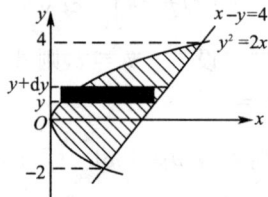

题 2(4) 图

(6) 提示：$S = S_1 + S_2$

$$\mathrm{d}S_1 = (2x - x)\mathrm{d}x, \mathrm{d}S_2 = (2x - x^2)\mathrm{d}x$$

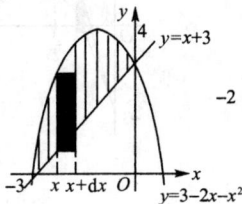

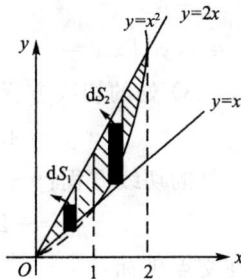

题 2(5) 图　　　　　　　　　　　　　题 2(6) 图

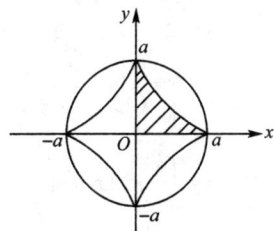

3. $S = 4S_1 = 4\displaystyle\int_0^a y\mathrm{d}x$　　利用 $\begin{cases} x = a\cos^3 t \\ y = a\sin^3 t \end{cases}$, $\begin{cases} x = 0, t = \dfrac{\pi}{2} \\ x = a, t = 0 \end{cases}$

$$S = 4\int_{\frac{\pi}{2}}^0 a\sin^3 t \cdot 3a\cos^2 t(-\sin t)\mathrm{d}t$$

$$= 12a^2\int_0^{\frac{\pi}{2}} \sin^4 t(1 - \sin^2 t)\mathrm{d}t = 12a^2\int_0^{\frac{\pi}{2}}(\sin^4 t - \sin^6 t)\mathrm{d}t$$

$$= 12a^2\left[\int_0^{\frac{\pi}{2}}\sin^4 t\mathrm{d}t - \int_0^{\frac{\pi}{2}}\sin^6 t\mathrm{d}t\right]$$

$$= 12a^2\left[\frac{3}{4}\times\frac{1}{2}\times\frac{\pi}{2} - \frac{5}{6}\times\frac{3}{4}\times\frac{1}{2}\times\frac{\pi}{2}\right]$$

$$= 12a^2\times\frac{1}{16}\times\frac{\pi}{2} = \frac{3}{8}\pi a^2$$

题 3 图

4. 如题 4 图所示建立直角坐标系.

(1) 设抛物线的方程为

$$y = -ax^2 + 4(a > 0)$$

当 $x = 4$ 时, $y = 0$, 即

$$0 = -16a + 4$$

得 $a = \dfrac{1}{4}$, 故 $y = -\dfrac{1}{4}x^2 + 4$

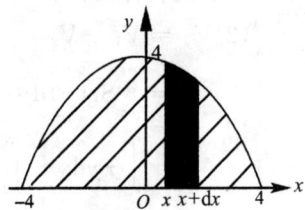

题 4 图

(2) $S = \displaystyle\int_{-4}^4\left(-\frac{1}{4}x^2 + 4\right)\mathrm{d}x = \left(-\frac{1}{12}x^3 + 4x\right)\Big|_{-4}^4 = \frac{64}{3}$

5. (1) 画图

$$y = -x^2 + 4x - 3 = -(x^2 - 4x) - 3 = -(x - 2)^2 + 1$$

顶点:$(2,1)$. 令 $y = 0$, 即

$$x^2 - 4x + 3 = 0$$

$$(x - 3)(x - 1) = 0$$

得　　　　　　　　　　　　　　　　$$x_1 = 1, x_2 = 3$$

令 $x = 0$, 得 $y = -3$

(2) 求在$(0,-3)$及$(3,0)$处的切线方程

$y'=-2x+4$

$y'|_{x=0}=4,y'|_{x=3}=-2$

故在$(0,-3)$处的切线方程:$y+3=4(x-0)$

即 $y=4x-3$

在$(3,0)$处的切线方程:$y-0=-2(x-3)$

即 $y=-2x+6$

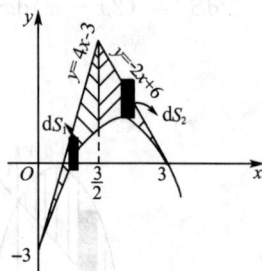

题 5 图

(3) 求在交点坐标

$\begin{cases} y=4x-3 \\ y=-2x+6 \end{cases}$,得交点 $x=\dfrac{3}{2}$

(4)$S=S_1+S_2$

$\mathrm{d}S_1=[(4x-3)-(-x^2+4x-3)]\mathrm{d}x,\mathrm{d}S_2=[(-2x+6)-(-x^2+4x-3)]\mathrm{d}x$

$S=\displaystyle\int_0^{\frac{3}{2}}(4x-3+x^2-4x+3)\mathrm{d}x+\int_{\frac{3}{2}}^3(-2x+6+x^2-4x+3)\mathrm{d}x$

$=\displaystyle\int_0^{\frac{3}{2}}x^2\mathrm{d}x+\int_{\frac{3}{2}}^3(x^2-6x+9)\mathrm{d}x$

$=\dfrac{1}{3}x^3\Big|_0^{\frac{3}{2}}+\left(\dfrac{1}{3}x^3-3x^2+9x\right)\Big|_{\frac{3}{2}}^3$

$=\dfrac{1}{3}\times\dfrac{27}{8}+\left(\dfrac{1}{3}\times27-3\times9+27-\dfrac{1}{3}\times\dfrac{27}{8}+3\times\dfrac{9}{4}-9\times\dfrac{3}{2}\right)$

$=9-\dfrac{27}{4}=\dfrac{9}{4}$

6.求旋转体的体积

(2)$V_y=V_1-V_2$

$=\displaystyle\int_0^1 S_1(y)\mathrm{d}y-\int_0^1 S_2(y)\mathrm{d}y$

$=\displaystyle\int_0^1\pi y\mathrm{d}y-\int_0^1\pi\left(\dfrac{y}{2}\right)\mathrm{d}y=\pi\int_0^1\left(\dfrac{y}{2}\right)\mathrm{d}y$

$=\dfrac{\pi}{4}y^2\Big|_0^1=\dfrac{\pi}{4}$

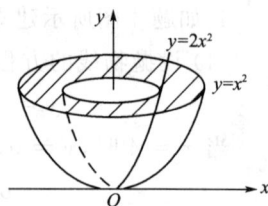

题 6(2) 图

(3)$V_x=V_1-V_2$

$=\displaystyle\int_0^1 S_1(x)\mathrm{d}x-\int_0^1 S_2(x)\mathrm{d}x$

$=\displaystyle\int_0^1\pi(x-x^4)\mathrm{d}x$

$=\pi\left(\dfrac{1}{2}x^2-\dfrac{1}{5}x^5\right)\Big|_0^1$

$=\pi\left(\dfrac{1}{2}-\dfrac{1}{5}\right)=\dfrac{3}{10}\pi$

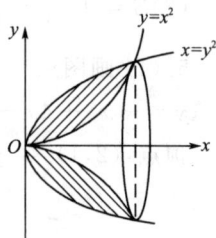

题 6(3) 图

7. 由 $x^2 + (y-b)^2 = a^2$

得上半圆方程：$y = b + \sqrt{a^2 - x^2}$

下半圆方程：$y = b - \sqrt{a^2 - x^2}$

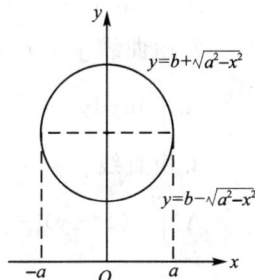

题 7 图

$V = V_1 - V_2$

$$= \int_{-a}^{a} S_1(x)\,dx - \int_{-a}^{a} S_2(x)\,dx$$

$$= \int_{-a}^{a} \pi(b + \sqrt{a^2 - x^2})^2\,dx - \int_{-a}^{a} \pi(b - \sqrt{a^2 - x^2})^2\,dx$$

$$= \int_{-a}^{a} \pi(b^2 + 2b\sqrt{a^2 - x^2} + a^2 - x^2 - b^2 + 2b\sqrt{a^2 - x^2}$$

$$\quad - a^2 + x^2)\,dx$$

$$= \int_{-a}^{a} 4b\pi\sqrt{a^2 - x^2}\,dx = 4b\pi \frac{\pi a^2}{2} = 2\pi^2 a^2 b$$

8. (1) $y = \dfrac{1}{10}x^2$ 绕 y 轴旋转形成旋转体的体积

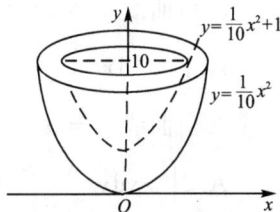

题 8 图

$$V_1 = \int_0^{10} \pi x^2\,dy = \int_0^{10} \pi(10y)\,dy = 10\pi \left. \frac{y^2}{2} \right|_0^{10} = 500\pi$$

(2) $y = \dfrac{1}{10}x^2 + 1$ 绕 y 轴旋转形成旋转体的体积

$$V_2 = \int_1^{10} \pi 10(y-1)\,dy = 10\pi \left. \left(\frac{y^2}{2} - y \right) \right|_1^{10} = 405\pi$$

(3) $V = V_1 - V_2 = (500 - 405)\pi = 95\pi$

(4) $m = 95\pi \times 7.8 = 741\pi$（克）

9. (1) 图中所示立体对应 x 的变化区间为 $[0, R]$，过任意一点 $x \in [0, R]$，作垂直于 x 轴的截面，截面图形是正方形，其面积：

$$S(x) = y^2 = R^2 - x^2$$

(2) $V_1 = \displaystyle\int_0^R S(x)\,dx = \int_0^R (R^2 - x^2)\,dx$

$$= \left. \left(R^2 x - \frac{1}{3}x^3 \right) \right|_0^R = \frac{2}{3}R^3$$

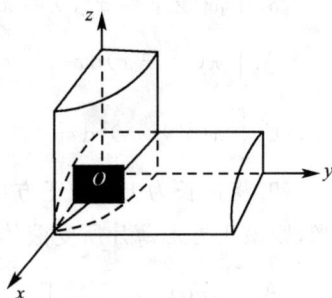

题 9 图

(3) 所求体积

$$V = 8V_1 = 8 \times \frac{2}{3}R^3 = \frac{16}{3}R^3$$

四、综合测试题

(一) 选择题

1. 求由曲线 $y = e^x$，直线 $x = 2$，$y = 1$ 围成的曲边梯形的面积时，若选择 x 为积分变量，则积分区间为（   ）

A. $[0,e^2]$ B. $[0,2]$ C. $[1,2]$ D. $[0,1]$

2. 由曲线 $y=e^x$,直线 $x=0,y=2$ 所围成的曲边梯形的面积为（   ）

A. $\int_1^2 \ln y\,dy$ B. $\int_0^{e^2} e^x\,dx$ C. $\int_1^{\ln2} \ln y\,dy$ D. $\int_0^2 (2-e^x)\,dx$

3. 由直线 $y=x,y=-x+1$,及 x 轴围成平面图形的面积为（   ）

A. $\int_0^1 [(1-y)-y]\,dy$ B. $\int_0^{\frac{1}{2}} [(-x+1)-x]\,dy$

C. $\int_0^{\frac{1}{2}} [(1-y)-y]\,dy$ D. $\int_0^1 [x-(-x+1)]\,dx$

4. 由曲线 $y=\ln x,y=\log_{\frac{1}{e}}x$,直线 $x=e$ 围成的曲边梯形,用微元法求解时,若选 x 为积分变量,面积微元为（   ）

A. $(\ln x+\log_{\frac{1}{e}}x)\,dx$ B. $(\ln x+\log_{\frac{1}{e}}x)\,dy$

C. $(\ln x-\log_{\frac{1}{e}}x)\,dx$ D. $(\ln x-\log_{\frac{1}{e}}x)\,dy$

5. 由曲线 $y=x^2$,直线 $x=-1,x=1,y=0$ 围成平面图形的面积为（   ）

A. $\int_{-1}^1 x^2\,dx$ B. $\int_0^1 x^2\,dx$ C. $\int_0^1 \sqrt{y}\,dy$ D. $2\int_0^1 \sqrt{y}\,dy$

6. 由曲线 $y=x^2,y=1$ 围成的平面图形绕 y 轴旋转形成旋转体的体积为（   ）

A. $2\int_0^1 \pi y\,dy$ B. $\frac{1}{2}\int_0^1 \pi x^2\,dx$ C. $\int_0^1 \pi y\,dy$ D. $\int_0^1 \pi x\,dx$

7. 由曲线 $y=\sqrt{x}$,直线 $x=1,y=0$ 围成的平面图形绕 x 轴旋转形成旋转体的体积为（   ）

A. $\int_0^1 \pi y\,dy$ B. $\int_0^1 x^2\,dx$ C. $\int_0^1 \pi y^2\,dy$ D. $\int_0^1 \pi x\,dx$

8. 由曲线 $y=x^2,y=x$ 围成的平面图形绕 x 轴旋转形成旋转体的体积为（   ）

A. $\int_0^1 \pi(x^2-x)\,dx$ B. $\int_0^1 \pi(x^2-x^4)\,dx$

C. $\int_0^1 \pi(x-x^2)^2\,dx$ D. $\int_0^1 \pi(x-x^4)\,dx$

9. 将边长为 1 米的正方形薄片垂直放于比重为 ρ 的液体中,使其上边距液面距离为 2 米,则该正方形薄片所受液体压力为（   ）.

A. $\int_2^3 x\rho\,dx$ B. $\int_1^2 (x+2)\rho\,dx$ C. $\int_0^1 x\rho\,dx$ D. $\int_2^3 (x+1)\rho\,dx$

（二）填空题

1. 由曲线 $y=\ln x$,直线 $x=1$ 及 $y=1$ 围成平面图形的面积,若选 y 为积分变量,利用定积分应表达为_____.

2. 由曲线 $y=\cos x$ 及 x 轴围成的介于 0 与 2π 之间的平面图形的面积,利用定积分应表达为_____.

3. 由曲线 $y=x^3$ 及 $y=2x$ 围成平面图形的面积,若选 x 为积分变量,利用定积分应表达为_____;若选 y 为积分变量,利用定积分应表达为_____.

4. 求由曲线 $y^2=x$ 与直线 $y=x-2$ 所围成的平面图形面积时,选_____为积分变量,计算比较简单.

5.由曲线 $y=f(x)(f(x)>0)$,直线 $x=a$,$x=b(a<b)$ 及 x 轴围成的曲边梯形,绕 x 轴旋转形成旋转体的体积为_____.

6.有一立体,对应变量 x 的变化区间为 $[-10,10]$,过任意点 $x\in[-10,10]$ 作垂直于 x 轴的平面截立体,其截面面积 $S(x)=\dfrac{\sqrt{3}}{4}(10^2-x^2)$,于是该立体的体积 $V=$_____.

7.由曲线 $y=\sqrt{x}$,直线 $y=1$ 及 y 轴围成的平面图形绕 y 轴旋转形成旋转体的体积为_____.

8.由曲线 $y=xe^{-x^2}$,直线 $x=1$ 及 x 轴围成平面图形的面积为_____.

9.一物体作变速直线运动,速度 $v=\sqrt{1+t}$ 米/秒,则物体运动开始后 8 秒内所经过的路程为_____米.

（三）判断题

1.图 所示阴影部分的面积可表达为 $\int_a^d |f(x)| dx.$ （　　）

2.曲线 $y=\sin x$ 在 $[0,2\pi]$ 上与 x 轴围成平面图形的面积为 $\int_0^{2\pi} \sin x dx.$ （　　）

3.求解平面图形的面积时,恰当选择积分变量可使计算简化.（　　）

4.用微元法求量 Q 时,Q 的微元 $dQ=f(x)dx$ 中的 dx,是微分符号,无任何实际意义.（　　）

（四）计算题

1.求下列各曲线围成的平面图形的面积

(1) $y=x^2$,$y=2-x$

(2) $y=6-x^2$,$y=x$

(3) $y^2=4(x+1)$,$y^2=-4(x-1)$

(4) $x^2+y^2=8$,$y=\dfrac{1}{2}x^2$（两部分均求）

(5) $y^2=2x+6$,$y=x-1$

(6) $y=x^2-8$,$2x+y+8=0$,$y=4$

(7) $y^3=x^2$,$y=\sqrt{2-x^2}$ （较小部分）

2.求位于 $y=e^x$ 下方,该曲线过原点的切线左方以及 x 轴上方之间的图形的面积.

3.求 C 的值 $(0<C<1)$,使两曲线 $y=x^2$ 与 $y=Cx^3$ 所围成图形的面积为 $\dfrac{2}{3}$.

4.求下列各曲线所围成平面图形绕指定轴旋转形成旋转体的体积.

(1) $xy=a(a>0)$,$x=a$,$x=2a$,$y=0$（x 轴）

(2) $y^2=x$,$y=x-2$（y 轴）

$(3) y^2 = x, x = 2 (x \text{ 轴})$

$(4)(x-5)^2 + y^2 = 16 (y \text{ 轴})$

$(5) y = \dfrac{1}{x}, y = x, x = 2 (x \text{ 轴})$

5.有一立体以抛物线 $y^2 = 2x$ 与直线 $x = 2$ 所围成的图形为底,而垂直于抛物线轴的截面都是等边三角形,求其体积.

6.按万有引力定律,两质点间的吸引力 $F = k\dfrac{m_1 m_2}{r^2}$,$k$ 为常数,m_1,m_2 为两质点的质量,r 为两点间距离,若两质点起始距离为 a,质点 m_1 沿直线移动至离 m_2 的距离为 b 处,试求所作之功 $(b>a)$.

7.半径等于 r 米的半球形水池,其中充满了水,把池内的水全部吸尽,需作多少功?

8.一梯形闸门,铅直地立于水中,上底与水面相齐,已知上底为 $2a$ 米,下底为 $2b$ 米,高为 h,求此闸门所受到的水压力 $(a>b)$.

第七章

常微分方程

一、本章教学目标及重点

【教学目标】

1.了解微分方程的一般概念,即微分方程、微分方程的阶、微分方程的解(包括:通解、初始条件解、特解)等概念.

2.熟练掌握可分离变量的微分方程解法以及一阶线性微分方程的公式求法,会解简单的齐次方程,能用微分方程解决简单的实际问题.

3.知道高阶微分方程 $y^{(n)} = f(x)$ 的解法,会用降阶法求高阶微分方程 $y'' = f(x, y')$、$y'' = f(y, y')$ 的解.

4.知道二阶线性微分方程解的结构,熟练掌握二阶常系数齐次线性微分方程的通解表达式,掌握自由项 $f(x) = P_n(x)e^{\lambda x}$ 的二阶常系数非齐次线性微分方程的解法,会解简单的自由项 $f(x) = A\cos\beta x$ 或 $f(x) = A\sin\beta x$ 的二阶常系数非齐次线性微分方程.

【知识点、重点归纳】

学习本章知识要准确理解微分方程的基本概念,例如,微分方程的定义、阶、解、特解、通解、初始条件;函数的线性相关性;线性微分方程解的结构;特征方程、特征根等,这些概念是解微分方程的基础.

解微分方程的关键是分清方程的类型,在判断微分方程的类型时,要注意方程的阶数;是否为线性的;是否是齐次的;其系数是否为常数等.

对一阶线性微分方程的解法可以用常数变易法也可以用公式法.

微分方程的应用主要是列方程解决实际问题.列微分方程首先要善于把所给的具体问题变为一个数学问题(建立数学模型);其次是把问题中的关系联系起来,找到函数的变化率与未知函数的联系.即抓住问题关键,把实际问题抽象成一个数学模型列出微分方程.要仔细分析已知条件与未知函数的关系,并借助其他学科的知识,解决问题.

本章的重点是:微分方程解的概念,可分离变量的微分方程,一阶线性微分方程,二阶常系数线性微分方程.

对于一阶微分方程要能够识别各种类型(如:可分离变量、一阶线性等),重点应放在求解各种类型的方程上,通过解题来熟练掌握求解方法.

对二阶常系数线性微分方程其难点是二阶常系数线性非齐次微分方程特解的求法,学习中应对特征根的不同情形其特解的设法加以练习,以便掌握其求法.

二、典型例题解析

【例 1】 已知 $y_1 = e^{ax}$，$y_2 = ae^{ax}$ 是方程 $y'' - ay' = 0$ 的解，则 $y = C_1 y_1 + C_2 y_2$（C_1，C_2 为任意常数）（   ）

A. 是方程的通解   B. 不一定是方程的解   C. 是方程的解，但不是方程的通解

【分析】 本题的要点是微分方程通解的概念."通解"首先是解，且满足：（1）含有任意常数；（2）任意常数的个数等于方程的阶数；（3）任意常数之间是相互独立的.

解 首先可验证 $y = C_1 y_1 + C_2 y_2$ 是所给二阶微分方程的解，但由于 $\frac{y_2}{y_1} = a$，所以 y_1，y_2 线性相关，从而 $y = C_1 y_1 + C_2 y_2$ 中的两个任意常数不相互独立，即 $y = C_1 y_1 + C_2 y_2$ 不是方程的通解，故应选择答案 C.

【例 2】 设 y_1，y_2 是微分方程 $y' + p(x)y = f(x)$ 的两个解（$y_1 \neq y_2$），写出该方程的通解.

【分析】 本题的要点是了解线性非齐次微分方程通解的结构，即"齐次通解加非齐次特解为非齐次通解". 因此，应设法构造齐次方程的解.

解 设 $y^* = y_1 - y_2$，则可证明 y^* 是方程 $y' + p(x)y = 0$ 的解，从而 $y = C(y_1 - y_2) + y_1$（C 为任意常数）是方程 $y' + p(x)y = f(x)$ 的解. 由微分方程通解的概念可知它即是该方程的通解.

【例 3】 求方程 $x\mathrm{d}y - y\mathrm{d}x = \sqrt{x^2 + y^2}\,\mathrm{d}x$ 满足初始条件 $y\big|_{x=1} = 0$ 的特解.

【分析】 此方程化为 $\dfrac{\mathrm{d}y}{\mathrm{d}x} = \dfrac{\sqrt{x^2 + y^2} + y}{x}$，显然它既不是一阶线性方程，也不是可分离变量方程. 但由于 $\dfrac{\sqrt{x^2 + y^2} + y}{x}$ 是关于 x，y 的齐次式，故它是一阶齐次方程. 可通过变换 $u = \dfrac{y}{x}$ 来求解.

解 当 $x \neq 0$ 时，原方程化为

$$\frac{\mathrm{d}y}{\mathrm{d}x} = \frac{\sqrt{x^2 + y^2}}{x} + \frac{y}{x}$$

此为一阶齐次方程.

设 $\dfrac{y}{x} = u$，即 $y = xu$，从而有 $\dfrac{\mathrm{d}y}{\mathrm{d}x} = u + x\dfrac{\mathrm{d}u}{\mathrm{d}x}$，将其代入上式，得

$$u + x\frac{\mathrm{d}u}{\mathrm{d}x} = \sqrt{1 + u^2} + u$$

即

$$x\frac{\mathrm{d}u}{\mathrm{d}x} = \sqrt{1 + u^2}$$

此方程为可分离变量方程，当 $x \neq 0$ 时分离变量可得其解为

$$\ln(u+\sqrt{1+u^2}) = \ln\mid x\mid+C_1$$

即
$$u+\sqrt{1+u^2} = Cx(其中\ C = e^{C_1})$$

将 $u = \dfrac{y}{x}$ 带入可得 $\dfrac{y}{x}+\sqrt{1+\dfrac{y^2}{x^2}} = Cx$，即原方程的通解为

$$\sqrt{x^2+y^2}+y = Cx^2(其中\ C > 0,且\ x \neq 0)$$

将初始条件 $y\mid_{x=1} = 0$ 代入可得 $C = 1$. 因此，所求方程的特解为

$$\sqrt{x^2+y^2}+y = x^2$$

【例 4】 解方程 $yy'+\dfrac{1}{x}y^2 = x$.

【分析】 此方程不是可分离变量方程，也不是一阶线性方程，但如注意 $yy' = \dfrac{1}{2}(y^2)'$，方程可化为关于 y^2 的一阶线性方程.

解 原方程化为

$$(y^2)'+\dfrac{2}{x}y^2 = 2x$$

令 $u = y^2$，则

$$u'+\dfrac{2}{x}u = 2x$$

此方程为一阶线性方程，可求得其通解为

$$u = \dfrac{1}{2}x^2+\dfrac{C}{x^2}$$

将 $u = y^2$ 代入得原方程的通解为

$$y^2 = \dfrac{1}{2}x^2+\dfrac{C}{x^2}$$

由以上两例可知：许多微分方程可经过简单的变换化为可分离变量方程或一阶线性方程，进而求得其解.

大多数高阶方程很难给出具体的求解方法或求解公式，但一些简单的高阶方程可通过变换降低其阶数，进而求得方程的通解. 教材中重点介绍了"$y'' = f(x,y')$"以及"$y'' = f(y,y')$"两种类型高阶方程的求解方法.

【例 5】 已知某曲线的方程 $y = f(x)$ 满足微分方程 $yy''+(y')^2 = 1$，并且与另一曲线 $y = e^{-x}$ 相切于点 $(0,1)$，求此曲线的方程.

【分析】 本题的关键是求微分方程 $yy''+(y')^2 = 1$ 的通解. 这是一个非线性二阶微分方程，且方程 $yy''+(y')^2 = 1$ 中不显含 x，故可设 $y' = p(y)$，此时 $y'' = pp'$，该方程可化为可分离变量方程，进而可求得原方程的通解.

解 设 $y' = p(y)$，则

$$y'' = \dfrac{dp}{dy}\dfrac{dy}{dx} = pp'$$

将其代入方程 $yy''+(y')^2 = 1$，可得

$$ypp' + p^2 = 1$$

此为可分离变量方程,分离变量得

$$\frac{p}{1-p^2}\mathrm{d}p = \frac{1}{y}\mathrm{d}y$$

两边积分得其通解为

$$\frac{1}{2}\ln|p^2-1| = -\ln|y| + C$$

即

$$\ln|p^2-1| = \ln\frac{C_1^2}{y^2},(其中\ C = \ln C_1)$$

解得

$$p = \pm\frac{\sqrt{C_1^2+y^2}}{y}$$

将 $p = y'$ 代入得

$$y' = \pm\frac{\sqrt{C_1^2+y^2}}{y} \tag{1}$$

此为可分离变量方程,解得其通解为

$$\sqrt{y^2+C_1^2} = \pm x + C_2 \tag{2}$$

因为曲线与 $y = \mathrm{e}^{-x}$ 相切于点 $(0,1)$,且 $y' = (\mathrm{e}^{-x})' = -\mathrm{e}^{-x}$

所以 $y = f(x)$ 应满足

$$y|_{x=0} = 1, y'|_{x=0} = -1$$

将其代入式(1)有 $C_1 = 0$,且 $y' = \frac{\sqrt{C_1^2+y^2}}{y}$ 不合题意,故式(2)应为

$$y = -x + C_2$$

由 $y|_{x=0} = 1$ 可得 $C_2 = 1$,因此所求曲线方程为

$$y = 1 - x$$

【例6】 解方程 $y'' - ay'^2 = 0$.

【分析】 由于该方程不显含自变量 x,也不显含未知函数 y,故可用两种方法求解.

解法一 设 $y' = p(x)$,则 $y'' = p'$

此时原方程可化为

$$p' - ap^2 = 0$$

当 $p \neq 0$ 时,得

$$\frac{\mathrm{d}p}{p^2} = a\mathrm{d}x$$

两边积分,可得

$$\frac{1}{p} = -ax + C_1$$

即

$$p = \frac{1}{C_1 - ax}$$

将 $p = y'$ 代入上式,得

$$y' = \frac{1}{C_1 - ax}$$

两边积分得

$$y = -\frac{1}{a}\ln|C_1 - ax| + C_2$$

当 $p = 0$ 时,得 $y' = 0$.此时解得 $y = C$.

因此原方程的通解为

$$y = -\frac{1}{a}\ln \mid C_1 - ax \mid + C_2 \text{ 或 } y = C$$

解法二　设 $y' = p(y)$，则　$y'' = \dfrac{\mathrm{d}p}{\mathrm{d}y}\dfrac{\mathrm{d}y}{\mathrm{d}x} = pp'$

将其代入原方程，得　　　　　　　　　　　$pp' - ap^2 = 0$

即　　　　　　　　　　　　　　　　　　　$p(p' - ap) = 0$

当 $p = 0$ 时，得 $y' = 0$，即 $y = C$.

当 $p' - ap = 0$ 时，得 $\dfrac{\mathrm{d}p}{\mathrm{d}y} = ap$

即　　　　　　　　　　　　　　　　　　　$\dfrac{\mathrm{d}p}{p} = a\mathrm{d}y$

两边积分，得　　　　　　　　　　　　　　$\ln \mid p \mid = ay + \ln C_1$

即　　　　　　　　　　　　　　　　　　　$p = C_1 \mathrm{e}^{ay}$

将 $p = y'$ 代入，得 $y' = C_1 \mathrm{e}^{ay}$

即　　　　　　　　　　　　　　　　　　　$\mathrm{e}^{-ay}\mathrm{d}y = C_1 \mathrm{d}x$

两边积分，得　　　　　　　　　　　　　　$-\dfrac{1}{a}\mathrm{e}^{-ay} = C_1 x + C_2$

即　　　　　　　　　　　　　　　$y = -\dfrac{1}{a}\ln \mid -aC_1 x - aC_2 \mid$

或　　　　　　　　　　　　　　　$y = -\dfrac{1}{a}\ln \mid C_1 - ax \mid + C_2$

因此原方程的通解为

$$y = -\frac{1}{a}\ln \mid C_1 - ax \mid + C_2 \text{ 或 } y = C$$

二阶常系数线性微分方程解的结构定理是求解二阶常系数线性微分方程的理论基础，因此二阶常系数线性齐次微分方程 $y'' + py' + q = 0$ 可由其特征方程 $r^2 + pr + q = 0$ 的特征根的情况得出通解，其通解表达式见表 7-1.

表 7-1

判别式	特征根	通解表达式
$p^2 - 4q > 0$	$r_1 \neq r_2$(不等实根)	$y = C_1 \mathrm{e}^{r_1 x} + C_2 \mathrm{e}^{r_2 x}$
$p^2 - 4q = 0$	$r_1 = r_2 = r$(相等实根)	$y = (C_1 + C_2 x)\mathrm{e}^{rx}$
$p^2 - 4q < 0$	$r_{1,2} = \alpha \pm \beta \mathrm{i}, \beta \neq 0$	$y = \mathrm{e}^{ax}(C_1 \cos\beta x + C_2 \sin\beta x)$

关于求二阶常系数线性非齐次微分方程

$$y'' + py' + q = f(x)$$

的通解，关键是求非齐次方程的一个特解. 教材中重点介绍了自由项 $f(x) = p_n(x)\mathrm{e}^{\lambda x}$ 时方程特解的求法，以及 $f(x) = A\sin\beta x$ 或 $f(x) = A\cos\beta x$ 时其特解的求法. 对 λ 以及 β 的不同取值情况方程特解的设法见表 7-2.

表 7-2

	$f(x)=p_n(x)e^{\lambda x}$		$f(x)=A\sin\beta x$ 或 $f(x)=A\cos\beta x$
λ 不是特征根	$y^*=Q_n(x)e^{\lambda x}=Q(x)e^{\lambda x}$	βi 不是特征根	$y^*=a\cos\beta x+b\sin\beta x$
λ 是特征单根	$y^*=xQ_n(x)e^{\lambda x}=Q(x)e^{\lambda x}$	βi 是特征根	$y^*=x[a\cos\beta x+b\sin\beta x]$
λ 是特征重根	$y^*=x^2Q_n(x)e^{\lambda x}=Q(x)e^{\lambda x}$		
可将 $Q(x)$ 代入 $Q''(x)+(2\lambda+p)Q'(x)+(\lambda^2+p\lambda+q)Q(x)=p_n(x)$ 来确定 $Q(x)$ 的系数		可将 y^* 代入原方程比较恒等式两边 $\sin\beta x$ 和 $\cos\beta x$ 的系数来确定 a 和 b	

【例 7】 选择题

(1) 已知 $y=e^{-x}$ 是 $y''+ay'-2y=0$ 的一个解，则 $a=$（　　）

A. 0 　　　　　　　 B. 1 　　　　　　　 C. -1 　　　　　　　 D. 2

解 因为 $y=e^{-x}$ 是方程 $y''+ay'-2y=0$ 的解，故 $r=-1$ 是特征方程 $r^2+ar-2=0$ 的特征根，因此有 $(-1)^2-a-2=0$，解得 $a=-1$. 因此选择答案 C.

(2) 方程 $y''-2y=e^x$ 的特解可设为 $y^*=$（　　）

A. Ae^x 　　　　　 B. Axe^x 　　　　　 C. Ax^2e^x 　　　　　 D. e^x

【分析】 本题的要点是二阶常系数线性非齐次微分方程特解的设法. 应判明 $f(x)=p_n(x)e^{\lambda x}$ 中的 λ 是否为特征根再设特解.

解 因为特征方程是 $r^2-2=0$，特征根 $r=\pm\sqrt{2}$，而 $\lambda=1$ 不是特征根，故原方程的特解可设为 $y^*=Ae^x$，因此选择答案 A.

(3) 下列方程中以 $y=C_1e^x+C_2xe^x+x+2$ 为通解的是（　　）

A. $y''+2y'+y=0$ 　　　　　　　　 B. $y''-2y'+y=x$

C. $y''-2y'+y=-x$ 　　　　　　　 D. $y''+2y'+y=x+4$

【分析】 本题所给函数 $y=C_1e^x+C_2xe^x+x+2$ 中的一部分 $C_1e^x+C_2xe^x$ 是一线性齐次方程的通解，另一部分 $x+2$ 是线性非齐次方程的特解，应首先验证 $C_1e^x+C_2xe^x$ 是哪个齐次方程的解，再将 $x+2$ 代入该方程即可判明.

解 因为 $y''+2y'+y=0$ 的特征根为 $r_1=r_2=-1$，而 $y''-2y'+y=0$ 的特征根为 $r_1=r_2=1$，故 $y=C_1e^x+C_2xe^x$ 是方程 $y''-2y'+y=0$ 的通解. 将 $y^*=x+2$ 代入 B，可知 $y^*=x+2$ 是方程 $y''-2y'+y=x$ 的解，故应选择答案 B.

【例 8】 求下列微分方程的一个特解

(1) $y''-2y'+3y=3x+1$；

(2) $y''+y=2\cos x$.

【分析】 这两个方程都是二阶常系数线性非齐次方程，根据它们自由项 $f(x)$ 的特点，都可用待定系数法求其特解.

解 (1) 因为 $y''-2y'+3y=3x+1$ 的特征方程为 $r^2-2r+3=0$

其特征根为
$$r_1=1\pm\sqrt{2}i$$

由于 $f(x)=3x+1$，且 $\lambda=0$ 不是特征根

故可设原方程的特解为 $$y^* = ax + b$$
把 y^* 代入原方程,化简得
$$3ax + 3b - 2a = 3x + 1$$

比较两边的系数,得
$$\begin{cases} 3a = 3 \\ -2a + 3b = 1 \end{cases}$$

解得 $a = 1, b = 1$.
所以原方程的一个特解是
$$y^* = x + 1$$

(2) 因为 $y'' + y = 2\cos x$ 的特征方程是 $r^2 + 1 = 0$,其特征根为 $r = \pm i$,而 $\pm \beta i = \pm i$
是特征方程的特征根
故可设原方程的特解为
$$y^* = x(a\cos x + b\sin x)$$

代入原方程,化简得
$$2b\cos x - 2a\sin x = 2\cos x$$

比较两边系数,得
$$\begin{cases} 2b = 2 \\ -2a = 0 \end{cases}$$

解得 $b = 1, a = 0$.
所以原方程的一个特解是 $$y^* = x\sin x$$

【例 9】　求方程 $y'' - y' = 2 + x\mathrm{e}^{-x}$ 的一个特解.

【分析】　本题中自由项 $f(x) = 2 + x\mathrm{e}^{-x}$,由线性方程的结构可知:若方程 $y'' - y' = 2$ 的解为 y_1,而方程 $y'' - y' = x\mathrm{e}^{-x}$ 的解为 y_2,则 $y = y_1 + y_2$ 即是方程 $y'' - y' = 2 + x\mathrm{e}^{-x}$ 的解.由此我们可先分别求出这两个方程的解.

【解】　方程 $y'' - y' = 2 + x\mathrm{e}^{-x}$ 的特征方程为 $r^2 - r = 0$,其特征根为 $r_1 = 0, r_2 = 1$
在方程 $y'' - y' = 2$ 中 $f(x) = 2$,而 $\lambda = 0$ 是特征单根
故可设 $$y_1 = ax$$
将其代入上述方程,可解得 $$a = -2$$
即 $$y_1 = -2x$$
在方程 $y'' - y' = x\mathrm{e}^{-x}$ 中 $f(x) = x\mathrm{e}^{-x}, \lambda = -1$ 不是特征根
故可设 $$y_2 = Q(x)\mathrm{e}^{-x}$$
其中,$Q(x) = ax + b$ 满足
$$Q''(x) + (2\lambda + p)Q' + (\lambda^2 + p\lambda + q)Q(x) = p_n(x)$$
即 $$-3a + 2(ax + b) = x$$
解得 $$a = \frac{1}{2}, b = \frac{3}{4}$$
即 $$y_2 = \left(\frac{1}{2}x + \frac{3}{4}\right)\mathrm{e}^{-x}$$

综上可知原方程的一个特解为
$$y^* = \left(\frac{1}{2}x + \frac{3}{4}\right)\mathrm{e}^{-x} - 2x$$

【例 10】　　一容器内盛有盐水 100 升,含盐 50 克,现以含有 2 克 / 升的盐水流入容器内,流量为 3 升 / 分.设流入盐水与原有盐水被搅拌而成为均匀的混合物.同时混合物又以流量 2 升 / 分流出,试求在 30 分钟后容器内的含盐量.

【分析】　　若设 t 时刻容器的含盐量为 $x = x(t)$,则此时浓度为 $\dfrac{x}{100+(3-2)t}$,因此可求得 t 到 $t + \mathrm{d}t$ 时刻的流入盐量为 $2 \times 3\mathrm{d}t$ 克,流出盐量约为 $\dfrac{x}{100+t} \times 2\mathrm{d}t$ 克($\mathrm{d}t$ 时间内浓度近似看成不变),由此可得 $\mathrm{d}x = f(x,t)\mathrm{d}t$. 此即为关于 $x = x(t)$ 的微分方程,因此求其解.

解　　设 t 时刻容器的含盐量为 $x = x(t)$,经过 $\mathrm{d}t$ 分钟后容器内含盐的改变量为 $\mathrm{d}x$,由题意可得

$$\mathrm{d}x = 2 \times 3\mathrm{d}t - \frac{2x}{100+(3-2)t}\mathrm{d}t$$

即

$$\frac{\mathrm{d}x}{\mathrm{d}t} = 6 - \frac{2x}{100+t}$$

此为一阶线性方程,且满足　　　　　$x\,|_{t=0} = 50$

解上面的初值问题可得　　　$x = 2(100+t) - \dfrac{1.5 \times 10^6}{(100+t)^2}$

当 $t = 30$ 时　　　　　　　　　$x \approx 171$

即 30 分钟后容器内的含盐量约为 171 克.

【例 11】　　如图 7-1 所示,在 $R\text{-}C$ 电路中,已知开关 K 关闭前电容上电量为零,把开关合上,电源开始对电容充电,求电容两端电压 u_C 随时间 t 的变化规律.

【分析】　　本题的关键是如何建立关于未知函数 u_C 的函数方程.当开关关闭后,由回路定律应用 $u_C + u_R = E$. 等式中 u_C 是未知函数,而 $u_R = Ri$,并且 $i = \dfrac{\mathrm{d}q}{\mathrm{d}t} = \dfrac{\mathrm{d}(Cu_C)}{\mathrm{d}t} = Cu_C'$,因此可得方程

$$u_C + RCu_C' = E$$

此为含有未知函数 u_C 的微分方程,且满足初始条件 $u_C\,|_{t=0} = 0$.

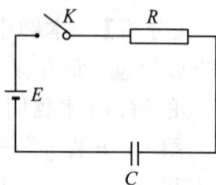

图 7-1

解　　设 t 时刻电容两端电压为 $u_C = u_C(t)$.

因为　　　　　　　　　　　　$Cu_C = q$

所以　　　　　　　　　　　　$C\dfrac{\mathrm{d}u_C}{\mathrm{d}t} = \dfrac{\mathrm{d}q}{\mathrm{d}t}$

即　　　　　　　　　　　　　$i = Cu_C'$

由回路定律可知:$u_C + u_R = E$,而 $u_R = Ri$,因此可得

$$CRu_C' + u_C = E$$

且由题意可知 $u_C\,|_{t=0} = 0$.解上面的初值问题得 $u_C = E(1 - \mathrm{e}^{\frac{t}{CR}})$.

我们可通过函数 $u_C = E(1 - \mathrm{e}^{\frac{t}{CR}})$ 来分析给电容充电时,电容两端电压在瞬间的变化规律.

【例 12】　如图 7-2 所示，一质量为 m 的质点，受一引力作用沿水平方向运动．若开始时质点在距引力点 x_0 处是静止的，引力点 O 与质点在同一水平线上，且引力的大小与质点和引力点 O 的距离成正比（比例系数为 k），求质点在 t 时刻的位置．

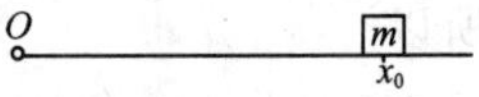

图 7-2

【分析】　本题是运动学问题．一般地，利用牛顿第二定律 $f = ma = ms''(t)$，即可建立关于 $s(t)$ 的微分方程（若利用 $v'(t) = a$，即可建立关于 $v(t)$ 的微分方程）．

解　设 t 时刻质点的位置是 $x = x(t)$，由已知该处质点所受引力为 $f = -kx$（引力与运动方向相反前面取负号），根据牛顿第二定律有 $mx'' = -kx$，即

$$x'' + \frac{k}{m}x = 0$$

且

$$x\big|_{t=0} = x_0, \; x'\big|_{t=0} = 0$$

因 $x'' + \dfrac{k}{m}x = 0$ 是二阶常系数线性微分方程，不难求出其通解为

$$x = C_1 \cos\left(\sqrt{\frac{k}{m}} \cdot t\right) + C_2 \sin\left(\sqrt{\frac{k}{m}} \cdot t\right)$$

将初始条件代入，最后得

$$x = x_0 \cos\left(\sqrt{\frac{k}{m}} \cdot t\right).$$

三、教材典型习题和难题解答

习题 7-1

B　组

1.验证 $y = \mathrm{e}^{\frac{y}{x}}$ 是方程 $y^2\,\mathrm{d}x + (x^2 - xy)\,\mathrm{d}y = 0$ 的解．

解　对函数 $y = \mathrm{e}^{\frac{y}{x}}$ 两边求微分得

$$\mathrm{d}y = \mathrm{e}^{\frac{y}{x}}\left(\frac{x\mathrm{d}y - y\mathrm{d}x}{x^2}\right)$$

即 $(x^2 - \mathrm{e}^{\frac{y}{x}}x)\mathrm{d}y = -\mathrm{e}^{\frac{y}{x}}y\mathrm{d}x$．将 $y = \mathrm{e}^{\frac{y}{x}}$ 代入可得

$$y^2\,\mathrm{d}x + (x^2 - xy)\,\mathrm{d}y = 0$$

2.说明函数 $y = C_1 \mathrm{e}^x + C_2 \mathrm{e}^{-x} + x + 2$ 是方程 $y'' - 2y' + y = x$ 的通解，并求出其满足初始条件 $y\big|_{x=0} = 4, \; y'\big|_{x=0} = 2$ 的一个特解．

解　验证 $y = C_1 \mathrm{e}^x + C_2 \mathrm{e}^{-x} + x + 2$ 是二阶方程 $y'' - 2y' + y = x$ 的解（略）．

因为 $y = C_1 \mathrm{e}^x + C_2 \mathrm{e}^{-x} + x + 2$ 中含有两个任意常数 C_1, C_2，且它们相互独立

所以 $\qquad\qquad\qquad y = C_1 e^x + C_2 e^{-x} + x + 2 \qquad\qquad\qquad$ (1)

是方程 $y'' - 2y' + y = x$ 的通解.

将 $y|_{x=0} = 4$ 代入(1)式得 $C_1 + C_2 = 2$

将(1)式求导得

$$y' = C_1 e^x - C_2 e^{-x} + 1 \qquad\qquad\qquad (2)$$

将 $y'|_{x=0} = 2$ 代入(2)式得 $C_1 - C_2 = 1$. 因此可解得 $C_1 = \dfrac{3}{2}, C_2 = \dfrac{1}{2}$. 故原方程满足初始条件 $y|_{x=0} = 4, y'|_{x=0} = 2$ 的解为

$$y = \frac{3}{2} e^x + \frac{1}{2} e^{-x} + x + 2$$

3. 设曲线上任意一点 $P(x,y)$ 处的切线与直线 $y = \dfrac{\sqrt{3}}{3} x$ 所成的角是 $30°$, 求该曲线所满足的微分方程.

解 设曲线方程为 $y = f(x)$, 由导数的几何意义可知: 曲线上过点 $P(x,y)$ 处切线的斜率为 $k_p = \dfrac{\mathrm{d}y}{\mathrm{d}x}$, 而直线 $y = \dfrac{\sqrt{3}}{3} x$ 的斜率 $k_0 = \dfrac{\sqrt{3}}{3}$

依题意可得

$$\frac{|k_p - k_0|}{1 + k_p k_0} = \tan 30°$$

因此, 曲线 $y = f(x)$ 满足的微分方程是

$$\frac{\dfrac{\mathrm{d}y}{\mathrm{d}x} - \dfrac{\sqrt{3}}{3}}{1 + \dfrac{\sqrt{3}}{3} \dfrac{\mathrm{d}y}{\mathrm{d}x}} = \pm \frac{\sqrt{3}}{3}$$

习题 7-2

B 组

1. 解下列微分方程

(1) $\mathrm{d}y + y\tan x \mathrm{d}x = 0$ $\qquad\qquad$ (2) $(1+x^2)\mathrm{d}y - \sqrt{1-y^2}\mathrm{d}x = 0$

(3) $xy' + 2y = e^{-x^2}$ $\qquad\qquad\qquad$ (4) $(1+x^2)y' - 2xy = (1+x^2)^2$

(5) $y' + \dfrac{1-2x}{x^2} y = 1$

解 (1) 分离变量得 $\dfrac{\mathrm{d}y}{y} = -\tan x \mathrm{d}x$, 解得方程的通解为 $y = C\cos x$.

(2) 将方程分离变量得 $\dfrac{\mathrm{d}y}{\sqrt{1-y^2}} = \dfrac{\mathrm{d}x}{1+x^2}$, 解得方程的通解为

$$y = \sin(\arctan x + C)$$

（3）方程 $xy' + 2y = \mathrm{e}^{-x^2}$ 可化为 $y' + \dfrac{2}{x}y = \dfrac{1}{x}\mathrm{e}^{-x^2}$

此为一阶线性方程，其中 $P(x) = \dfrac{2}{x}$，$Q(x) = \dfrac{1}{x}\mathrm{e}^{-x^2}$

因 $\qquad\qquad \mathrm{e}^{-\int P(x)\mathrm{d}x} = \mathrm{e}^{-\int \frac{2}{x}\mathrm{d}x} = \dfrac{1}{x^2}$，$\displaystyle\int Q(x)\mathrm{e}^{\int P(x)\mathrm{d}x}\mathrm{d}x = \int x\mathrm{e}^{-x^2}\mathrm{d}x = -\dfrac{1}{2}\mathrm{e}^{-x^2}$

故原方程的通解为

$$y = -\frac{1}{2x^2}\mathrm{e}^{-x^2} + \frac{C}{x^2}$$

（4）方程 $(1 + x^2)y' - 2xy = (1 + x^2)^2$ 可化为 $y' - \dfrac{2x}{1 + x^2}y = 1 + x^2$

这是一阶线性方程，其中 $\qquad P(x) = -\dfrac{2x}{1 + x^2}$，$Q(x) = 1 + x^2$

从而 $\qquad\qquad \mathrm{e}^{-\int P(x)\mathrm{d}x} = \mathrm{e}^{-\int -\frac{2x}{1+x^2}\mathrm{d}x} = 1 + x^2$，$\displaystyle\int Q(x)\mathrm{e}^{\int P(x)\mathrm{d}x}\mathrm{d}x = \int \mathrm{d}x = x$

所以原方程的通解为

$$y = (1 + x^2)(x + C)$$

（5）在线性方程 $y' + \dfrac{1 - 2x}{x^2}y = 1$ 中，$P(x) = \dfrac{1 - 2x}{x^2}$，$Q(x) = 1$

从而 $\qquad\qquad\qquad \mathrm{e}^{-\int P(x)\mathrm{d}x} = \mathrm{e}^{\int \left(\frac{2}{x} - \frac{1}{x^2}\right)\mathrm{d}x} = x^2\mathrm{e}^{\frac{1}{x}}$

$$\int Q(x)\mathrm{e}^{\int P(x)\mathrm{d}x}\mathrm{d}x = \int \frac{1}{x^2}\mathrm{e}^{-\frac{1}{x}}\mathrm{d}x = \mathrm{e}^{-\frac{1}{x}}$$

因此，原方程的通解为

$$y = x^2(1 + C\mathrm{e}^{\frac{1}{x}})$$

2.用变量替换法求下列方程的通解

（1）$\dfrac{\mathrm{d}y}{\mathrm{d}x} = \tan\dfrac{y}{x} + \dfrac{y}{x}$；　　　　　　　　　　　　（2）$x\dfrac{\mathrm{d}y}{\mathrm{d}x} = y\ln\dfrac{y}{x}$；

（3）$y' - (y - x)^2 = 1$（提示：可设 $u = y - x$）；　　（4）$\dfrac{\mathrm{d}y}{\mathrm{d}x} = (x + y)^2$；

解　（1）该方程是一阶齐次方程，设 $u = \dfrac{y}{x}$，则有 $y = xu$，因此得 $\dfrac{\mathrm{d}y}{\mathrm{d}x} = u + x\dfrac{\mathrm{d}u}{\mathrm{d}x}$，将

其代入原方程得 $u + x\dfrac{\mathrm{d}u}{\mathrm{d}x} = \tan u + u$，即

$$x\frac{\mathrm{d}u}{\mathrm{d}x} = \tan u$$

此为可分离变量方程，分离变量得 $\qquad \dfrac{\mathrm{d}u}{\tan u} = \dfrac{\mathrm{d}x}{x}$

两边积分可解得其通解 $\qquad\qquad \sin u = Cx$

将 $u = \dfrac{y}{x}$ 代入可得原方程的通解为

104   新编高等数学学习指导

$$\sin\frac{y}{x} = Cx$$

（2）原方程化为 $\dfrac{dy}{dx} = \dfrac{y}{x}\ln\dfrac{y}{x}$，此为一阶齐次方程.

设 $u = \dfrac{y}{x}$，则方程可化为

$$u + x\frac{du}{dx} = u\ln u$$

此方程为变量可分离方程.

分离变量得
$$\frac{du}{u(\ln u - 1)} = \frac{dx}{x}$$

两边积分可解得该方程的通解为
$$u = e^{Cx+1}$$

将 $u = \dfrac{y}{x}$ 代入可得原方程的通解为

$$y = xe^{Cx+1}$$

（3）方程 $y' - (y-x)^2 = 1$ 可化为 $(y-x)' - (y-x)^2 = 0$，此为关于 $y-x$ 的微分方程.

设 $u = y - x$，则原方程可化为 $u' - u^2 = 0$，解得 $\dfrac{1}{u} = -(x+C)$，

即
$$u = -\frac{1}{x+C}$$

将 $u = y - x$ 代入得原方程的通解为

$$y = x - \frac{1}{x+C}$$

（4）设 $u = y + x$，则原方程可化为 $u' = u^2 + 1$

解得其通解为 $\qquad u = \tan(x+C)$

将 $u = y + x$ 代入可得原方程的通解为

$$y = \tan(x+C) - x$$

3．求下列微分方程满足初始条件的特解

（1）$LR\dfrac{dU}{dt} + U = E, U\big|_{t=0} = U_0$

（2）$(1+x^2)dy = (1+xy)dx, y\big|_{x=1} = 0.$

解 （1）该方程为一阶线性方程，其通解为 $\quad U = E + Ce^{-\frac{t}{LR}}$

将条件 $U\big|_{t=0} = U_0$ 代入通解中可得 $\quad C = U_0 - E$

故所求方程的解为
$$U = E + (U_0 - E)e^{-\frac{t}{LR}}$$

（2）方程 $(1+x^2)dy = (1+xy)dx$ 化为 $y' - \dfrac{x}{1+x^2}y = \dfrac{1}{1+x^2}$

这是一阶线性方程

其中
$$e^{-\int P(x)dx} = e^{\int \frac{x}{1+x^2}dx} = \sqrt{1+x^2}$$

$$\int Q(x)e^{\int P(x)dx}dx = \int \frac{1}{(1+x^2)^{\frac{3}{2}}}dx = \frac{x}{\sqrt{1+x^2}}$$

因此,原方程的通解为

$$y = x - C\sqrt{1+x^2}$$

将 $y|_{x=1} = 0$ 代入通解中可得
$$C = \frac{\sqrt{2}}{2}$$

因此所求方程的特解为

$$y = x - \sqrt{\frac{1+x^2}{2}}$$

4. 一曲线上任意一点处切线的斜率等于自原点到该点的连线斜率的 2 倍,且曲线过点 $A\left(1, \frac{1}{3}\right)$,求该曲线的方程.

解　设所求曲线为 $y = y(x)$,则过曲线上任意一点 $P(x, y)$ 的切线的斜率为 $k = y'$.连线 OP 的斜率为 $k_{OP} = \frac{y}{x}$

依题意有

$$y' = 2\frac{y}{x}$$

并且
$$y|_{x=1} = \frac{1}{3}$$

解方程 $y' = 2\frac{y}{x}$ 得其通解为

$$y = Cx^2$$

代入条件 $y|_{x=1} = \frac{1}{3}$ 得
$$C = \frac{1}{3}$$

因此,所求曲线方程为

$$y = \frac{1}{3}x^2$$

5. 质量为 m 的子弹以初速度 v_0 水平射出.设介质阻力的水平分力与水平速度的 n 次方成正比 $(n > 1)$.求 t 秒时子弹的水平速度 v.若 $n = 2, v_0 = 800$ 米 / 秒,且当 $t = \frac{1}{2}$ 秒时,$v = 700$ 米 / 秒.求 $t = 1$ 秒时子弹的水平速度.

解　设 t 时刻子弹的水平速度为 $v = v(t)$

依题意,此时子弹所受的水平方向的合力为 $f = -kv^n$

由于 $a = v'$,由牛顿第二定律可得

$$mv' = -kv^n$$

方程 $mv' = -kv^n$ 的通解为

$$\frac{1}{n-1}v^{1-n} = \frac{k}{m}t + C$$

将 $v|_{t=0} = v_0$ 代入上式得 $C = \frac{1}{n-1}v_0^{1-n}$

因此有 $\frac{1}{n-1}v^{1-n} = \frac{k}{m}t + \frac{1}{n-1}v_0^{1-n}$

即 $v^{1-n} - v_0^{1-n} = (n-1)\frac{k}{m}t$

在上式中取 $n = 2, v_0 = 800$ 得 $v^{-1} - \frac{1}{800} = \frac{k}{m}t$,再由 $t = \frac{1}{2}, v = 700$ 得 $\frac{k}{m} = \frac{1}{2800}$

所以有 $v^{-1} = \frac{1}{2800}t + \frac{1}{800}$

当 $t = 1$ 时,$v^{-1} = \frac{1}{2800} + \frac{1}{800} = \frac{9}{5600}$

因此,当 $t = 1$ 时子弹的水平速度为 $v = \frac{5600}{9} \approx 622.22$ 米 / 秒

习题 7-3

B   组

解微分方程:

3. $(1+x^2)y'' = 2xy', y|_{x=0} = 1, y'|_{x=0} = 3$

解   设 $y' = p(x)$,则 $y'' = p'$.将其代入原方程可得

$$(1+x^2)p' = 2xp$$

分离变量得其通解为 $p = C_1(x^2+1)$

即 $y' = C_1(x^2+1)$

将 $y'|_{x=0} = 3$ 代入 $y' = C_1(x^2+1)$ 式,解得

$$C_1 = 3$$

即 $y' = 3(x^2+1)$

积分可得 $y = x^3 + 3x + C_2$

将 $y|_{x=0} = 1$ 代入 $y = x^3 + 3x + C_2$ 式,解得 $C_2 = 1$

因此原方程的特解为

$$y = x^3 + 3x + 1$$

习题 7-4

B   组

2.求下列方程的通解

(1) $y'' + 3y' + 2y = 3xe^{-x}$ (2) $2y'' + 5y' = 5x^2 - 2x + 1$

(3) $y'' + y' + y = 2e^x$ (4) $\dfrac{d^2 s}{dt^2} + s = \sin t$

解 （1）因为方程

$$y'' + 3y' + 2y = 3xe^{-x} \tag{1}$$

的特征方程为 $r^2 + 3r + 2 = 0$，特征根为 $r_1 = -1, r_2 = -2$

所以，相应的齐次方程的通解为

$$y_0 = C_1 e^{-x} + C_2 e^{-2x}$$

由于 $p_n(x) = 3x$，而 $\lambda = -1$ 是单根，故可设方程（1）的特解为

$$y^* = x(ax + b)e^{-x}$$

将 $Q(x) = ax^2 + bx$ 代入

$$Q'' + (2\lambda + p)Q' + (\lambda^2 + p\lambda + q) = p_n(x)$$

并注意 λ 是单根可得 $2a + 2ax + b = 3x$，因此有 $\begin{cases} 2a = 3 \\ 2a + b = 0 \end{cases}$，解得 $a = \dfrac{3}{2}, b = -3.$

故方程的一个特解为 $y^* = \left(\dfrac{3}{2}x^2 - 3x \right)e^{-x}$

综上所述，方程的通解为

$$y = C_1 e^{-x} + C_2 e^{-2x} + \left(\dfrac{3}{2}x^2 - 3x \right)e^{-x}$$

（2）因为方程

$$2y'' + 5y' = 5x^2 - 2x + 1 \tag{2}$$

的特征方程为 $2r^2 + 5r = 0$，特征根为 $r_1 = 0, r_2 = -\dfrac{5}{2}$，所以，相应的齐次方程的通解为

$$y_0 = C_1 + C_2 e^{-\frac{5}{2}x}$$

由于方程（2）中 $p_n(x) = 5x^2 - 2x + 1$，而 $\lambda = 0$ 是单根，故可设方程（2）的特解为

$$y^* = x(ax^2 + bx + c)$$

将其代入方程（2）可得 $2(6ax + 2b) + 5(3ax^2 + 2bx + c) = 5x^2 - 2x + 1$，因此有

$$\begin{cases} 15a = 5 \\ 12a + 10b = -2 \\ 4b + 5c = 1 \end{cases}$$

解得 $a = \dfrac{1}{3}, b = -\dfrac{3}{5}, c = \dfrac{17}{25}$. 因此，方程的特解为

$$y^* = \dfrac{1}{3}x^3 - \dfrac{3}{5}x^2 + \dfrac{17}{25}x$$

从而通解为 $y = C_1 + C_2 e^{-\frac{5}{2}x} + \dfrac{1}{3}x^3 - \dfrac{3}{5}x^2 + \dfrac{17}{25}x$

（3）因为方程

$$y'' + y' + y = 2e^x \tag{3}$$

的特征方程为 $r^2 + r + 1 = 0$，特征根为 $r = -\dfrac{1}{2} \pm \dfrac{\sqrt{3}}{2}i$，所以，相应的齐次方程的通解为

$$y_0 = e^{-\frac{1}{2}x}\left(C_1 \cos \dfrac{\sqrt{3}}{2}x + C_2 \sin \dfrac{\sqrt{3}}{2}x \right)$$

由于方程(3)中 $p_n(x) = 2$,而 $\lambda = 1$ 不是根,故可设方程(3)的特解为

$$y^* = a\mathrm{e}^x$$

将其代入方程(3)可得 $a = \dfrac{2}{3}$,方程的一个特解为

$$y^* = \frac{2}{3}\mathrm{e}^x$$

从而通解为

$$y = \mathrm{e}^{-\frac{1}{2}x}\left(C_1\cos\frac{\sqrt{3}}{2}x + C_2\sin\frac{\sqrt{3}}{2}x\right) + \frac{2}{3}\mathrm{e}^x$$

(4)因为方程

$$\frac{\mathrm{d}^2 s}{\mathrm{d}t^2} + s = \sin t \tag{4}$$

的特征方程为 $r^2 + 1 = 0$,特征根为 $r = \pm\mathrm{i}$,所以,相应的齐次方程的通解为

$$s_0 = C_1\cos t + C_2\sin t$$

由于方程(4)中 $p_n(x) = 1,\beta = 1$,从而 $\beta\mathrm{i} = \mathrm{i}$ 是特征根,于是可设方程(4)的特解为

$$s^* = at\cos t + bt\sin t$$

将其代入方程(4)可得

$$-2a\sin t + 2b\cos t = \sin t$$

比较 $\sin t$ 与 $\cos t$ 的系数可解得 $a = -\dfrac{1}{2},b = 0$. 因此,方程(4)的特解为

$$s^* = -\frac{t}{2}\cos t$$

从而可得方程的通解为

$$s = C_1\cos t + C_2\sin t - \frac{t}{2}\cos t$$

3.求下列微分方程满足初始条件的一个特解.

(1)$y'' - 3y' + 2y = 5, y\big|_{x=0} = 1, y'\big|_{x=0} = 2$

(2)$2y'' + y' - y = 2\mathrm{e}^x, y\big|_{x=0} = 1, y'\big|_{x=0} = 3$

解 (1)方程 $y'' - 3y' + 2y = 5$ 的特征方程为 $r^2 - 3r + 2 = 0$,特征根为 $r_1 = 1$, $r_2 = 2$,因此,相应的齐次方程的通解为

$$y_0 = C_1\mathrm{e}^x + C_2\mathrm{e}^{2x}$$

由于原方程中 $p_n(x) = 5$,而 $\lambda = 0$ 不是特征根,故可设原方程的一个特解为 $y^* = a$ 代入原方程解得

$$a = \frac{5}{2}$$

因此,方程的一个特解为 $\qquad y^* = \dfrac{5}{2}$

从而原方程的通解为 $\qquad y = C_1\mathrm{e}^x + C_2\mathrm{e}^{2x} + \dfrac{5}{2}$

将 $y\big|_{x=0} = 1$ 代入 $y = C_1\mathrm{e}^x + C_2\mathrm{e}^{2x} + \dfrac{5}{2}$ 式得

$$C_1 + C_2 = -\frac{3}{2}$$

对 $y = C_1 \mathrm{e}^x + C_2 \mathrm{e}^{2x} + \dfrac{5}{2}$ 式求导得

$$y' = C_1 \mathrm{e}^x + 2C_2 \mathrm{e}^{2x}$$

将 $y'|_{x=0} = 2$ 代入 $y' = C_1 \mathrm{e}^x + 2C_2 \mathrm{e}^{2x}$ 式得

$$C_1 + 2C_2 = 2$$

由 $C_1 + C_2 = -\dfrac{3}{2}$ 和 $C_1 + 2C_2 = 2$ 两式可解得 $C_1 = -5, C_2 = \dfrac{7}{2}$.

因此,原方程满足初始条件的特解为

$$y = -5\mathrm{e}^x + \frac{7}{2}\mathrm{e}^{2x} + \frac{5}{2}$$

(2) 方程 $2y'' + y' - y = 2\mathrm{e}^x$ 的特征方程为 $2r^2 + r - 1 = 0$

特征根为

$$r_1 = -1, r_2 = \frac{1}{2}$$

因此,相应的齐次方程的通解为

$$y_0 = C_1 \mathrm{e}^{-x} + C_2 \mathrm{e}^{\frac{1}{2}x}$$

由于 $p_n(x) = 2$,而 $\lambda = 1$ 不是特征根,故可设原方程的一个特解为

$$y^* = a\mathrm{e}^x$$

将其代入原方程得

$$a = 1$$

因此,原方程的特解为 $y^* = \mathrm{e}^x$,从而通解为

$$y = C_1 \mathrm{e}^{-x} + C_2 \mathrm{e}^{\frac{1}{2}x} + \mathrm{e}^x$$

对上式求导得

$$y' = -C_1 \mathrm{e}^{-x} + \frac{1}{2}C_2 \mathrm{e}^{\frac{1}{2}x} + \mathrm{e}^x$$

分别将 $y|_{x=0} = 1$, $y'|_{x=0} = 3$ 代入 $y = C_1 \mathrm{e}^{-x} + C_2 \mathrm{e}^{\frac{1}{2}x} + \mathrm{e}^x$ 和 $y' = -C_1 \mathrm{e}^{-x} + \dfrac{1}{2}C_2 \mathrm{e}^{\frac{1}{2}x} + \mathrm{e}^x$ 两式,即 $C_1 + C_2 = 0$ 和 $-C_1 + \dfrac{1}{2}C_2 = 2$,解得

$$C_1 = -\frac{4}{3}, C_2 = \frac{4}{3}$$

因此,方程满足初始条件的特解为

$$y = -\frac{4}{3}\mathrm{e}^{-x} + \frac{4}{3}\mathrm{e}^{\frac{1}{2}x} + \mathrm{e}^x$$

4.求方程 $y'' + 2y' = x + \mathrm{e}^{2x}$ 的通解.(提示:分别求出以 x 及 e^{2x} 为自由项的两个方程的特解 y_1 与 y_2,则 $y_1 + y_2$ 即是原方程的特解).

解　原方程的特征方程为 $r^2 + 2r = 0$,特征根为 $r_1 = 0, r_2 = -2$,则相应的齐次方程的通解为

$$y_0 = C_1 + C_2 \mathrm{e}^{-2x}$$

作方程

$$y'' + 2y' = x \qquad\qquad (1)$$

$$y'' + 2y' = \mathrm{e}^{2x} \qquad\qquad (2)$$

若设 y_1、y_2 分别为(1)、(2) 的特解,则 y_1、y_2 可分别设为

$$y_1 = x(ax + b)$$
$$y_2 = Ae^{2x}$$

将其分别代入方程(1)、(2) 得

$$2a + 2(2ax + b) = x, 8Ae^{2x} = e^{2x}$$

解得

$$a = \frac{1}{4}, b = -\frac{1}{4}, A = \frac{1}{8}$$

因此,原方程的通解为

$$y_0 = C_1 + C_2 e^{-2x} + \frac{x^2}{4} - \frac{x}{4} + \frac{1}{8} e^{2x}$$

5.一质点作直线运动,其加速度 $a = -4S + 3\sin t$,且当 $t = 0$ 时 $S = 0, v = 0$.求该质点的运动方程.

解   设质点的运动方程为 $S = S(t)$,由导数的物理意义可知: $S'' = a$.由已知 $a = -4S + 3\sin t$ 可得 $S'' = -4S + 3\sin t$,即

$$S'' + 4S = 3\sin t$$

因此,问题化为求下面的初值问题

$$\begin{cases} S'' + 4S = 3\sin t \\ S \mid_{t=0} = 0, S' \mid_{t=0} = 0 \end{cases}$$

不难求得方程 $S'' + 4S = 3\sin t$ 的通解为

$$S = C_1 \cos 2t + C_2 \sin 2t + \sin t$$

进而可求得满足初始条件的特解为

$$S = -\frac{1}{2}\sin 2t + \sin t$$

此式即为所求质点的运动方程.

四、综合测试题

(一) 填空题

1.一阶非齐次线性微分方程的解法通常有_____和_____两种解法.

2.方程 $y'' - 5y' + 6y = 0$ 的通解为_____.

3.方程 $\frac{dy}{dx} = 2xy$ 的通解是_____.

4.方程 $y' - \frac{2}{x+1}y = (x+1)^{\frac{5}{2}}$ 的通解是_____.

5.方程 $y' + y = \sin x$ 的通解是 $y = Ce^{-x} + _____ - \frac{1}{2}\cos x$.

6.方程 $\frac{d^2 y}{dx^2} + y = 0$ 的通解是_____.

7.以 $y = C_1 xe^x + C_2 e^x$ 为通解的二阶常系数线性齐次微分方程为_____.

8.微分方程 $4y'' + 4y' + y = 0$ 满足 $y(0) = 2, y'(0) = 0$ 的特解是_____.

(二) 单项选择题

1. 方程 $y'' - y' = 0$ 的通解为（　　）

A. $y = C_1 e^x + C_2 e^{-x}$ 　　　　B. $y = (C_1 + xC_2) e^x$

C. $y = C_1 e^x + C_2$ 　　　　　　D. $y = C_1 + C_2 e^{-x}$

2. 方程 $\dfrac{dy}{dx} = y^2 \cos x$ 的通解是（　　）

A. $y = -\sin x + C$ 　　　　　B. $y = -\cos x + C$

C. $y = \dfrac{1}{\cos x + C}$ 　　　　D. $y = -\dfrac{1}{\sin x + C}$，还有解 $y = 0$

3. 方程 $xy' + (1 + x)y = e^x$ 的通解是（　　）

A. $y = C\dfrac{e^{-x}}{x}$ 　　　　　B. $y = \dfrac{e^x}{x}\left(\dfrac{1}{2}e^{2x} + C\right)$

C. $y = \dfrac{e^x}{x}\left(\dfrac{1}{2}e^{2x} + C\right)$ 　　　D. $y = \dfrac{e^{-x}}{x}(2e^{2x} + C)$

4. 微分方程 $y'' = \cos x$ 的通解为（　　）

A. $y = C_1 \cos x + C_2$ 　　　　B. $y = C_1 \cos x + C_2 x$

C. $y = \cos x + C_1 x + C_2$ 　　　D. $y = -\cos x + C_1 x + C_2$

5. 方程 $\dfrac{dy}{dx} = y\tan x + \sec x$ 满足初始条件 $y\,|_{x=0} = 0$ 的特解是（　　）

A. $y = \dfrac{1}{\cos x}(C + x)$ 　　　B. $y = \dfrac{x}{\cos x}$

C. $y = \dfrac{x}{\sin x}$ 　　　　　　D. $y = \dfrac{1}{\cos x}(2 + x)$

6. 方程 $y'' - 4y' + 3y = 0$ 满足初始条件 $y\,|_{x=0} = 6, y'\,|_{x=0} = 10$ 的特解是（　　）

A. $y = 3e^x + e^{3x}$ 　　　　　B. $y = 2e^x + 3e^{3x}$

C. $y = 4e^x + 2e^{3x}$ 　　　　　D. $y = C_1 e^x + C_2 e^{3x}$

7. 下列方程中是线性微分方程的为（　　）

A. $(y')^2 + xy' = x$ 　　　　　B. $yy' - 2y = x$

C. $y'' - \dfrac{2}{x}y' + \dfrac{2y}{x^2} = e^x$ 　　　D. $y'' - y' + 3xy = \cos y$

8. 方程 $y'' - y' = e^x + 1$ 的一个特解具有形式（　　）

A. $Ae^x + B$ 　　　　　　　B. $Axe^x + B$

C. $Ae^x + Bx$ 　　　　　　　D. $Axe^x + Bx$

(三) 求下列微分方程的通解

1. $\dfrac{dy}{dx} = \dfrac{xy}{1 + x^2}$ 　　　　　　2. $y'' + y = \sin x$

3. $y'' - 2y' + y = e^x$ 　　　　　4. $y'' - 5y' = 0$

5. $\dfrac{dy}{dx} = \dfrac{x + y}{x - y}$ 　　　　　　6. $\dfrac{dy}{dx} = \dfrac{x + y - 2}{x - y + 4}$

(四) 求下列微分方程的特解

1. $y' - y = 2x\mathrm{e}^{2x}, y(0) = 1$

2. $(x - \sin y)\mathrm{d}y + \tan y\mathrm{d}x = 0, y(1) = \dfrac{\pi}{6}$

3. $y'' - 5y' + 6y = 0, y(0) = 1, y'(0) = 2$

4. $y'' - 2y' + 4y = 0, y(0) = 1, y'(0) = 1$

5. 设单位质量的物体沿水平方向作直线运动,初速度为 $v|_{t=0} = v_0$,已知阻力与速度成正比(比例系数为 1),问时间 t 为多少时?此物体速度为 $\dfrac{1}{3}v_0$,并求该物体到 t 时刻所经过的路程.

6. 某集团最初有财产 2500 万元,财产本身产生利息(如同在银行存款可以获得利息一样),且利息以年利率 4% 增长,同时该集团还必须以每年 100 万元的数额连续地支付职工工资,求该集团的财产 y 与时间 t 的函数关系.

第八章

空间解析几何与向量代数

一、本章教学目标及重点

【教学目标】

1. 理解空间直角坐标系的概念;熟练掌握两点间距离公式;会确定空间点的坐标.

2. 理解向量的概念,掌握向量的线性运算、数量积及向量积等运算方法,掌握判断向量平行或垂直的条件;会求向量的模、方向余弦及两向量间的夹角.

3. 理解平面方程的概念;熟练掌握平面的点法式方程、一般方程;会判断两平面间的位置关系,并会建立平面方程.

4. 理解空间直线的概念;熟练掌握直线的标准方程、参数方程及一般方程;会判断两直线的位置关系,并会建立直线方程.

5. 了解常见的空间曲线的标准方程并知道它们的图像.

【知识点、重点归纳】

本章内容分为两部分:空间解析几何与向量代数.空间解析几何是在平面几何的基础上讲述的,它是研究空间点的位置关系及空间图形与三元方程组之间关系的一门学科;向量代数是为空间解析几何服务的;下面概括地叙述本章的几个知识要点.

1. 空间直角坐标系的概念:学习这部分内容,要结合平面直角坐标系的概念学习,它是本章的基本概念;

2. 两点间距离公式:它是空间解析几何中的重要公式,是本章的一个重要内容,要熟练掌握;

3. 空间几何图形:这部分包括空间平面、直线、曲面的图形及它们的方程.这部分内容,是学习多元函数及多元函数的微分、积分的基础;

4. 向量的概念:既有大小又有方向的量为向量.向量的表示,可用图形表示、也可用符号表示,手写体书写向量时,如果是首尾两个大写字母表示时,记为:$\overrightarrow{AB}$、$\overrightarrow{CD}$ 等,用小写字母表示时记为:a、b 等;表示向量最常用的方法是坐标表示法,注意,这时表示的向量都是以原点为起点的向量.

5. 向量的运算:包括线性运算和数量积、向量积运算;线性运算为向量的加减法、数与向量的乘法,它是向量间的基本运算;数量积与向量积运算是本章的一个重点,要能熟练掌握其运算方法,并能应用其中的结论,如平行、垂直的充要条件等.例如:要证明两向量平行,只要证明它们的对应分量成比例;要证明两向量互相垂直,只要证明它们的数量积为 0;要求与两向量同时垂直的向量,要了解二向量的向量积同时垂直于此二向量,用这一理论即可解决此问题.

本章的重点内容:

直角坐标系和向量的概念;两点间距离公式;向量的运算(线性运算、数量积、向量积);两个向量平行、垂直的条件;空间平面和直线方程;空间平面、空间直线以及空间平面与空间直线的位置关系;几种常见的曲面方程.

二、典型例题解析

【例 1】　求点 (a,b,c) 关于(1) 各坐标平面;(2) 各坐标轴;(3) 坐标原点的对称点的坐标.

解　(1) 点 (a,b,c) 关于 xOy 面的对称点的横纵坐标不变,而竖坐标与 c 是互为相反数;因此其对称点的坐标为 $(a,b,-c)$;同理,关于 yOz 面的对称点是 $(-a,b,c)$;关于 xOz 面的对称点是 $(a,-b,c)$.

(2) 点 (a,b,c) 关于 x 轴的对称点的坐标除了横坐标不变外,其纵坐标和竖坐标与点 (a,b,c) 的纵坐标和竖坐标分别互为相反数. 因此,其对称点是 $(a,-b,-c)$;同理,关于 y 轴的对称点是 $(-a,b,-c)$;关于 z 轴的对称点是 $(-a,-b,c)$.

(3) 点 (a,b,c) 关于原点对称的点其横、纵、竖坐标分别是 a,b,c 的相反数. 因此,其对称点是 $(-a,-b,-c)$.

【例 2】　在 z 轴上找一点 P,使它与 $Q(2,1,4)$ 的距离是 $\sqrt{30}$.

解　P 点在 z 轴上,可设其坐标为 $P(0,0,z)$,由题意得

$$|PQ| = \sqrt{30}$$

故　　　　　　　$(2-0)^2 + (1-0)^2 + (4-z)^2 = 30$

即　　　　　　　$z^2 - 8z - 9 = 0$

解得　　　　　　$z_1 = -1, z_2 = 9$

故在 z 轴上所找到的点为 $P_1(0,0,-1)$ 和 $P_2(0,0,9)$.

【例 3】　设 $\triangle ABC$ 的重心为 O,证明 $\overrightarrow{OA} + \overrightarrow{OB} + \overrightarrow{OC} = \mathbf{0}$,其中 $\mathbf{0}$ 是零向量.

证明　以 OA、OB 为邻边作平行四边形 $AOBE$(如图 8-1 所示),对角线 AB 与 OE 交于 D

$$\overrightarrow{OA} + \overrightarrow{OB} + \overrightarrow{OC} = \overrightarrow{OE} + \overrightarrow{OC}$$

因为 O 是 $\triangle ABC$ 的重心,所以 $|OC| = 2|OD|$

即　　　　　　　$|OC| = |OE|$

又,D 是 AB 的中点,所以 C、O、D、E 在同一直线上,

故　　　　　　　$\overrightarrow{OC} = -\overrightarrow{OE}$

所以　　　　　　$\overrightarrow{OC} + \overrightarrow{OE} = \mathbf{0}$

即　　　　　　　$\overrightarrow{OA} + \overrightarrow{OB} + \overrightarrow{OC} = \mathbf{0}$

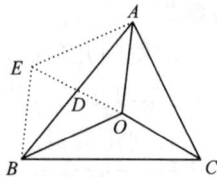

图 8-1

【例 4】　设 $A(3,1-\sqrt{2},-1),B(1,1+\sqrt{2},1)$,求:

(1) $\overrightarrow{AB}$ 的坐标表示式;(2) $\overrightarrow{AB}$ 的方向余弦;(3) 与 $\overrightarrow{AB}$ 平行的单位向量.

解　(1) $\overrightarrow{AB} = \{1-3,1+\sqrt{2}-(1-\sqrt{2}),1-(-1)\} = \{-2,2\sqrt{2},2\}$

(2) $|\overrightarrow{AB}| = \sqrt{(-2)^2+(2\sqrt{2})^2+2^2} = 4$

$$\cos\alpha = \frac{-2}{4} = -\frac{1}{2}, \cos\beta = \frac{2\sqrt{2}}{4} = \frac{\sqrt{2}}{2}, \cos\gamma = \frac{2}{4} = \frac{1}{2}$$

(3) 与 $\overrightarrow{AB}$ 同向的单位向量为 $\left\{-\dfrac{1}{2},\dfrac{\sqrt{2}}{2},\dfrac{1}{2}\right\}$；与 $\overrightarrow{AB}$ 反向的单位向量为 $\left\{\dfrac{1}{2},-\dfrac{\sqrt{2}}{2},-\dfrac{1}{2}\right\}$.

即与 $\overrightarrow{AB}$ 平行的单位向量为 $\pm\left\{-\dfrac{1}{2},\dfrac{\sqrt{2}}{2},\dfrac{1}{2}\right\}$.

【例5】　三个力 $\boldsymbol{F}_1 = \{2,2,1\}, \boldsymbol{F}_2 = \{-1,2,3\}, \boldsymbol{F}_3 = \{2,0,1\}$，同时作用于一点，求合力 $\boldsymbol{F}$ 的大小及方向余弦.

【分析】　$\boldsymbol{F}_1$、$\boldsymbol{F}_2$、$\boldsymbol{F}_3$ 同时作用于一点，合力 $\boldsymbol{F}$ 等于 $\boldsymbol{F}_1$、$\boldsymbol{F}_2$、$\boldsymbol{F}_3$ 的和

解　$\boldsymbol{F} = \boldsymbol{F}_1 + \boldsymbol{F}_2 + \boldsymbol{F}_3 = \{2,2,1\} + \{-1,2,3\} + \{2,0,1\} = \{3,4,5\}$；

$$|\boldsymbol{F}| = \sqrt{3^2+4^2+5^2} = \sqrt{9+16+25} = 5\sqrt{2}$$

$\boldsymbol{F}$ 的方向余弦为：$\cos\alpha = \dfrac{3}{5\sqrt{2}} = \dfrac{3\sqrt{2}}{10}, \cos\beta = \dfrac{4}{5\sqrt{2}} = \dfrac{2\sqrt{2}}{5}, \cos\gamma = \dfrac{5}{5\sqrt{2}} = \dfrac{\sqrt{2}}{2}$.

【例6】　设向量 $\boldsymbol{a} = \{3,1,-2\}, \boldsymbol{b} = \{-1,1,0\}$，求：

(1) $\boldsymbol{a}\cdot\boldsymbol{b}$；　(2) $\boldsymbol{a}\times\boldsymbol{b}$；　(3) $(\hat{\boldsymbol{a},\boldsymbol{b}})$.

解　(1) $\boldsymbol{a}\cdot\boldsymbol{b} = 3\times(-1)+1\times 1+(-2)\times 0 = -2$；

(2) $\boldsymbol{a}\times\boldsymbol{b} = \begin{vmatrix} \boldsymbol{i} & \boldsymbol{j} & \boldsymbol{k} \\ 3 & 1 & -2 \\ -1 & 1 & 0 \end{vmatrix} = \{2,2,4\}$；

(3) $\cos(\hat{\boldsymbol{a},\boldsymbol{b}}) = \dfrac{\boldsymbol{a}\cdot\boldsymbol{b}}{|\boldsymbol{a}||\boldsymbol{b}|} = \dfrac{-2}{\sqrt{3^2+1^2+(-2)^2}\sqrt{(-1)^2+1^2+0^2}} = -\dfrac{\sqrt{7}}{7}$；

$$(\hat{\boldsymbol{a},\boldsymbol{b}}) = \pi - \arccos\frac{\sqrt{7}}{7}.$$

【例7】　质量为 m 千克的物体，从点 $M_1(x_1,y_1,z_1)$ 沿直线移动到点 $M_2(x_2,y_2,z_2)$，计算重力所做的功.

解　由物理学知：$W = \boldsymbol{F}\cdot\boldsymbol{s}$

$\boldsymbol{F} = \{0,0,-9.8m\}$；$\boldsymbol{s} = \{x_2-x_1,y_2-y_1,z_2-z_1\}$；

$W = \{0,0,-9.8m\}\cdot\{x_2-x_1,y_2-y_1,z_2-z_1\} = -9.8(z_2-z_1)m$（焦耳）.

【例8】　已知力 $\boldsymbol{F} = \{4,6,5\}$，作用于物体上一点 $A(1,1,1)$，求力 $\boldsymbol{F}$ 对坐标原点的力矩.

解　由向量的向量积的物理意义，知：

$$\boldsymbol{M} = \overrightarrow{OA}\times\boldsymbol{F} = \begin{vmatrix} \boldsymbol{i} & \boldsymbol{j} & \boldsymbol{k} \\ 1 & 1 & 1 \\ 4 & 6 & 5 \end{vmatrix} = \{-1,-1,2\}.$$

【例9】　求过三点 $A(1,2,3)$、$B(0,2,0)$、$C(1,1,1)$ 的平面方程.

【分析】　A、B、C 三点均在所求平面上,因此,向量 $\overrightarrow{AB}$、$\overrightarrow{AC}$ 均在平面内,那么向量 $\overrightarrow{AB}\times\overrightarrow{AC}$ 与所求平面垂直.

解法一　取 $\boldsymbol{n}=\overrightarrow{AB}\times\overrightarrow{AC}$ 为所求平面的法向量,

$\overrightarrow{AB}=\{0-1,2-2,0-3\}=\{-1,0,-3\}$,$\overrightarrow{AC}=\{1-1,1-2,1-3\}=\{0,-1,-2\}$;

$$\boldsymbol{n}=\begin{vmatrix} i & j & k \\ -1 & 0 & -3 \\ 0 & -1 & -2 \end{vmatrix}=\{-3,-2,1\},$$

又平面过点 A,因此,所求平面方程为

$$-3(x-1)-2(y-2)+(z-3)=0$$

即

$$3x+2y-z-4=0.$$

解法二　设所求平面方程为 $Ax+By+Cz+D=0$.

由于点 A、B、C 均在平面内,因此有

$$\begin{cases} A+2B+3C+D=0 \\ 0\cdot A+2B+0\cdot C+D=0; \\ A+B+C+D=0 \end{cases}$$

解之,得

$$\begin{cases} A=-\dfrac{3}{4}D \\ B=-\dfrac{1}{2}D \\ C=\dfrac{1}{4}D \end{cases}$$

取 $D=-4$,则 $A=3$,$B=2$,$C=-1$.

于是所求平面方程为　　　$3x+2y-z-4=0.$

这是一个典型例子,已知平面上三个点的坐标,求平面方程.其解法有二:一种是由三个已知点组成两个向量,取它们的向量积为平面的法向量,再由标准方程写出平面方程;另一种是设平面方程为 $Ax+By+Cz+D=0$,再由三点在平面上建立关于 A、B、C、D 的三个方程,解出 A、B、C、D,即得所求方程.

【例10】　求过点 $A(1,-2,1)$ 与平面 $x-2y+3z+1=0$ 平行的平面方程.

【分析】　所求平面与已知平面平行,则所求平面的法向量与已知平面的法向量平行.

解　取已知平面的法向量 $\boldsymbol{n}=\{1,-2,3\}$ 为所求平面的法向量.

于是,由平面的点法式方程得

$$1(x-1)-2(y+2)+3(z-1)=0$$

即

$$x-2y+3z-8=0.$$

【例11】　求下列各对平面间的夹角 θ.

(1)$\pi_1:3x+4y-z+1=0$,　　$\pi_2:x-y-z-3=0$;

(2)$\pi_1:2x-3y-z-2=0$,　　$\pi_2:x-2y+3z-1=0$.

解 (1)因为平面 π_1、π_2 的法向量分别为 $\boldsymbol{n}_1=\{3,4,-1\}$,$\boldsymbol{n}_2=\{1,-1,-1\}$;

而 $\boldsymbol{n}_1\cdot\boldsymbol{n}_2=3\times1+4\times(-1)+(-1)\times(-1)=0$

所以平面 π_1 与 π_2 垂直.

(2)由公式 $\cos\theta=\dfrac{|2\times1+(-3)\times(-2)+(-1)\times3|}{\sqrt{2^2+(-3)^2+(-1)^2}\sqrt{1^2+(-2)^2+3^2}}=\dfrac{5}{14}$,则

$$\theta=\arccos\frac{5}{14}\approx69.1°$$

【例 12】 求过点 $A(4,3,5)$ 和直线 $\dfrac{x-1}{2}=\dfrac{y+3}{-1}=\dfrac{z-3}{3}$ 的平面方程.

【分析】 所求平面过 A 点和已知直线,因此直线上点 $B(1,-3,3)$ 在所求平面上,另外,直线的方向向量 $\boldsymbol{s}=\{2,-1,3\}$ 与平面平行.所以 $\overrightarrow{AB}\times\boldsymbol{s}$ 与所求平面垂直.

解 $\overrightarrow{AB}=\{1-4,-3-3,3-5\}=\{-3,-6,-2\}$

取
$$\boldsymbol{n}=\overrightarrow{AB}\times\boldsymbol{s}=\begin{vmatrix} \boldsymbol{i} & \boldsymbol{j} & \boldsymbol{k} \\ -3 & -6 & -2 \\ 2 & -1 & 3 \end{vmatrix}=\{-20,5,15\}$$

于是所求平面方程为

$$-20(x-4)+5(y-3)+15(z-5)=0,$$

即 $$4x-y-3z+2=0$$

为所求.

【例 13】 求过点 $A(a,b,c)$ 且与 z 轴平行的直线方程.

【分析】 所求直线与 z 轴平行,那么 z 轴的方向向量为所求直线的方向向量.

解 取 z 轴方向的基本单位向量 $\boldsymbol{k}=\{0,0,1\}$ 为直线的方向向量,且过点 A,由直线的标准方程,得

$$\frac{x-a}{0}=\frac{y-b}{0}=\frac{z-c}{1}$$

即 $$\begin{cases} x=a \\ y=b \end{cases},\text{或}\begin{cases} x=a \\ y=b \\ z=c+t \end{cases}$$

【例 14】 求过点 $A(1,2,-3)$ 且与直线 $\dfrac{x+1}{2}=\dfrac{y-1}{3}=\dfrac{1-z}{4}$ 平行的直线方程.

【分析】 两条直线平行,则它们的方向向量互相平行.于是可取已知直线的方向向量为所求直线的方向向量.

解 取 $\boldsymbol{s}=\{2,3,-4\}$ 为所求直线的方向向量,由直线的标准方程,得

$$\frac{x-1}{2}=\frac{y-2}{3}=\frac{z+3}{-4}$$

为所求.

【例 15】 证明:直线 $\begin{cases} x+2y-z-1=0 \\ 2x-y-z+3=0 \end{cases}$ 与直线 $\begin{cases} 3x+6y-3z+1=0 \\ 2x-y-z-1=0 \end{cases}$ 互相平行.

【分析】 一般地，直线 $\begin{cases} a_1x + b_1y + c_1z + d_1 = 0 \\ a_2x + b_2y + c_2z + d_2 = 0 \end{cases}$ 的方向向量 s 与 $\{a_1,b_1,c_1\} \times \{a_2,b_2,c_2\}$ 平行. 这是因为：直线是平面 $a_1x + b_1y + c_1z + d_1 = 0$ 和 $a_2x + b_2y + c_2z + d_2 = 0$ 的交线，所以直线与两平面的法向量都垂直.

证明 设直线 $\begin{cases} x + 2y - z - 1 = 0 \\ 2x - y - z + 3 = 0 \end{cases}$ 的方向向量为 s_1，直线 $\begin{cases} 3x + 6y - 3z + 1 = 0 \\ 2x - y - z - 1 = 0 \end{cases}$ 的方向向量为 s_2，则

$$s_1 = \{1,2,-1\} \times \{2,-1,-1\} = \begin{vmatrix} i & j & k \\ 1 & 2 & -1 \\ 2 & -1 & -1 \end{vmatrix} = \{-3,-1,-5\}$$

$$s_2 = \{3,6,-3\} \times \{2,-1,-1\} = \begin{vmatrix} i & j & k \\ 3 & 6 & -3 \\ 2 & -1 & -1 \end{vmatrix} = \{-9,-3,-15\}$$

显然，$s_2 = 3s_1$，所以 $s_1 /\!/ s_2$，即两直线平行.

【例 16】 判断直线 $\begin{cases} x + y + 3z + 1 = 0 \\ x - y - z - 2 = 0 \end{cases}$ 和平面 $x - y - z + 3 = 0$ 间的位置关系.

【分析】 判断直线与平面间的位置关系就是判断直线的方向向量与平面的法向量的夹角.

解 直线的方向向量 $s = \begin{vmatrix} i & j & k \\ 1 & 1 & 3 \\ 1 & -1 & -1 \end{vmatrix} = \{2,4,-2\}$；平面的法向量 $n = \{1,-1,-1\}$

因为 $s \cdot n = 2 \times 1 + 4 \times (-1) + (-2) \times (-1) = 0$，所以 $s \perp n$. 即直线与平面平行.

【例 17】 指出下列方程表示哪种曲面，并画出图形.

$(1) x^2 + y^2 + z^2 - 2x - 4y - 4 = 0$；$(2) \dfrac{x^2}{4} + \dfrac{y^2}{9} + z^2 = 1$；$(3) 16x^2 + 4y^2 - z^2 = 64$；

$(4) \dfrac{z}{3} = \dfrac{x^2}{9} + \dfrac{y^2}{4}$；$(5) -x^2 + y^2 = 1$；$(6) 4z = x^2 + y^2$.

解 (1) 把原方程配方得

$$(x-1)^2 + (y-2)^2 + z^2 = 9,$$

这是以 $(1,2,0)$ 为球心，半径 $r = 3$ 的球面，如图 8-2 所示.

(2) 这是中心在原点，以坐标轴为对称轴的椭球面，如图 8-3 所示.

(3) 方程变形为：$\dfrac{x^2}{4} + \dfrac{y^2}{16} - \dfrac{z^2}{64} = 1$，这是单叶双曲面，如图 8-4 所示.

(4) 椭圆抛物面，如图 8-5 所示.

(5) 方程中缺少含 a 的项，是母线平行 z 轴的双曲柱面，如图 8-6 所示.

(6) 方程中含有 $x^2 + y^2$ 项，是由 $\begin{cases} 4z = x^2 \\ y = 0 \end{cases}$ 绕 z 轴旋转一周所得的旋转面，如图 8-7 所示.

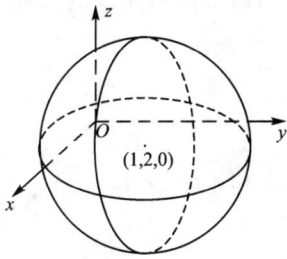

图 8-2

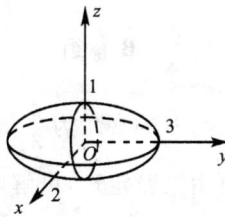

图 8-3

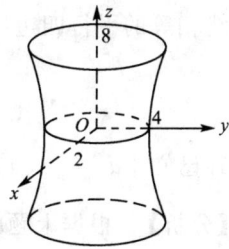

图 8-4

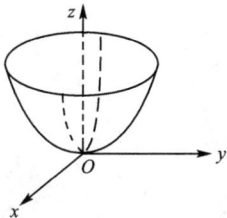

图 8-5

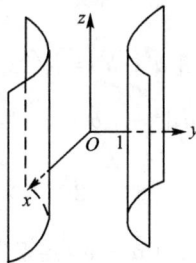

图 8-6

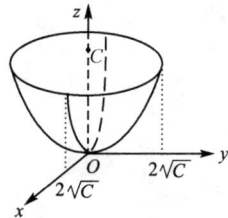

图 8-7

三、教材典型习题与难题解答

习题 8-1

B　组

4. 在 y 轴上求一点使之与 $A(-3,2,7)$ 和 $B(3,1,-7)$ 等距离.

解　设 y 轴上一点坐标为 $P(0,y,0)$,由题意:

$$|PA| = |PB|$$

即

$$\sqrt{(-3-0)^2+(2-y)^2+(7-0)^2} = \sqrt{(3-0)^2+(1-y)^2+(-7-0)^2}$$

两边平方,整理得:$y=1.5$.

即 y 轴上点 $P(0,1.5,0)$ 为所求.

习题 8-2

A　组

1. 若 a、b 均为非零向量,问它们分别具备什么特征时,$|a+b|=|a-b|$ 成立?

解 因为 $|a+b|$、$|a-b|$ 分别为以 a、b 为邻边的平行四边形两对角线的长度,而对角线相等的平行四边形是矩形.即 a、b 相互垂直.

B 组

1.已知 $|a|=5$,$|b|=8$,a 与 b 的夹角为 $\frac{\pi}{3}$,求 $|a+b|$ 和 $|a-b|$.

【分析】 根据上题的分析,再由余弦定理,可解此题.

解

$$|a+b|^2 = |a|^2 + |b|^2 - 2|a||b|\cos\left(\pi - \frac{\pi}{3}\right)$$

$$= 25 + 64 - 2 \times 5 \times 8 \times \left(-\frac{1}{2}\right) = 129$$

则

$$|a+b| = \sqrt{129}$$

$$|a-b|^2 = |a|^2 + |b|^2 - 2|a||b|\cos\frac{\pi}{3}$$

$$= 25 + 64 - 2 \times 5 \times 8 \times \frac{1}{2} = 49$$

$$|a-b| = 7$$

2.设 $a = 2p + 3q - r$,$b = 4p - q + 3r$,$c = 3p + q + r$,求 $a + b - 2c$.

解
$$a + b - 2c = (2p + 3q - r) + (4p - q + 3r) - 2(3p + q + r)$$
$$= (2p + 4p - 6p) + (3q - q - 2q) + (-r + 3r - 2r) = 0$$

3.设 $\overrightarrow{AB} = p + q$,$\overrightarrow{BC} = 2p + 8q$,$\overrightarrow{CD} = 3(p-q)$,试证:$A$、$B$、$D$ 三点共线.

【分析】 要证 A、B、D 三点共线,只要证明向量 $\overrightarrow{AB}$ 与 $\overrightarrow{BD}$ 平行即可.

证明 $\overrightarrow{AB} = p + q$,$\overrightarrow{BD} = \overrightarrow{BC} + \overrightarrow{CD} = (2p + 8q) + 3(p - q) = 5(p + q)$,
则 $\overrightarrow{BD} = 5\overrightarrow{AB}$,即 $\overrightarrow{AB} \mathbin{/\!/} \overrightarrow{BD}$
又 $\overrightarrow{AB}$ 与 $\overrightarrow{BD}$ 有一公共点 B,所以 A、B、D 三点共线.

习题 8-3

A 组

2.与坐标轴平行的向量,其坐标表达式有何特点?与坐标平面平行的向量,其坐标表达式有何特点?

解 两向量互相平行,则其对应分量成比例.因此,与 x 轴平行的向量,应与 x 轴上的基本单位向量 $i = \{1,0,0\}$ 平行.所以与 x 轴平行的向量为:$\{x,0,0\}$;同理与 y 轴平行的向量为:$\{0,y,0\}$;与 z 轴平行的向量为:$\{0,0,z\}$.

与 xOy 坐标面平行的向量应与 xOy 面上的向量 $\{x,y,0\}$ 平行,其特点是向量的竖坐标为 0;同理,与 yOz 面平行的向量为:$\{0,y,z\}$;与 xOz 面平行的向量为:$\{x,0,z\}$.

3.已知 $\overrightarrow{AB} = \{4,-4,7\}$ 且 $B(2,1,7)$,求 A 点坐标.

解 设 A 点坐标为 $\{x,y,z\}$,由向量的运算法则可知:

$$\overrightarrow{AB} = \{2-x, 1-y, 7-z\} = \{4, -4, 7\},$$

因此有：$x = -2, y = 5, z = 0$.

B　组

1. 参看例 4.

2. 参看例 5.

习题 8-4

A　组

1. 从 $\boldsymbol{a} \cdot \boldsymbol{b} = \boldsymbol{c} \cdot \boldsymbol{b}, \boldsymbol{b} \neq \boldsymbol{0}$ 能否推出 $\boldsymbol{a} = \boldsymbol{c}$?

答：不能. 因为两个向量的数量积是一个数，只要 $\boldsymbol{a} \cdot \boldsymbol{b}$ 与 $\boldsymbol{c} \cdot \boldsymbol{b}$ 的数量相等即可. 例如：$\boldsymbol{a} = \{1,0,0\}, \boldsymbol{b} = \{2,0,1\}, \boldsymbol{c} = \{0,0,2\}$，则 $\boldsymbol{a} \cdot \boldsymbol{b} = 2$，而 $\boldsymbol{c} \cdot \boldsymbol{b} = 2$，显然 $\boldsymbol{a} \neq \boldsymbol{c}$.

4. 从 $\boldsymbol{a} \times \boldsymbol{c} = \boldsymbol{b} \times \boldsymbol{c}, \boldsymbol{c} \neq \boldsymbol{0}$，能否推出 $\boldsymbol{a} = \boldsymbol{b}$? 举例说明.

答：不能. 例如：$\boldsymbol{a} = \{1,0,0\}, \boldsymbol{b} = \{3,0,0\}, \boldsymbol{c} = \{2,0,0\}$，则 $\boldsymbol{a} \times \boldsymbol{c} = \boldsymbol{b} \times \boldsymbol{c} = \boldsymbol{0}$ 显然 $\boldsymbol{a} \neq \boldsymbol{b}$.

5. 一质点在力 $\boldsymbol{F}$ 的作用下，有位移 $\boldsymbol{S}$，已知 $|\boldsymbol{F}| = 3, |\boldsymbol{S}| = 6, <\boldsymbol{F},\boldsymbol{S}> = \dfrac{\pi}{3}$，求力 $\boldsymbol{F}$ 所作的功.

解　力 $\boldsymbol{F}$ 所作的功 $W = \boldsymbol{F} \cdot \boldsymbol{S} = |\boldsymbol{F}| \cdot |\boldsymbol{S}| \cos <\boldsymbol{F},\boldsymbol{S}> = 3 \times 6 \times \cos \dfrac{\pi}{3} = 9$.

6. 已知 $\boldsymbol{a} = \{1,2,3\}, \boldsymbol{b} = \{2,4,\lambda\}$，试求 λ 的值，使：

(1) $\boldsymbol{a} \perp \boldsymbol{b}$;　　(2) $\boldsymbol{a} /\!/ \boldsymbol{b}$.

【分析】　两向量垂直，其数量积为零；两向量平行，则向量积为零.

即：$\boldsymbol{a} \perp \boldsymbol{b} \Leftrightarrow \boldsymbol{a} \cdot \boldsymbol{b} = 0; \boldsymbol{a} /\!/ \boldsymbol{b} \Leftrightarrow \boldsymbol{a} \times \boldsymbol{b} = \boldsymbol{0}$.

B　组

2. 设点 $O(0,0,0)$、$A(10,5,10)$、$C(-2,1,3)$ 和 $D(0,-1,2)$，求向量 $\overrightarrow{OA}$ 与 $\overrightarrow{CD}$ 的夹角 θ.

解　$\overrightarrow{OA} = \{10,5,10\}; \overrightarrow{CD} = \{2,-2,-1\}; \overrightarrow{OA}$ 与 $\overrightarrow{CD}$ 的夹角为 θ，则

$$\cos\theta = \frac{\overrightarrow{OA} \cdot \overrightarrow{CD}}{|\overrightarrow{OA}||\overrightarrow{CD}|} = \frac{10 \times 2 + 5 \times (-2) + 10 \times (-1)}{\sqrt{10^2 + 5^2 + 10^2}\sqrt{2^2 + (-2)^2 + (-1)^2}} = 0$$

所以 $\theta = 90°$.

3. 求同时垂直于向量 $\boldsymbol{a} = \{2,2,1\}, \boldsymbol{b} = \{4,5,3\}$ 的单位向量.

【分析】　根据向量的向量积定义，同时垂直于两个向量的向量与这两个向量的数量积向量平行. 因此，同时垂直于 $\boldsymbol{a}$、$\boldsymbol{b}$ 的单位向量即是与 $\boldsymbol{a} \times \boldsymbol{b}$ 平行的单位向量.

4. 设 $\boldsymbol{a} = \{1,-3,1\}, \boldsymbol{b} = \{2,-1,3\}$，求以 $\boldsymbol{a}$、$\boldsymbol{b}$ 为邻边的平行四边形的面积 A.

【分析】　由向量的向量积定义，$|\boldsymbol{a} \times \boldsymbol{b}|$ 的值为以 $\boldsymbol{a}$、$\boldsymbol{b}$ 为邻边的平行四边形的面积 A.

5.参见例题 7.

7.参见例题 8.

习题 8-5

A 组

2.求下列平面在各坐标轴上的截距,写出它们的法向量.

【分析】 求平面 $Ax + By + Cz + D = 0$ 在 x 轴上的截距,令方程中的 $y = z = 0$,进而求出 x 的值,即为平面在 x 轴上的截距;同理求出平面在 y、z 轴上的截距.

3.求满足下列条件的平面方程

(3) 在 x、y、z 轴上的截距分别为 $a = 2, b = -3, c = 4$.

解 设所求平面方程为

$$Ax + By + Cz + D = 0$$

由题设,平面在 x、y、z 轴上的截距分别为

$$a = 2, b = -3, c = 4$$

即平面分别过点

$$(2, 0, 0)、(0, -3, 0) \text{ 和} (0, 0, 4)$$

则

$$\begin{cases} A \cdot 2 + D = 0 \\ B \cdot (-3) + D = 0 \\ 4 \cdot C + D = 0 \end{cases}$$

取 $D = -12$ 代入,得 $A = 6, B = -4, C = 3$;于是,得所求平面方程为:

$$6x - 4y + 3z - 12 = 0.$$

B 组

1.已知平面过点 $A(1, -1, 1)$,且垂直于两平面 $x - y + z = 0$ 和 $2x + y + z + 1 = 0$,求其方程.

【分析】 所求平面与两个已知平面都垂直,设所求平面的法向量为 $\boldsymbol{n}$,则 $\boldsymbol{n}$ 与两已知平面的法向量均垂直.那么,可取 $\boldsymbol{n}$ 为两已知平面的法向量的向量积.再由平面的标准方程,可写出平面方程.

解 取 $\boldsymbol{n} = \{1, -1, 1\} \times \{2, 1, 1\} = \{-2, 1, 3\}$

由平面的标准方程,得

$$-2(x - 1) + 1(y + 1) + 3(z - 1) = 0$$

即

$$2x - y - 3z = 0$$

4. 一平面过点 $A(1, 0, -1)$,且平行于向量 $\boldsymbol{a} = \{2, 1, 1\}$ 和 $\boldsymbol{b} = \{1, -1, 0\}$,求其方程.

【分析】 向量 $\boldsymbol{a}$、$\boldsymbol{b}$ 都平行于所求平面,则 $\boldsymbol{a} \times \boldsymbol{b}$ 与所求平面垂直.于是可取 $\boldsymbol{a} \times \boldsymbol{b}$ 为所求平面的法向量.再由平面的标准方程即可写出所求方程.

5.求三平面 $x + 3y + z - 1 = 0, 2x - y - z = 0, x - 2y - 2z + 3 = 0$ 的交点.

【分析】 设三平面交点坐标为 $M(x, y, z)$,则 M 点分别在三个平面上,那么 M 点坐

标满足三个平面的方程. 于是由三个平面方程,建立方程组,求出方程组的解,即为点 M 的坐标.

6.试求下列平面方程:

(1) 平行于 y 轴,且过点 $A(1,-5,1)$ 和 $B(3,2,-2)$;

(2) 通过 x 轴和点 $A(4,-3,1)$;

(3) 平行于 xOz 面且过点 $A(3,2,-7)$.

解　(1) 所求平面与 y 轴平行,则 y 轴上的基本单位向量 $\{0,1,0\}$ 与平面平行;

又 A、B 两点在平面上,则向量 $\overrightarrow{AB}=\{2,7,-3\}$ 也与平面平行.

因此,取 $\boldsymbol{n}=\{0,1,0\}\times\{2,7,-3\}=\{-3,0,-2\}$ 为所求平面的法向量,由平面的标准方程,得

$$-3(x-1)+0(y+5)-2(z-1)=0$$

即

$$3x+2y-5=0$$

(2) 通过 x 轴的平面方程是 $By+Cz=0$ 的形式,且过点 A,则 $-3B+C=0$,解得,$3B=C$. 取 $B=1$,则 $C=3$,代入得:$y+3z=0$ 为所求.

(3) 平行于 xOz 面的平面方程具有形式 $y=b$. 又过点 A,则 $y=2$ 为所求.

习题 8-6

A　组

3.试判别下列直线与平面的位置关系:

(1) $\dfrac{x+3}{-2}=\dfrac{y+4}{-7}=\dfrac{z}{2}$ 和 $4x-2y-3z+2=0$;

(2) $\dfrac{x}{3}=\dfrac{y}{-2}=\dfrac{z}{7}$ 和 $6x-4y+14z-1=0$;

【分析】　判别直线与平面的位置关系,就是判别直线的方向向量与平面的法向量间的位置关系. 如果它们平行,则直线与平面垂直;如果它们垂直,则直线与平面平行;否则直线与平面相交.

解　(1) 直线的方向向量是:$\{-2,-7,2\}$,平面的法向量是:$\{4,-2,-3\}$,

由于 $\{-2,-7,2\}\cdot\{4,-2,-3\}=0$,则两向量垂直,因此直线与平面平行.

(2) 直线的方向向量是 $\{3,-2,7\}$,平面的法向量是 $\{6,-4,14\}$,

由于 $\{6,-4,14\}=2\{3,-2,7\}$,则两向量平行,因此直线与平面垂直.

4.将直线方程 $\dfrac{x-1}{-5}=\dfrac{y-2}{1}=\dfrac{z-1}{3}$ 化为参数方程.

【分析】　直线的参数方程可由标准方程转化而得,设上式都等于 t 即可.

解　设 $\dfrac{x-1}{-5}=\dfrac{y-2}{1}=\dfrac{z-1}{3}=t$,则有

$$\begin{cases} x=1-5t \\ y=2+t \\ z=1+3t \end{cases}$$

5.求直线 $\begin{cases} x-y+z=1 \\ 2x+y+z=3 \end{cases}$ 的方向向量.

【分析】　这是直线的一般方程,它是两平面的交线.因此直线与两平面都平行,即与两平面的法向量都垂直.于是,可取两平面法向量的向量积作为直线的方向向量.

　　解　$s=\{1,-1,1\}\times\{2,1,1\}=\{-2,1,3\}$.

B　组

2.试求下列直线的标准方程和参数方程:

(1) $\begin{cases} x-y+z+5=0 \\ 5x-8y+4z+36=0 \end{cases}$; 　(2) $\begin{cases} x-5y+2z-1=-0 \\ z=5y+2 \end{cases}$

【分析】　先求直线上一点的坐标;然后求直线的方向向量,即可写出直线的标准方程.

　　解　(1)令 $x=0$,代入得

$$\begin{cases} -y+z+5=0 \\ -8y+4z+36=0 \end{cases}$$

解得 $y=4,z=-1$,即得直线上一点 $(0,4,-1)$.

$$s=\{1,-1,1\}\times\{5,-8,4\}=\{4,1,-3\}$$

作为直线的方向向量.于是,得直线的标准方程

$$\frac{x}{4}=\frac{y-4}{1}=\frac{z+1}{-3}$$

参数方程

$$\begin{cases} x=4t \\ y=4+t \\ z=-1-3t \end{cases}$$

(2)同上.

3.下列各组直线哪些是相互平行的?哪些是相互垂直的?

(1) $\begin{cases} x+2y-z-7=0 \\ -2x+y+z-7=0 \end{cases}$ 与 $\begin{cases} 3x+6y-3z-8=0 \\ 2x-y-z=0 \end{cases}$;

【分析】　先求出两直线的方向向量,再根据方向向量判断两直线的位置关系.

4.分别求出满足下列条件的平面方程:

(1)通过点 $(2,1,1)$ 且与直线 $\begin{cases} x+2y-z+1=0 \\ 2x+y-z=0 \end{cases}$ 垂直;

(2)通过点 $(3,1,-2)$ 及直线 $\frac{x-4}{5}=\frac{y+3}{2}=\frac{z}{1}$;

(3)通过直线 $\frac{x-2}{5}=\frac{y+1}{2}=\frac{z-2}{4}$ 且垂直于平面 $x+4y-3z+7=0$.

【分析】(1)所求平面与直线垂直,则直线的方向向量就是平面的法向量;于是只要求出直线的方向向量,由平面的标准方程即可得平面方程.

(2)所求平面通过直线,则直线上的点也在平面上,且直线的方向向量与平面平行,

于是可得两个平行平面的向量.直线的方向向量和由平面上两个点确定的向量,它们的向量积即为所求平面的法向量.由标准方程即得平面方程.

(3)所求平面通过直线,则直线的方向向量与平面平行;又与已知平面垂直,则已知平面的法向量也与所求平面平行,于是又得两个向量都与所求平面平行,由以上分析,即可得平面方程.

解　(1)已知直线的方向向量为 $\{1,2,-1\}\times\{2,1,-1\}=\{-1,-1,-3\}$ 可作为所求平面的法向量;

由平面方程的标准方程,可知
$$-(x-2)-(y-1)-3(z-1)=0$$
即 $x+y+3z-6=0$ 为所求.

习题 8-7

A　组

2.求下列球面的球心坐标和半径:

$(1)x^2+y^2+z^2-6z-7=0$;　$(2)z^2+y^2+z^2-12x+4y-6z=0$;

$(3)x^2+y^2+z^2-2x+4y-4z-7=0$.

【分析】　将球面方程化为标准方程,即可求得球心坐标和半径.

解　(1)原方程配方得
$$x^2+y^2+(z-3)^2=16$$
于是,得球心坐标为 $(0,0,3)$,半径 $r=4$.

(2)、(3)同上.

B　组

2.求球心在点 $C(-1,-3,2)$,且过点 $A(1,-1,1)$ 的球面方程.

解　$r=|CA|=\sqrt{(1+1)^2+(-1+3)^2+(1-2)^2}=3$

由球面的标准方程得
$$(x+1)^2+(y+3)^2+(z-2)^2=9$$

4.将 xOz 平面上的抛物线 $z^2=5x$ 绕 x 轴旋转一周,求所生成的旋转曲面方程.

解　xOz 平面上的曲线 $f(x,z)=0$,绕 x 轴旋转一周,所生成的旋转曲面方程为
$$f(x,\pm\sqrt{y^2+z^2})=0$$
于是,由 $z^2=5x$ 绕 x 轴旋转一周,所得的旋转曲面方程为
$$z^2+y^2=5x$$

四、综合测试题

1.将正确答案填在横线上:

(1)已知两向量 $a=i+j+k,b=-i-j-k$,则_____;

A. $a /\!/ b$ B. $a = b$ C. $a > b$ D. $a - b = 0$

(2) 直线 $x = 3y = 5z$ 与平面 $4x + 12y + 20z - 1 = 0$ _____。

A. 平行   B. 垂直   C. 相交   D. 在平面上

(3) 已知球面方程为 $x^2 + y^2 + z^2 - 2x - 4y - 6z - 2 = 0$,则

点 $(0,5,6)$ _____;点 $(1,2,7)$ _____;点 $(1,2,3)$ _____;点 $(1,1,2)$ _____.

A. 在球内   B. 在球外   C. 在球面上   D. 为球心

(4) yOz 平面上的椭圆 $\dfrac{y^2}{a^2} + \dfrac{z^2}{b^2} = 1$ 绕 z 轴旋转一周而形成的椭球面方程为 _____.

(5) 在空间直角坐标系中 $z = x^2 + y^2$ 表示 _____;$z^2 = x^2 + y^2$ 表示 _____.

2. 已知 $a = 2i - 3j + k$, $b = i + 2j + k$,求:

(1) $(2a) \cdot (3b)$;   (2) $a \times (2b)$;   (3) $a \cdot a$;   (4) $b \times i$.

3. 已知三角形的三个顶点为 $A(-1,2,3)$, $B(1,1,1)$, $C(0,0,5)$,试证 $\triangle ABC$ 为直角三角形,并求角 B.

4. 求与 $A(2,1,0)$ 和 $B(1,-3,6)$ 等距离的点的轨迹方程.

5. 试求通过点 $A(0,0,3)$ 且垂直于两平面 $x - y - z = 0$ 和 $2y = x$ 的平面方程.

6. 求通过点 $A(1,3,-4)$ 且平行于直线 $x = t+1, y = 2t+1, z = 3t+1$ 的直线方程.

7. 求通过点 $M_0(2,-3,8)$ 且平行于 z 轴的直线方程.

8. 求通过点 $A(1,2,1)$ 且与两条直线 $\begin{cases} x + 2y - z + 1 = 0 \\ x - y + z - 1 = 0 \end{cases}$ 和 $\begin{cases} 2x - y + z = 0 \\ x - y + z = 0 \end{cases}$ 平行的平面方程.

9. 指出下列曲面的名称,并作出图像:

(1) $x^2 + y^2 - z^2 = 1$; (2) $x^2 + y^2 = z^2$; (3) $z = x^2 + y^2 + 1$;

(4) $z = R - \sqrt{R^2 - (x^2 + y^2)}$.

第九章

多元函数微分法及其应用

一、本章教学目标及重点

【教学目标】

1. 理解多元函数的概念,会求二元函数,三元函数的定义域,了解二元函数的极限与连续性.

2. 理解偏导数的概念,了解二元函数偏导数的定义求法及几何意义,熟练掌握利用一元函数微分法求偏导数,掌握二阶偏导数,混合偏导数的求法.

3. 理解全微分的概念,了解可微的必要条件和充分条件,会求函数的全微分,会利用全微分进行近似计算.

4. 掌握复合函数微分法及隐函数微分法.

5. 会利用偏导数求空间曲线在某点的切线方程和法平面方程,会利用偏导数求曲面在某点的切平面方程与法线方程.

6. 理解二元函数极值的概念,熟练掌握二元函数极值与最大值、最小值的求法,会利用拉格朗日乘数法求条件极值.

【知识点、重点归纳】

多元函数微分法是一元函数微分法的推广与发展. 多元函数与一元函数有着密切的联系和许多共同之处,在研究多元函数的有关问题时,常常把它转化为一元函数的问题. 因此,学习本章时,一定要认真复习一元函数中的有关概念、公式及基本方法,特别是求导公式及求导法则.

多元函数与一元函数也有许多不同之处,这些不同点反映了多元函数的特殊性. 掌握多元函数与一元函数的共性与特殊性,是学习本章的关键. 虽然二元函数与一元函数有许多不同的性质,但从二元到三元、四元等多元函数时,许多结论可以类推,因此,本书研究多元函数的性质时,均以二元函数为主.

下面概括地叙述本章的几个知识要点.

1. 熟练掌握多元函数、偏导数、全微分、多元函数极值等基本概念,这是学好本章的基础.

2. 要能熟练求出多元函数的偏导数,虽然偏导数是一个新概念,但从其定义中不难发现,其实质仍然是一元函数求导问题. 例如二元函数 $z = f(x, y)$ 对 x 的偏导数,就是将自变量 y 看作常数(从而 $z = f(x, y)$ 可以看作是 z 关于 x 的一元函数),对 x 求导数,这便转化为熟悉的一元函数求导问题.三元函数也是采用完全类似的手法.

3.要掌握求多元函数二阶偏导数、混合偏导数的方法.二阶偏导数和混合偏导数均是对函数的偏导数再求偏导数.以二元函数为例,函数 $z = f(x,y)$ 关于 x,y 的偏导数 $\dfrac{\partial z}{\partial x}$ 和 $\dfrac{\partial z}{\partial y}$ 仍是关于 x,y 的二元函数,若它们的二阶偏导数和混合偏导数存在的话,则 $\dfrac{\partial^2 z}{\partial x^2}$ 就是 $\dfrac{\partial z}{\partial x}$ 关于 x 再求一次偏导数,$\dfrac{\partial^2 z}{\partial y^2}$ 就是 $\dfrac{\partial z}{\partial y}$ 关于 y 再求一次偏导数,$\dfrac{\partial^2 z}{\partial x \partial y}$ 就是 $\dfrac{\partial z}{\partial x}$ 关于 y 再求一次偏导数.因此,二阶偏导数和混合偏导数最终也归结为一元函数求导问题.

4.要会求二元函数的全微分,会利用全微分做一些近似计算.根据全微分的定义及二元函数在某点可微的必要条件可知,一般情况下 $z = f(x,y)$ 在 (x_0, y_0) 处的全微分 $\mathrm{d}z$ 就是其在该点处的两个偏微分 $\dfrac{\partial z}{\partial x}\Big|_{(x_0, y_0)}\mathrm{d}x$ 与 $\dfrac{\partial z}{\partial y}\Big|_{(x_0, y_0)}\mathrm{d}y$ 之和.因此,求全微分可转化为求偏导数问题.

5.本章的重点也是难点之一,是多元复合函数的求导问题.解决这个问题的关键是正确分清所给具体问题中的几个变量,谁是因变量,谁是中间变量,谁是自变量;分清复合函数求导公式中的各个导数,哪些是对自变量求的,哪些是对中间变量求的.例如 $w = f[x, \varphi(x,y), \psi(x,y)]$,设 $u = \varphi(x,y), v = \psi(x,y)$,这里 w 是因变量,x 既是自变量又是中间变量,u,v 是中间变量,y 是自变量,因此有

$$\frac{\partial w(x,y)}{\partial x} = \frac{\partial f(x,u,v)}{\partial x} \cdot 1 + \frac{\partial f(x,u,v)}{\partial u} \cdot \frac{\partial u}{\partial x} + \frac{\partial f(x,u,v)}{\partial v} \cdot \frac{\partial v}{\partial x}$$

可简记为

$$w'_x = f'_1 + f'_2 u'_x + f'_3 v'_x$$

这里 f'_i 表示 $f(x,u,v)$ 对第 i 个中间变量求导.

若对 w 求二阶导数时,仍需注意 f'_1, f'_2, f'_3 这三个偏导数仍然是以 x, u, v 为中间变量,以 x,y 为自变量的复合函数.由于比较复杂,这里不再详述.

6.隐函数求导是本章又一重点.其求法一般有两种,一种为直接法,一种为公式法.这两种方法本质上都是多元复合函数求导公式的具体应用,但具体解题时也有差别,选用某种方法后,就必须按这种方法的步骤进行,不要把两种方法混淆.至于两种方法的具体计算步骤,可参见例11.

7.求二元函数的极值与求一元函数的极值极其类似,偏导数存在的函数在 $M_0(x_0, y_0)$ 取得极值,该点必须是驻点,不过这里驻点 $M_0(x_0, y_0)$ 必须满足 $\dfrac{\partial f}{\partial x}\Big|_{M_0} = 0$、$\dfrac{\partial f}{\partial y}\Big|_{M_0} = 0$ 两个条件.理解其含义,我们只需按求极值的步骤作运算即可(参见例13).

8.求多元函数的条件极值是本章的一个难点.解决这类问题的关键是根据题意选择适当的自变量(比如 x,y),建立目标函数(比如 $f(x,y)$),确定约束条件(比如 $\varphi(x,y) = 0$),然后求辅助函数 $F(x,y) = f(x,y) + \lambda\varphi(x,y)$,转化为无条件极值.

二、典型例题解析

【例 1】　求函数 $u = \ln(y - x^2) + \sqrt{1 - y^2 - x^2}$ 的定义域.

【分析】　该函数由 $\ln(y - x^2)$ 与 $\sqrt{1 - y^2 - x^2}$ 两部分组合而成. 求其定义域, 就是求使这两部分都有意义的点 (x, y) 的集合.

解　为使函数有意义, 需有

$$\begin{cases} y - x^2 > 0 \\ 1 - y^2 - x^2 \geqslant 0 \end{cases}$$

所以函数的定义域为

$$D = \{(x, y) \mid y > x^2 \text{ 且 } x^2 + y^2 \leqslant 1\}$$

这个定义域的图像是抛物线 $y = x^2$ 的上方(不包括边界 $y = x^2$ 上的点) 与单位圆域(包括 $x^2 + y^2 = 1$ 上的点) 的公共部分, 如图 9-1 所示.

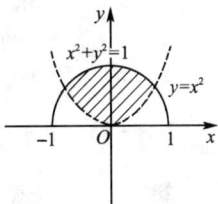

图 9-1

【例 2】　求函数 $z = \mathrm{e}^{2x} \cos y$ 的偏导数.

【分析】　求二元函数的偏导数, 我们只需将其中的一个变量看作常数, 然后应用一元函数的求导法则对另一变量求导即可.

解　将 y 看作常数, 对 x 求导数, 得

$$\frac{\partial z}{\partial x} = \cos y (\mathrm{e}^{2x})'_x = 2\cos y \, \mathrm{e}^{2x}$$

将 x 看作常数, 对 y 求导数, 得

$$\frac{\partial z}{\partial y} = \mathrm{e}^{2x} (\cos y)'_y = -\mathrm{e}^{2x} \sin y$$

【例 3】　求函数 $z = x \arcsin \dfrac{y}{x}$ 的偏导数 $(x > 0)$.

解　把 y 看作常数, 对 x 求导数, 应用一元函数求导法则 $(uv)' = u'v + uv'$ 得

$$\frac{\partial z}{\partial x} = (x)'_x \arcsin \frac{y}{x} + x \left(\arcsin \frac{y}{x} \right)'_x$$

$$= \arcsin \frac{y}{x} + x \cdot \frac{1}{\sqrt{1 - \left(\dfrac{y}{x} \right)^2}} \cdot \left(\frac{y}{x} \right)'_x$$

$$= \arcsin \frac{y}{x} - \frac{y}{\sqrt{x^2 - y^2}}$$

把 x 看作常数, 对 y 求导数, 得

$$\frac{\partial z}{\partial y} = x \cdot \frac{1}{\sqrt{1 - \left(\dfrac{y}{x} \right)^2}} \cdot \frac{1}{x} = \frac{x}{\sqrt{x^2 - y^2}} \quad (x > 0)$$

【例 4】　求函数 $f(x, y) = \arctan \dfrac{y}{x}$ 的二阶偏导数.

解　$\dfrac{\partial f}{\partial x}=\dfrac{1}{1+\left(\dfrac{y}{x}\right)^2}\cdot\left(-\dfrac{y}{x^2}\right)=-\dfrac{y}{x^2+y^2}$

$\dfrac{\partial f}{\partial y}=\dfrac{1}{1+\left(\dfrac{y}{x}\right)^2}\cdot\dfrac{1}{x}=\dfrac{x}{x^2+y^2}$

$\dfrac{\partial^2 f}{\partial x^2}=\dfrac{\partial}{\partial x}\left(\dfrac{\partial f}{\partial x}\right)=-y\cdot(-1)(x^2+y^2)^{-2}\cdot 2x=\dfrac{2xy}{(x^2+y^2)^2}$

$\dfrac{\partial^2 f}{\partial y^2}=\dfrac{\partial}{\partial y}\left(\dfrac{\partial f}{\partial y}\right)=x\cdot(-1)\cdot(x^2+y^2)^{-2}\cdot 2y=-\dfrac{2xy}{(x^2+y^2)^2}$

$\dfrac{\partial^2 f}{\partial x\partial y}=\dfrac{\partial}{\partial y}\left(\dfrac{\partial f}{\partial x}\right)=\dfrac{-(x^2+y^2)-(-y)\cdot 2y}{(x^2+y^2)^2}=\dfrac{y^2-x^2}{(x^2+y^2)^2}$

$\dfrac{\partial^2 f}{\partial y\partial x}=\dfrac{\partial}{\partial x}\left(\dfrac{\partial f}{\partial y}\right)=\dfrac{(x^2+y^2)-x\cdot 2x}{(x^2+y^2)^2}=\dfrac{y^2-x^2}{(x^2+y^2)^2}$

【例 5】　求函数 $z=\arcsin\dfrac{x}{y}$ 的全微分 $(y>0)$.

解　为求全微分,需先求出偏导数和偏微分.

$$\dfrac{\partial z}{\partial x}=\dfrac{1}{\sqrt{1-\left(\dfrac{x}{y}\right)^2}}\cdot\dfrac{1}{y}=\dfrac{1}{\sqrt{y^2-x^2}}$$

$$\dfrac{\partial z}{\partial y}=\dfrac{1}{\sqrt{1-\left(\dfrac{x}{y}\right)^2}}\cdot\left(-\dfrac{x}{y^2}\right)=-\dfrac{x}{y\sqrt{y^2-x^2}}$$

所以　$\mathrm{d}z=\dfrac{\partial z}{\partial x}\mathrm{d}x+\dfrac{\partial z}{\partial y}\mathrm{d}y=\dfrac{\mathrm{d}x}{\sqrt{y^2-x^2}}-\dfrac{x\mathrm{d}y}{y\sqrt{y^2-x^2}}=\dfrac{y\mathrm{d}x-x\mathrm{d}y}{y\sqrt{y^2-x^2}}$

【例 6】　求函数 $z=x^2-xy+y^2$,当 $x=1$ 时,$y=-2$,$\Delta x=0.01$,$\Delta y=-0.02$ 时的全增量和全微分.

解　全增量 $\Delta z=z(x+\Delta x,y+\Delta y)-z(x,y)$
$$=\left[(1+0.01)^2-(1+0.01)\times(-2-0.02)+(-2-0.02)^2\right]-\left[1^2-1\times(-2)+(-2)^2\right]=0.1407$$

$z'_x(1,-2)=(2x-y)\Big|_{\substack{x=1\\y=-2}}=4$,$\ z'_y(1,-2)=(-x+2y)\Big|_{\substack{x=1\\y=-2}}=-5$

$\mathrm{d}z=z'_x(1,-2)\Delta x+z'_y(1,-2)\Delta y=4\times 0.01-5\times(-0.02)=0.14$

【例 7】　已知边长为 $x=6\ \mathrm{m}$ 与 $y=8\ \mathrm{m}$ 的矩形,如果 x 边增加 5 cm,而 y 边减少 10 cm,求这个矩形的对角线及面积变化的近似值.

解　设矩形的对角线长为 l,面积为 S,则
$$l=\sqrt{x^2+y^2},S=xy$$
$$l'_x=\dfrac{x}{\sqrt{x^2+y^2}},l'_y=\dfrac{y}{\sqrt{x^2+y^2}}$$

$$S_x' = y, S_y' = x$$

于是

$$\Delta l \approx \mathrm{d}l = l_x'\Big|_{\substack{x=6\\y=8}}\Delta x + l_y'\Big|_{\substack{x=6\\y=8}}\Delta y$$

$$= \frac{6}{\sqrt{6^2+8^2}}\times 0.05 + \frac{8}{\sqrt{6^2+8^2}}\times(-0.10)$$

$$= -0.05(\mathrm{m})$$

即对角线缩短 5 cm；

$$\Delta S \approx \mathrm{d}S = S_x'\Big|_{\substack{x=6\\y=8}}\Delta x + S_y'\Big|_{\substack{x=6\\y=8}}\Delta y$$

$$= 8\times 0.05 + 6\times(-0.10)$$

$$= -0.2(\mathrm{m}^2)$$

即面积减小 0.2 m².

【例8】 求函数 $u = x^2 + y^2 + z^2$, $x = \mathrm{e}^t\cos t, y = \mathrm{e}^t\sin t, z = \mathrm{e}^t$ 的全导数.

解 虽然 u 是关于 x,y,z 的三元函数，但 x,y,z 都是关于 t 的一元函数，因此，u 是 t 的一元函数，且

$$\frac{\mathrm{d}u}{\mathrm{d}t} = \frac{\partial u}{\partial x}\cdot\frac{\mathrm{d}x}{\mathrm{d}t} + \frac{\partial u}{\partial y}\cdot\frac{\mathrm{d}y}{\mathrm{d}t} + \frac{\partial u}{\partial z}\cdot\frac{\mathrm{d}z}{\mathrm{d}t}$$

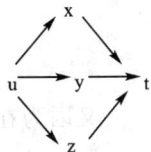

而

$$\frac{\partial u}{\partial x} = 2x, \frac{\partial u}{\partial y} = 2y, \frac{\partial u}{\partial z} = 2z$$

$$\frac{\mathrm{d}x}{\mathrm{d}t} = \mathrm{e}^t(\cos t - \sin t), \frac{\mathrm{d}y}{\mathrm{d}t} = \mathrm{e}^t(\sin t + \cos t), \frac{\partial z}{\partial t} = \mathrm{e}^t$$

所以

$$\frac{\mathrm{d}u}{\mathrm{d}t} = \frac{\partial u}{\partial x}\frac{\mathrm{d}x}{\mathrm{d}t} + \frac{\partial u}{\partial y}\frac{\mathrm{d}y}{\mathrm{d}t} + \frac{\partial u}{\partial z}\frac{\mathrm{d}z}{\mathrm{d}t}$$

$$= 2x\cdot\mathrm{e}^t(\cos t - \sin t) + 2y\cdot\mathrm{e}^t(\sin t + \cos t) + 2z\cdot\mathrm{e}^t$$

$$= 2\mathrm{e}^t\cos t\cdot\mathrm{e}^t(\cos t - \sin t) + 2\mathrm{e}^t\sin t\cdot\mathrm{e}^t(\sin t + \cos t) + 2\mathrm{e}^t\cdot\mathrm{e}^t$$

$$= 2\mathrm{e}^{2t}(\cos^2 t - \cos t\sin t + \sin^2 t + \sin t\cos t + 1)$$

$$= 4\mathrm{e}^{2t}$$

【例9】 设 $z = u^2 v - uv^2$, 而 $u = x\cos y, v = x\sin y$, 求 $\frac{\partial z}{\partial x}, \frac{\partial z}{\partial y}$.

解

$$\frac{\partial z}{\partial u} = 2uv - v^2, \frac{\partial z}{\partial v} = u^2 - 2uv$$

$$\frac{\partial u}{\partial x} = \cos y, \frac{\partial u}{\partial y} = -x\sin y, \frac{\partial v}{\partial x} = \sin y, \frac{\partial v}{\partial y} = x\cos y$$

$$\frac{\partial z}{\partial x} = \frac{\partial z}{\partial u}\cdot\frac{\partial u}{\partial x} + \frac{\partial z}{\partial v}\cdot\frac{\partial v}{\partial x}$$

$$= (2uv - v^2)\cdot\cos y + (u^2 - 2uv)\cdot\sin y$$

$$= (2x\cos y\cdot x\sin y - x^2\sin^2 y)\cdot\cos y + (x^2\cos^2 y - 2x\cos y\cdot x\sin y)\cdot\sin y$$

$$= 2x^2\sin y\cos^2 y - x^2\sin^2 y\cos y + x^2\sin y\cos^2 y - 2x^2\sin^2 y\cos y$$

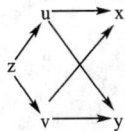

$$= 3x^2 \sin y \cos y(\cos y - \sin y)$$

$$\frac{\partial z}{\partial y} = \frac{\partial z}{\partial u} \cdot \frac{\partial u}{\partial y} + \frac{\partial z}{\partial v} \cdot \frac{\partial v}{\partial y}$$

$$= (2uv - v^2) \cdot (-x\sin y) + (u^2 - 2uv)x\cos y$$

$$= (2x\cos y \cdot x\sin y - x^2\sin^2 y)(-x\sin y) + (x^2\cos^2 y - 2x\cos y \cdot x\sin y)x\cos y$$

$$= -2x^3\sin^2 y\cos y + x^3\sin^3 y + x^3\cos^3 y - 2x^3\sin y\cos^2 y$$

$$= -2x^3\sin y\cos y(\sin y + \cos y) + x^3(\sin y + \cos y)(\sin^2 y - \sin y\cos y + \cos^2 y)$$

$$= x^3(\sin y + \cos y)(1 - 3\sin y\cos y)$$

【例 10】 已知 $z = f(u,v)$，$u = x + y$，$v = xy^2$，$f(u,v)$ 的二阶偏导数连续，在 $x = 1$，$y = 1$ 处有

$$\frac{\partial f}{\partial v} = \frac{\partial^2 f}{\partial u^2} = \frac{\partial^2 f}{\partial v^2} = \frac{\partial^2 f}{\partial u \partial v} = 1, \ 求 \left. \frac{\partial^2 z}{\partial x \partial y} \right|_{\substack{x=1 \\ y=1}}.$$

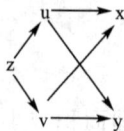

解 $\dfrac{\partial z}{\partial x} = \dfrac{\partial f}{\partial u} \cdot \dfrac{\partial u}{\partial x} + \dfrac{\partial f}{\partial v} \cdot \dfrac{\partial v}{\partial x} = \dfrac{\partial f}{\partial u} + y^2 \dfrac{\partial f}{\partial v}$

$$\frac{\partial^2 z}{\partial x \partial y} = \frac{\partial}{\partial y}\left(\frac{\partial f}{\partial u}\right) + 2y \cdot \left(\frac{\partial f}{\partial v}\right) + y^2 \frac{\partial}{\partial y}\left(\frac{\partial f}{\partial v}\right)$$

$$= \frac{\partial^2 f}{\partial u^2} \cdot \frac{\partial u}{\partial y} + \frac{\partial^2 f}{\partial u \partial v} \cdot \frac{\partial v}{\partial y} + 2y \cdot \frac{\partial f}{\partial v} + y^2\left(\frac{\partial^2 f}{\partial v \partial u} \cdot \frac{\partial u}{\partial y} + \frac{\partial^2 f}{\partial v^2} \cdot \frac{\partial v}{\partial y}\right)$$

$$= \frac{\partial^2 f}{\partial u^2} + 2xy\frac{\partial^2 f}{\partial u \partial v} + 2y \cdot \frac{\partial f}{\partial v} + y^2\frac{\partial^2 f}{\partial u \partial v} + 2xy^3\frac{\partial^2 f}{\partial v^2}$$

又因为在 $x = 1$，$y = 1$ 处，$\dfrac{\partial f}{\partial v} = \dfrac{\partial^2 f}{\partial u^2} = \dfrac{\partial^2 f}{\partial v^2} = \dfrac{\partial^2 f}{\partial u \partial v} = 1$

所以

$$\left. \frac{\partial^2 z}{\partial x \partial y} \right|_{\substack{x=1 \\ y=1}} = 1 + 2 + 2 + 1 + 2 = 8$$

【例 11】 设 $x + 2y + z - 2\sqrt{xyz} = 0$，求 $\dfrac{\partial z}{\partial x}$，$\dfrac{\partial z}{\partial y}$，$\dfrac{\partial x}{\partial y}$.

解法一（公式法） 令 $F(x,y,z) = x + 2y + z - 2\sqrt{xyz}$

因为

$$F'_x = 1 - \frac{yz}{\sqrt{xyz}}, \quad F'_y = 2 - \frac{xz}{\sqrt{xyz}}, \quad F'_z = 1 - \frac{xy}{\sqrt{xyz}}$$

所以

$$\frac{\partial z}{\partial x} = -\frac{F'_x}{F'_z} = \frac{\sqrt{xyz} - yz}{xy - \sqrt{xyz}}$$

$$\frac{\partial z}{\partial y} = -\frac{F'_y}{F'_z} = \frac{2\sqrt{xyz} - xz}{xy - \sqrt{xyz}}$$

$$\frac{\partial x}{\partial y} = -\frac{F'_y}{F'_x} = \frac{2\sqrt{xyz} - xz}{yz - \sqrt{xyz}}$$

解法二（直接法） 因为 $x + 2y + z - 2\sqrt{xyz} = 0$ 确定了函数 $z(x,y)$，所以方程两端对 x 求导得

$$1 + \frac{\partial z}{\partial x} - \frac{y}{\sqrt{xyz}}\left(z + x\frac{\partial z}{\partial x}\right) = 0$$

整理得
$$\frac{\partial z}{\partial x} = \frac{\sqrt{xyz} - yz}{xy - \sqrt{xyz}}$$

同理得
$$\frac{\partial z}{\partial y} = \frac{2\sqrt{xyz} - xz}{xy - \sqrt{xyz}}$$

类似地,原方程也确定了函数 $x = x(y,z)$,方程两端对 y 求导,得

$$\frac{\partial x}{\partial y} + 2 - \frac{z}{\sqrt{xyz}}\left(y\frac{\partial x}{\partial y} + x\right) = 0$$

整理得
$$\frac{\partial x}{\partial y} = \frac{2\sqrt{xyz} - xz}{yz - \sqrt{xyz}}$$

在解法二中,当求 $\dfrac{\partial z}{\partial x}$ 时,我们假设 z 是 x,y 的二元函数,x,y 是相互独立的变量,因此对 x 求导时,y 看作常量,z 看成 x 的函数,$2\sqrt{xyz}$ 关于 x 的偏导数为 $\dfrac{1}{\sqrt{xyz}}(xyz)'_x =$

$\dfrac{y}{\sqrt{xyz}}\left(1 \times z + x\dfrac{\partial z}{\partial x}\right)$,这一点需引起注意,求 $\dfrac{\partial z}{\partial y}$,$\dfrac{\partial x}{\partial y}$ 时也有类似情况.

比较解法一和解法二,可以看出,求"隐函数的偏导数"时,用公式法较为方便.

【例 12】　求椭球面 $2x^2 + 3y^2 + z^2 = 9$ 上平行于平面 $2x - 3y + 2z + 1 = 0$ 的切平面方程.

【分析】　此题的关键是找切点.如果椭球面上的切点为 (x_0, y_0, z_0),则曲面过该点的法向量可由 x_0,y_0,z_0 表示,且切平面的法向量与已给平面的法向量对应坐标成比例(二者平行),于是切点的坐标可找出.

解　设椭球面
$$F(x,y,z) = 2x^2 + 3y^2 + z^2 - 9 = 0 \tag{1}$$
平行于已知平面的切平面与椭球面相切于点 (x_0, y_0, z_0),则该切平面的法向量
$$\boldsymbol{n} = \{F'_x(x_0,y_0,z_0), F'_y(x_0,y_0,z_0), F'_z(x_0,y_0,z_0)\}$$
易求 $F'_x(x_0,y_0,z_0) = 4x_0$,$F'_y(x_0,y_0,z_0) = 6y_0$,$F'_z(x_0,y_0,z_0) = 2z_0$.

又切平面与平面 $2x - 3y + 2z + 1 = 0$ 平行,所以

$$\frac{4x_0}{2} = \frac{6y_0}{-3} = \frac{2z_0}{2}$$

设其比例为 t,则 $x_0 = \dfrac{t}{2}$,$y_0 = -\dfrac{t}{2}$,$z_0 = t$,又因为 (x_0, y_0, z_0) 在椭球面上,故其满足椭球面方程,将 $x_0 = \dfrac{t}{2}$,$y_0 = -\dfrac{t}{2}$,$z_0 = t$ 代入 (1) 式,可求出 $t = \pm 2$,于是切点为 $(1, -1, 2)$ 和 $(-1, 1, -2)$,相应的切平面的法向量为 $\boldsymbol{n}_1 = \{4, -6, 4\}$ 和 $\boldsymbol{n}_2 = \{-4, 6, -4\}$,切平面方程为

$$4(x-1) - 6(y+1) + 4(z-2) = 0$$
$$-4(x+1) + 6(y-1) - 4(z+2) = 0$$

整理得
$$2x - 3y + 2z = \pm 9$$

【**例 13**】 求函数 $z = x^3 - 4x^2 + 2xy - y^2$ 的极值.

解 该函数的定义域为整个实平面,且处处具有连续的二阶偏导数,为此,由极值存在的必要条件,先求其驻点.

令

$$\begin{cases} \dfrac{\partial z}{\partial x} = 3x^2 - 8x + 2y = 0 \\ \dfrac{\partial z}{\partial y} = 2x - 2y = 0 \end{cases}$$

解得

$$\begin{cases} x_1 = 0 \\ y_1 = 0 \end{cases} \quad \begin{cases} x_2 = 2 \\ y_2 = 2 \end{cases}$$

再由二元函数极值的充分条件,判断这两个点是否为极值点.

为了简便,当驻点达到两个及两个以上时,可列表 8-1.

表 8-1

点	$A = \dfrac{\partial^2 z}{\partial x^2} = 6x - 8$	$B = \dfrac{\partial^2 z}{\partial x \partial y} = 2$	$C = \dfrac{\partial^2 z}{\partial y^2} = -2$	$B^2 - AC$	结论
$(0,0)$	$-8 < 0$	$2 > 0$	$-2 < 0$	$-12 < 0$	是极值点,取得极大值
$(2,2)$	$4 > 0$	$2 > 0$	$-2 < 0$	$12 > 0$	不是极值点

因此,函数的极大值为 $z(0,0) = 0$.

【**例 14**】 求函数 $z = xy\sqrt{1 - x^2 - y^2}$ 在 $x^2 + y^2 \leqslant \dfrac{1}{4}, x \geqslant 0, y \geqslant 0$ 的最大值与最小值.

【**分析**】 在有界闭区域内连续函数的最大值与最小值可能在域内也可能在域的边界上取得,所以只要把域内部及边界上可能取得最大值与最小值的点的函数值进行比较,就可以得到最大值与最小值.

解 先求定义域内的驻点,令

$$\begin{cases} \dfrac{\partial z}{\partial x} = y\sqrt{1 - x^2 - y^2} - \dfrac{x^2 y}{\sqrt{1 - x^2 - y^2}} = 0 \\ \dfrac{\partial z}{\partial y} = x\sqrt{1 - x^2 - y^2} - \dfrac{y^2 x}{\sqrt{1 - x^2 - y^2}} = 0 \end{cases}$$

解得驻点为 $\left(\dfrac{1}{\sqrt{3}}, \dfrac{1}{\sqrt{3}}\right)$,易求 $f\left(\dfrac{1}{\sqrt{3}}, \dfrac{1}{\sqrt{3}}\right) = \dfrac{1}{3\sqrt{3}}$

定义域内没有不可导的点.

再求边界 $x^2 + y^2 = \dfrac{1}{4}$ 上的极值点,把 $x^2 + y^2 = \dfrac{1}{4}$ 代入原来的函数,得

$$z = \dfrac{\sqrt{3}}{4} x\sqrt{1 - 4x^2}$$

令 $\dfrac{dz}{dx} = 0$,得

$$\dfrac{-4x^2}{\sqrt{1 - 4x^2}} + \sqrt{1 - 4x^2} = 0$$

解得驻点 $\left(\dfrac{\sqrt{2}}{4}, \dfrac{\sqrt{2}}{4}\right)$，此时 $f\left(\dfrac{\sqrt{2}}{4}, \dfrac{\sqrt{2}}{4}\right) = \dfrac{\sqrt{3}}{16}$. 最后求边界 $x = 0$ 及 $y = 0$ 上的可能极值点为 $(0,0)$，这时 $f(0,0) = 0$.

比较以上各点，知函数的最大值为 $\dfrac{1}{3\sqrt{3}}$，最小值为零.

【例 15】　欲建造一座体积为 V 的长方形厂房，已知前墙和屋顶以外各墙的单位面积造价相同，而前墙和屋顶每单位面积的造价分别是其他各墙造价的 3 倍和 1.5 倍. 问前墙的长度和高度为多少时，厂房的造价最低（不计地面的造价）.

解　由于有体积为 V 的限制，因此是条件极值问题，设厂房前墙长为 x，高为 z，侧墙长为 y，约束条件是 $xyz = V$（V 为常数）. 根据不同墙面的造价知，总造价即目标函数可表示为

$$S = 3xz + 1.5xy + xz + 2yz$$
$$= 4xz + 1.5xy + 2yz \quad (x, y, z \text{ 均为正实数})$$

构造拉格朗日函数 $F(x, y, z, \lambda) = 4xz + 1.5xy + 2yz + \lambda(xyz - V)$

由

$$\begin{cases} F'_x = 4z + 1.5y + \lambda yz = 0 \\ F'_y = 1.5x + 2z + \lambda xz = 0 \\ F'_z = 4x + 2y + \lambda xy = 0 \\ F'_\lambda = xyz - V = 0 \end{cases}$$

得

$$x = \frac{2}{3}\sqrt[3]{9V}, \quad y = \frac{4}{3}\sqrt[3]{9V}, \quad z = \frac{1}{8}\sqrt[3]{9V}$$

在实际问题中，往往根据问题的实际意义可知，函数在给定的开域内存在着最大值（或最小值），且根据讨论知道该域内只存在唯一的驻点（通常不存在不可导的点），这时就可以断定函数在该驻点上的值就是最大值（或最小值）. 当然如果是在闭域上求最大值（或最小值），还需与边界上的极值进行比较方能得到结果.

三、教材典型习题与难题解答

习题 9-1

A　组

5.(1) $\displaystyle\lim_{\substack{x \to 0 \\ y \to 0}} \frac{2 - \sqrt{xy + 4}}{xy} = \lim_{\substack{x \to 0 \\ y \to 0}} \frac{(2 - \sqrt{xy + 4})(2 + \sqrt{xy + 4})}{xy(2 + \sqrt{xy + 4})}$

$\displaystyle\qquad\qquad = \lim_{\substack{x \to 0 \\ y \to 0}} \frac{2^2 - (xy + 4)}{xy(2 + \sqrt{xy + 4})} = \lim_{\substack{x \to 0 \\ y \to 0}} \frac{-1}{2 + \sqrt{xy + 4}}$

$\displaystyle\qquad\qquad = -\frac{1}{4}$

(2) $\displaystyle\lim_{\substack{x \to 0 \\ y \to 2}} \frac{\sin(xy)}{x} = \lim_{\substack{x \to 0 \\ y \to 2}} \left[\frac{\sin(xy)}{xy} \cdot y\right] = \lim_{\substack{x \to 0 \\ y \to 2}} \frac{\sin(xy)}{xy} \lim_{\substack{x \to 0 \\ y \to 2}} y = 2$

B 　 组

1.依题意,等腰梯形下底长为 $2-2x$,上底长为 $2-2x+2x\cos\theta$,高为 $h=x\sin\theta$,所以截面面积

$$S = \frac{1}{2}\big[(2-2x+2x\cos\theta)+(2-2x)\big]x\sin\theta$$

$$= x\sin\theta(2-2x+x\cos\theta)$$

3. $f(2000,20) = 2000 \times e^{0.06\times20} \approx 6640.23$(元)

即存入 2000 元钱,按利率 6% 连续计息,则 20 年到期的本息之和为 6640.23 元.

习题 9-2

A 　 组

2. (2) $z'_x = \cos\dfrac{y}{x}\cdot\left(\dfrac{y}{x}\right)'_x = -\dfrac{y}{x^2}\cos\dfrac{y}{x}$

$z'_y = \cos\dfrac{y}{x}\cdot\left(\dfrac{y}{x}\right)'_y = \dfrac{1}{x}\cos\dfrac{y}{x}$

(3) $z'_x = \dfrac{1}{2\sqrt{\ln(xy)}}\cdot\big[\ln(xy)\big]'_x = \dfrac{1}{2\sqrt{\ln(xy)}}\cdot\dfrac{1}{xy}\cdot(xy)'_x$

$\qquad = \dfrac{1}{2x\sqrt{\ln(xy)}}$

对称地可导出 $z'_y = \dfrac{1}{2y\sqrt{\ln(xy)}}$

(4) $z'_x = y(1+xy)^{y-1}\cdot(1+xy)'_x = y^2(1+xy)^{y-1}$

因为　　$z = (1+xy)^y = e^{\ln(1+xy)^y} = e^{y\ln(1+xy)}$

所以　　$z'_y = e^{y\ln(1+xy)}\cdot\big[y\ln(1+xy)\big]'_y$

$\qquad = e^{\ln(1+xy)^y}\big[\ln(1+xy)+y\cdot\dfrac{1}{1+xy}\cdot x\big]$

$\qquad = (1+xy)^y\big[\ln(1+xy)+\dfrac{xy}{1+xy}\big]$

3. (4)　$\dfrac{\partial z}{\partial x} = yx^{y-1},\dfrac{\partial z}{\partial y} = x^y\ln x$

$\dfrac{\partial^2 z}{\partial x^2} = y(y-1)x^{y-2},\dfrac{\partial^2 z}{\partial y^2} = x^y\ln^2 x$

$\dfrac{\partial^2 z}{\partial x\partial y} = (y\cdot x^{y-1})'_y = x^{y-1}+y\cdot x^{y-1}\ln x = x^{y-1}(1+y\ln x)$

B 　 组

2.证明　　因为　　　$\dfrac{\partial u}{\partial x} = z\cdot\dfrac{1}{1+\left(\dfrac{x}{y}\right)^2}\cdot\dfrac{1}{y} = \dfrac{yz}{x^2+y^2}$

$\dfrac{\partial u}{\partial y} = z\cdot\dfrac{1}{1+\left(\dfrac{x}{y}\right)^2}\cdot\left(\dfrac{-x}{y^2}\right) = \dfrac{-xz}{x^2+y^2}$

$$\frac{\partial u}{\partial z} = \arctan \frac{x}{y}$$

$$\frac{\partial^2 u}{\partial x^2} = \frac{-2xyz}{(x^2+y^2)^2}, \frac{\partial^2 u}{\partial y^2} = \frac{2xyz}{(x^2+y^2)^2}$$

$$\frac{\partial^2 u}{\partial z^2} = 0$$

于是
$$\frac{\partial^2 u}{\partial x^2} + \frac{\partial^2 u}{\partial y^2} + \frac{\partial^2 u}{\partial z^2} = \frac{-2xyz+2xyz}{(x^2+y^2)^2} = 0$$

习题 9-3

A 组

1. $\Delta z = z(x_0 + \Delta x, y_0 + \Delta y) - z(x_0, y_0)$

$= \dfrac{1+(-0.2)}{2+0.1} - \dfrac{1}{2} \approx -0.119$

$\mathrm{d}z = z'_x \bigg|_{\substack{x=2 \\ y=1}} \mathrm{d}x + z'_y \bigg|_{\substack{x=2 \\ y=1}} \mathrm{d}y = -\dfrac{y}{x^2}\bigg|_{\substack{x=2 \\ y=1}} \Delta x + \dfrac{1}{x}\bigg|_{\substack{x=2 \\ y=1}} \Delta y$

$= -\dfrac{1}{4} \times 0.1 + \dfrac{1}{2} \times (-0.2) = -0.125$

3. (3) $\dfrac{\partial z}{\partial x} = y\cos(xy) + 2\cos(xy)[-\sin(xy)] \cdot y$

$\qquad = y\cos(xy) - y\sin(2xy)$

$\dfrac{\partial z}{\partial y} = x\cos(xy) - x\sin(2xy)$

$\mathrm{d}z = \dfrac{\partial z}{\partial x}\mathrm{d}x + \dfrac{\partial z}{\partial y}\mathrm{d}y$

$\qquad = y[\cos(xy) - \sin(2xy)]\mathrm{d}x + x[\cos(xy) - \sin(2xy)]\mathrm{d}y$

$\qquad = [\cos(xy) - \sin(2xy)](y\mathrm{d}x + x\mathrm{d}y)$

(4) $\dfrac{\partial u}{\partial x} = yz \cdot x^{yz-1}, \dfrac{\partial u}{\partial y} = zx^{yz}\ln x, \dfrac{\partial u}{\partial z} = yx^{yz}\ln x$

$\mathrm{d}u = \dfrac{\partial u}{\partial x}\mathrm{d}x + \dfrac{\partial u}{\partial y}\mathrm{d}y + \dfrac{\partial u}{\partial z}\mathrm{d}z$

$\qquad = yzx^{yz-1}\mathrm{d}x + zx^{yz}\ln x\mathrm{d}y + yx^{yz}\ln x\mathrm{d}z$

B 组

1. 设 $z = f(x,y) = \sqrt{x^3+y^3}, x_0 = 1, y_0 = 2, \Delta x = 0.02, \Delta y = -0.03,$ 则

$$\sqrt{(1.02)^3 + (1.97)^3} = f(x_0 + \Delta x, y_0 + \Delta y)$$

$$\approx f(x_0, y_0) + f'_x(x_0, y_0)\Delta x + f'_y(x_0, y_0)\Delta y$$

而 $\qquad f'_x(x,y) = \dfrac{3x^2}{2\sqrt{x^3+y^3}}, f'_y(x,y) = \dfrac{3y^2}{2\sqrt{x^3+y^3}}$

所以

$$f(x_0,y_0) = f(1,2) = \sqrt{1^3+2^3} = 3$$

$$f'_x(x_0,y_0) = f'_x(1,2) = \frac{1}{2}$$

$$f'_y(x_0,y_0) = f'_y(1,2) = 2$$

于是 $\qquad \sqrt{(1.02)^3+(1.9)^3} \approx 3 + \dfrac{1}{2} \times 0.02 + 2 \times (-0.03) = 2.95$

习题 9-4

A 组

3.(1) 设 $u = \mathrm{e}^{xy}, v = x^2+y^2$,则

$$z = f(u,v)$$

$$\frac{\partial z}{\partial x} = \frac{\partial z}{\partial u} \cdot \frac{\partial u}{\partial x} + \frac{\partial z}{\partial v} \cdot \frac{\partial v}{\partial x} = y\mathrm{e}^{xy}\frac{\partial z}{\partial u} + 2x\frac{\partial z}{\partial v}$$

$$\frac{\partial z}{\partial y} = \frac{\partial z}{\partial u} \cdot \frac{\partial u}{\partial y} + \frac{\partial z}{\partial v} \cdot \frac{\partial v}{\partial y} = x\mathrm{e}^{xy}\frac{\partial z}{\partial u} + 2y\frac{\partial z}{\partial v}$$

(2) 设 $u = xy, v = xyz$,则 $w = f(x,u,v)$,

于是

$$\frac{\partial w}{\partial x} = \frac{\partial f}{\partial x} \cdot 1 + \frac{\partial f}{\partial u} \cdot \frac{\partial u}{\partial x} + \frac{\partial f}{\partial v} \cdot \frac{\partial v}{\partial x} = \frac{\partial f}{\partial x} + y\frac{\partial f}{\partial u} + yz\frac{\partial f}{\partial v}$$

$$\frac{\partial w}{\partial y} = \frac{\partial f}{\partial u} \cdot \frac{\partial u}{\partial y} + \frac{\partial f}{\partial v} \cdot \frac{\partial v}{\partial y} = x\frac{\partial f}{\partial u} + xz\frac{\partial f}{\partial v}$$

$$\frac{\partial w}{\partial z} = \frac{\partial f}{\partial u} \cdot \frac{\partial u}{\partial z} + \frac{\partial f}{\partial v} \cdot \frac{\partial v}{\partial z} = xy\frac{\partial f}{\partial v}$$

B 组

1.**证明** 设 $v = \sin y - \sin x$,则

$$F(\sin y - \sin x) = F(v)$$

于是 $\qquad \dfrac{\partial u}{\partial x} = \cos x + \dfrac{\partial F}{\partial v} \cdot \dfrac{\partial v}{\partial x} = \cos x + (-\cos x)\dfrac{\partial F}{\partial v}$

$$\frac{\partial u}{\partial y} = \frac{\partial F}{\partial v} \cdot \frac{\partial v}{\partial y} = \cos y \cdot \frac{\partial F}{\partial v}$$

从而 $\quad \dfrac{\partial u}{\partial x}\cos y + \dfrac{\partial u}{\partial y}\cos x = \cos x\cos y - \cos x\cos y\dfrac{\partial F}{\partial v} + \cos y\dfrac{\partial F}{\partial v} \cdot \cos x$

$$= \cos x\cos y$$

2.**证明** 设 $u = cx - az, v = cy - bz$,则

$$F(u,v)=0$$
$$F'_x = F'_u \cdot u'_x + F'_v \cdot v'_x = cF'_u$$
$$F'_y = F'_u \cdot u'_y + F'_v \cdot v'_y = cF'_v$$
$$F'_z = F'_u \cdot u'_z + F'_v \cdot v'_z = -aF'_u - bF'_v$$

于是
$$\frac{\partial z}{\partial x} = -\frac{F'_x}{F'_z} = \frac{cF'_u}{aF'_u + bF'_v}$$

$$\frac{\partial z}{\partial y} = -\frac{F'_y}{F'_z} = \frac{cF'_v}{aF'_u + bF'_v}$$

从而
$$a\frac{\partial z}{\partial x} + b\frac{\partial z}{\partial y} = \frac{acF'_u}{aF'_u + bF'_v} + \frac{bcF'_v}{aF'_u + bF'_v} = c$$

习题 9-5

A　组

1. 点 $(1, \frac{\pi}{2}-1, 2\sqrt{2})$ 对应于 $t=\frac{\pi}{2}$. 因为
$$x'(t) = \sin t, y'(t) = 1-\cos t, z'(t) = 2\cos\frac{t}{2}$$

所以,切线向量 $\quad T = \left\{x'\left(\frac{\pi}{2}\right), y'\left(\frac{\pi}{2}\right), z'\left(\frac{\pi}{2}\right)\right\} = \{1,1,\sqrt{2}\}$

曲线在点 $(1, \frac{\pi}{2}-1, 2\sqrt{2})$ 处的切线方程为

$$\frac{x-1}{1} = \frac{y-\left(\frac{\pi}{2}-1\right)}{1} = \frac{z-2\sqrt{2}}{\sqrt{2}}$$

在点 $(1, \frac{\pi}{2}-1, 2\sqrt{2})$ 处的法平面方程为

$$1\times(x-1) + 1\times(y-\frac{\pi}{2}+1) + \sqrt{2}(z-2\sqrt{2}) = 0$$

即
$$x+y+\sqrt{2}z - \frac{\pi}{2} - 4 = 0$$

2. $x'(t)=1, y'(t)=2t, z'(t)=3t^2$.

设曲线在 $t=t_0$ 点处的切线平行于平面 $x+2y+z=3$,则切线向量 $T = \{x'(t_0), y'(t_0), z'(t_0)\} = \{1, 2t_0, 3t_0^2\}$ 垂直于平面的法向量 $n=\{1,2,1\}$,于是 $n\cdot T=0$,即 $1\times 1 + 2\times 2t + 1\times 3t_0^2 = 0$,解得 $t_0=-1$ 或 $t_0=-\frac{1}{3}$. 于是所求点为 $(-1,1,-1)$ 或 $\left(-\frac{1}{3}, \frac{1}{9}, -\frac{1}{27}\right)$.

3. $z'_x = 2x, z'_y = -4y$,于是
$$z'_x(2,1) = 4, z'_y(2,1) = -4$$

故曲面在点$(2,1,2)$处切平面的方程为

$$z-2=4(x-2)-4(y-1)$$

即

$$4x-4y-z-2=0$$

法线方程为

$$\frac{x-2}{4}=\frac{y-1}{-4}=\frac{z-2}{-1}$$

4.设$F(x,y,z)=e^z-z+xy-2$,则$F'_x(1,1,0)=1$,$F'_y(1,1,0)=1$,$F'_z(1,1,0)=0$,所以在点$(1,1,0)$处曲面的切平面方程为

$$1\times(x-1)+1\times(y-1)+0\times(z-0)=0$$

即

$$x+y-2=0$$

法线方程为

$$\frac{x-1}{1}=\frac{y-1}{1}=\frac{z-0}{0}$$

即

$$\begin{cases} x=y \\ z=0 \end{cases}$$

5.在D的内部,由于$z'_x=xy(2-3x-2y)$,$z'_y=x^2(1-x-2y)=0$,令$z'_x=z'_y=0$,得驻点$\left(\frac{1}{2},\frac{1}{4}\right)$,相应地$f\left(\frac{1}{2},\frac{1}{4}\right)=\frac{1}{64}$;

在D的边界上,当$x=0$时,$f(x,y)=0$;当$y=0$时,$f(x,y)=0$;当$x+y=4$时,

$$y=4-x,z=x^2(4-x)(1-x)=3x^3-12x^2$$

令$z'_x=9x^2-24x=0$,得$x_1=\frac{8}{3}$,$x_2=0$(舍去).

对应于$x_1=\frac{8}{3}$,$z=-\frac{256}{9}$,由于连续函数在闭区域上必取得最大、最小值,且最值一定在驻点或边界上取到,因此

$$\max z=z\left(\frac{1}{2},\frac{1}{4}\right)=\frac{1}{64},\min z=z\left(\frac{8}{3},\frac{4}{3}\right)=-\frac{256}{9}$$

B 组

1.设$F(x,y,z)=x^2+2y^2+z^2-1$,则$F'_x=2x$,$F'_y=4y$,$F'_z=2z$,由题意得

$$\frac{2x}{1}=\frac{4y}{-1}=\frac{2z}{2}$$

令$\frac{2x}{1}=\frac{4y}{-1}=\frac{2z}{2}=t$,得

$$\begin{cases} x=\dfrac{t}{2} \\ y=-\dfrac{t}{4} \\ z=t \end{cases}$$

因为点(x,y,z)在椭球上,将其代入椭球方程得

$$t_1 = 2\sqrt{\frac{2}{11}}, t_2 = -2\sqrt{\frac{2}{11}}$$

对应的点为 $\left(\sqrt{\frac{2}{11}}, -\frac{1}{2}\sqrt{\frac{2}{11}}, 2\sqrt{\frac{2}{11}}\right), \left(-\sqrt{\frac{2}{11}}, \frac{1}{2}\sqrt{\frac{2}{11}}, -2\sqrt{\frac{2}{11}}\right)$

切平面方程为

$$1\times\left(x-\sqrt{\frac{2}{11}}\right) - 1\times\left(y+\frac{1}{2}\sqrt{\frac{2}{11}}\right) + 2\times\left(z-2\sqrt{\frac{2}{11}}\right) = 0$$

即

$$x - y + 2z = \sqrt{\frac{11}{2}}$$

或

$$1\times\left(x+\sqrt{\frac{2}{11}}\right) - 1\times\left(y-\frac{1}{2}\sqrt{\frac{2}{11}}\right) + 2\times\left(z+2\sqrt{\frac{2}{11}}\right) = 0$$

即

$$x - y + 2z = -\sqrt{\frac{11}{2}}$$

2. $z'_x = y, z'_y = x,$

由题意

$$\frac{y}{1} = \frac{x}{3} = \frac{-1}{1}$$

所以 $x = -3, y = -1$,此时 $z = 3$,即所求点为 $(-3, -1, 3)$

3. $C'_x(x,y) = 50 + 2x + y, C'_y(x,y) = 100 + x + 2y.$ 所以 $C'_x(10,20) = 90, C'_y(10,20) = 150.$ 它们分别表示在生产 10 单位产品 A 和 20 单位产品 B 的情况下,再生产 1 单位 A 产品的成本为 90,再生产 1 单位 B 产品的成本为 150.

四、综合测试题

(一) 填空题

1. $z = \sqrt{x - \sqrt{y}}$ 的定义域为_____;

2. 已知 $z = \ln\sin(2x - y)$,则 $\frac{\partial z}{\partial x} =$ _____;

3. 设 $z = \ln(x^2 + y^2)$,则 $\mathrm{d}z|_{(2,2)} =$ _____;

4. 设 $z = \mathrm{e}^{x-2y}$,而 $x = \sin t, y = t^3$,则 $\frac{\mathrm{d}z}{\mathrm{d}t} =$ _____;

5. 设 $\ln\frac{z}{x} = \frac{y}{z}$,则 $\frac{\partial z}{\partial y} =$ _____;

6. 曲面 $\mathrm{e}^z - z + xy = 1$ 在点 $(2,0,0)$ 处的切平面方程为_____.

(二) 判断正误

1. 如果函数 $z = f(x,y)$ 在 (x_0, y_0) 点连续,则 $\lim\limits_{x \to x_0} f(x, y_0) = f(x_0, y_0)$; （   ）

2. $f'_x(x_0, y_0) = f'_x(x,y)\Big|_{\substack{x = x_0 \\ y = y_0}} = f'_x(x, y_0)\Big|_{x = x_0}$ 成立; （   ）

3. 若 $z = f(x,y)$ 在点 (x_0, y_0) 处偏导数存在,则 $z = f(x,y)$ 在点 (x_0, y_0) 处一定可

微；   (   )

4.若函数 $z = f(x,y)$ 在点$(0,0)$处取极小值，则必有 $f'_x(0,0) = f'_y(0,0) = 0$.

(   )

(三) 选择题

1.设 $f(x,y) = \dfrac{x^2+y^2}{xy}$,则下式中正确的是(   );

A. $f(x,-y) = f(x,y)$ B. $f(x+y,x-y) = f(x,y)$

C. $f(y,x) = f(x,y)$ D. $f\left(x,\dfrac{y}{x}\right) = f(x,y)$

2.已知 $f(x+y,x-y) = x^2 - y^2$,则$\dfrac{\partial f}{\partial x} + \dfrac{\partial f}{\partial y} = ($ $)$;

A. $2x+2y$ B. $2x-2y$

C. $x+y$ D. $x-y$

3.函数 $z = x^3 + y^3 - 6xy$ 的驻点为(   );

A. $(0,0)$和$(1,1)$ B. (k,k) $(k \in \mathbf{R})$

C. $(0,0)$和$(2,2)$ D. 无穷多个

4.函数 $z = 2x^2 - y^2$ 的极值点为(   ).

A. $(0,0)$ B. $(0,1)$ C. $(1,0)$ D. 不存在

(四) 解答题

1.求函数 $z = \dfrac{\sqrt{x-y^2}}{\ln(1-x^2-y^2)}$ 的定义域.

2.求下列函数的偏导数：

(1) $z = x^2 y - y^2 x$ (2) $z = (1+xy)^x$

3.设 $f(x,y) = \sqrt{x^2+y^2} - (x+y)$,求 $f'_x(4,3)$ 及 $f'_y(4,3)$.

4.设 $f(x,y,z) = x^2 y + y^2 z + z^2 x$,求 $f''_{xx}(1,0,0), f''_{xy}(1,0,1), f''_{yz}(0,0,1)$.

5.方程$\dfrac{\partial T}{\partial t} = a\dfrac{\partial^2 T}{\partial x^2}$称为热传导方程,其中$a > 0$为常数,证明 $T(x,t) = e^{-ab^2 t}\sin bx$ 满足该方程,其中 b 是任意常数.

6.某工厂生产甲、乙两种产品,当产量分别为 x 和 y 时,其成本
$$C(x,y) = 2x + 5y - 0.1(x^2 + xy + y^2) + 500$$

(1) 求每种产品的边际成本.

(2) 当出售两种产品的单价分别为 12 元和 15 元时,试求每种产品的边际利润.

7.试求当 $x=2, y=1, \Delta x = 0.01, \Delta y = 0.03$ 时,函数
$$z = \dfrac{xy}{x^2+y^2}$$

的全增量和全微分.

8.利用全微分计算近似值

(1) $\sin 29° \tan 46°$,   (2) $1.002 \times 2.001^2 \times 3.003^3$

9.当圆锥体形变时,它的底面半径 R 由 30 cm 增加到 30.1 cm,高 H 由 60 cm 减到 59.5 cm,试求其体积变化的近似值.

10.求下列复合函数的偏导数或全导数

(1) 设 $z = \mathrm{e}^{u\sin v}, u = xy, v = \ln(x+y)$,求 $\dfrac{\partial z}{\partial x}, \dfrac{\partial z}{\partial y}$;

(2) 设 $z = u^2 v - uv^2, u = x\sin y, v = x\cos y$,求 $\dfrac{\partial z}{\partial x}, \dfrac{\partial z}{\partial y}$;

(3) 设 $z = \arcsin(uv)$,而 $v = \mathrm{e}^u$,求 $\dfrac{\mathrm{d}z}{\mathrm{d}u}$.

11.求下列函数的一阶偏导数

(1) $z = f(\mathrm{e}^{xy}, x^2 + y^2)$　　　(2) $u = f(x^2, xy, yz^2)$

12.设 $\sin y - \mathrm{e}^x + xy = 0$,求 $\dfrac{\mathrm{d}y}{\mathrm{d}x}$.

13.求曲面 $z = \ln(4 + x^2 + y^2)$ 在点 $(1,1,\ln 6)$ 处的切平面和法线方程.

14.求椭球面 $x^2 + 4y^2 + 9z^2 = 1$ 上平行于平面 $x + y + z = 1$ 的切平面方程.

15.求函数 $z = 3x^2 - 2xy + 2y^2$ 的极值点和极值.

16.有一块铁皮,宽 1.2 m,要把它的两边折起做成一个梯形断面水槽,为使槽中水的流量最大,试求折起边的长度及其与底边的夹角.

17.设 $\begin{cases} x^2 + y^2 + z^2 = x \\ xyz = \sin x \end{cases}$ 确定 $z = z(x), y = y(x)$,求 $\dfrac{\mathrm{d}z}{\mathrm{d}x}$ 及 $\dfrac{\mathrm{d}y}{\mathrm{d}x}$.

18.判定函数 $f(x,y) = \begin{cases} \dfrac{xy}{\sqrt{x^2 + y^2}}, & (x,y) \neq (0,0) \\ 0, & (x,y) = (0,0) \end{cases}$ 在 $(0,0)$ 处是否连续;偏导数是否存在;是否可微.

第十章

二重积分

一、本章教学目标及重点

【教学目标】

1. 掌握二重积分的定义、了解二重积分的几何意义和物理意义.

2. 掌握二重积分的主要性质.

3. 会用联立不等式表示平面域.

4. 熟练掌握在直角坐标系下二重积分的计算方法;会在极坐标系下计算简单区域的二重积分.

5. 理解"微元法"的思想,会利用二重积分求某些立体的体积、空间曲面面积;会用公式计算简单的质量、重心、转动惯量等.

【知识点、重点归纳】

对二重积分化成累次积分,重点应放在配置积分限,然后是计算定积分的问题.

计算二重积分常用的方法有:(1) 若有对称性,要充分利用对称性;(2) 恰当选择积分次序,对二重积分来说,有先积 x 后积 y,或先积 y 后积 x 的问题;(3) 选择变量替换.对二重积分有极坐标变换.

对二重积分的应用(如体积、面积、质量、重心、转动惯量等),重点应放在确定被积函数和积分区域上,然后是利用公式求解二重积分.

二、典型例题解析

【例 1】 比较二重积分与定积分的异同点.

【分析】 除了两者的定义、几何意义、性质相似外,它们还有一个相同点是,都表示取和式的极限,并且是一个数.

定积分
$$\int_a^b f(x)\mathrm{d}x = \lim_{\lambda \to 0} \sum_{i=1}^n f(\xi_i) \cdot \Delta x_i = A$$

二重积分
$$\iint_D (x,y)\mathrm{d}\sigma = \lim_{\lambda \to 0} \sum_{i=1}^n f(x_i,y_i) \cdot \Delta \sigma_i = B$$

这个数(A 和 B) 只与被积函数及积分区间(区域) 有关.

不同点是:(1)前者的被积函数是一元函数而后者是二元函数;(2)前者的积分是在 x

轴的一个区间上进行,后者的积分在 xOy 平面上的一个区域上进行;(3)前者的积分上限可大于也可小于下限;后者在化为累次积分时,每个积分的上限一定大于下限(由于 $\Delta\sigma_i$ 为正).

【例2】　已知二重积分 $\iint\limits_{D}xy^2\mathrm{d}\sigma$,其中积分域 D 是单位圆 $x^2+y^2\leqslant 1$ 在第一象限的部分.将它写成如下的累次积分对吗?为什么?

$(1)\iint\limits_{D}xy^2\mathrm{d}\sigma=\int_0^1\mathrm{d}x\int_0^{\sqrt{1-y^2}}xy^2\mathrm{d}y$

$(2)\iint\limits_{D}xy^2\mathrm{d}\sigma=\int_0^{\sqrt{1-y^2}}\mathrm{d}x\int_0^{\sqrt{1-x^2}}xy^2\mathrm{d}y$

$(3)\iint\limits_{D}xy^2\mathrm{d}\sigma=\int_0^1\mathrm{d}x\int_0^1 xy^2\mathrm{d}y$

$(4)\iint\limits_{D}xy^2\mathrm{d}\sigma=\int_0^1\mathrm{d}x\int_0^{\sqrt{1-x^2}}xy^2\mathrm{d}y$

$(5)\iint\limits_{D}xy^2\mathrm{d}\sigma=\iint\limits_{D}r\cos\theta\cdot(r\sin\theta)^2\cdot\mathrm{d}r\mathrm{d}\theta$

$=\int_0^{\frac{\pi}{2}}\cos\theta\cdot\sin^2\theta\mathrm{d}\theta\int_0^1 r^3\mathrm{d}r$

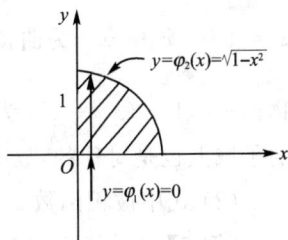

图 10-1

【分析】　以上五个累次积分表示式只有(4)是正确的,其余都是错误的.

(1)的错误在于第一次对 y 积分时,积分的上限应是 x 的函数,而不是积分变量 y 本身的函数 $\sqrt{1-y^2}$;

(2)的错误是第二次对 x 的积分时,积分上限应该是常数,而不是 y 的函数;

(3)的错误是第一次对 y 积分的上限应该是 x 的函数,它由域 D 的边界所确定,应是 $y=\varphi_2(x)=\sqrt{1-x^2}$ 而不是 $y=1$;

(5)的错误是在于化为极坐标系中的累次积分时,面积元素应该是 $r\mathrm{d}r\mathrm{d}\theta$,而不是 $\mathrm{d}r\mathrm{d}\theta$.

【例3】　交换累次积分 $\int_0^1\mathrm{d}x\int_x^1 f(x,y)\mathrm{d}y$ 的积分次序.

【分析】　由 $\int_0^1\mathrm{d}x\int_x^1 f(x,y)\mathrm{d}y=\iint\limits_{D}f(x,y)\mathrm{d}\sigma$ 知,域 D 为:
$0\leqslant x\leqslant 1,x\leqslant y\leqslant 1$(先对 y 积分),由图 10-2 知,域 D 可用 x, y 的另一不等式表示,即 D 为:$0\leqslant y\leqslant 1,\varphi_1(y)=0\leqslant x\leqslant y=\varphi_2(y)$(先对 x 积分)

图 10-2

解　$\int_0^1\mathrm{d}x\int_x^1 f(x,y)\mathrm{d}y=\int_0^1\mathrm{d}y\int_0^y f(x,y)\mathrm{d}x$

【例4】　若已知下列积分式中的积分域为 $D:x^2+y^2\leqslant 1,D_1:x^2+y^2\leqslant 1$(在第一象限的部分).试问利用对称性得到的下列简化计算式是否成立?

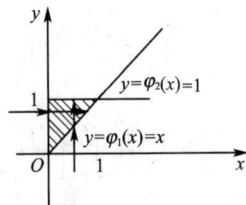

$(1)\iint\limits_{D}(1-x^2-y^2)\mathrm{d}\sigma = 4\iint\limits_{D_1}(1-x^2-y^2)\mathrm{d}\sigma$

$(2)\iint\limits_{D}(4-x-y)\mathrm{d}\sigma = 4\iint\limits_{D_1}(4-x-y)\mathrm{d}\sigma$

【分析】 (1) 式中 $\iint\limits_{D}(1-x^2-y^2)\mathrm{d}\sigma$ 的几何意义是以 D 域为底,旋转抛物面 $z=1-(x^2+y^2)$ 为曲顶的柱体的体积 V_0,而 $\iint\limits_{D_1}(1-x^2-y^2)\mathrm{d}\sigma$ 是以 D_1 域为底,旋转抛物面 $z=1-(x^2+y^2)$ 为曲顶的柱体在第一卦限内的体积 V_1. 由于被积函数在四个对称的子域上也是对称的,故有 $V=4V_1$

(2) 式中被积函数 $z=4-x-y$ 在四个对称的子域上不对称,故(2)式是错误的.

【例5】 计算下列二重积分

$(1)I_1 = \int_0^1 \mathrm{d}x\int_x^{2x}(x-y-1)\mathrm{d}y$

$(2)I_2 = \int_{-2}^4 \mathrm{d}y\int_0^y \dfrac{y^3}{x^2+y^2}\mathrm{d}x$

【分析】 (1) 式表示先对 y 积分后对 x 积分. 先对 y 积分时,要将变量 x 看作常数,进行定积分运算. 一般第一次积分的上、下限应是另一个变量的函数,因此其结果也是另一个变量的函数,再将此函数对该变量 x 作定积分,即得二重积分的计算结果.

解 $(1)I_1 = \int_0^1 \mathrm{d}x\int_x^{2x}(x-y-1)\mathrm{d}y$ （x 为常量）

$= \int_0^1 \left[xy-\dfrac{1}{2}y^2-y\right]_x^{2x}\mathrm{d}x = \int_0^1\left(-\dfrac{1}{2}x^2-x\right)\mathrm{d}x$

$= \left[-\dfrac{1}{6}x^3-\dfrac{1}{2}x^2\right]_0^1 = -\dfrac{2}{3}$

$(2)I_2 = \int_{-2}^4 \mathrm{d}y\int_0^y \dfrac{y^3}{x^2+y^2}\mathrm{d}x$ （y 看成常量）

$= \int_{-2}^4 \mathrm{d}y\int_0^y \dfrac{y^2}{1+\left(\dfrac{x}{y}\right)^2}\mathrm{d}\left(\dfrac{x}{y}\right)$

$= \int_{-2}^4\left[y^2\arctan\dfrac{x}{y}\right]_0^y\mathrm{d}y = \int_{-2}^4\dfrac{\pi}{4}y^2\mathrm{d}y = 6\pi$

【例6】 求 $\iint\limits_{D}xy\mathrm{d}\sigma$,其中 D 由 $x=0,x=a,y=0,y=b$ 所围成($a>0,b>0$).

【分析】 对于二重积分的计算来说,域 D 的图形是十分重要的. 一般来说,做每一道题都应该画图.

解法一 域 D（如图 10-3 所示）是矩形. 先对 y 积分

域 D 表示为 $\begin{cases}0\leqslant x\leqslant a\\ \varphi_1(x)=0\leqslant y\leqslant b=\varphi_2(x)\end{cases}$

于是 $I_1 = \iint\limits_D xy\,d\sigma = \int_0^a dx\int_{\varphi_1(x)}^{\varphi_2(x)} xy\,dy$ （x 看成常量）

$$= \int_0^a dx\int_0^b xy\,dy = \int_0^a \left[\frac{1}{2}xy^2\right]_0^b dx$$

$$= \frac{1}{2}b^2\int_0^a x\,dx = \frac{1}{4}a^2b^2$$

解法二 先对 x 积分

域 D 表示为：$\begin{cases} 0 \leqslant y \leqslant b \\ g_1(y) = 0 \leqslant x \leqslant a = g_2(y) \end{cases}$

于是 $I_1 = \iint\limits_D xy\,d\sigma = \int_0^b dy\int_{g_1(y)}^{g_2(y)} xy\,dx$

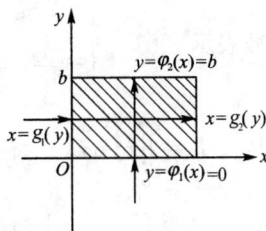

图 10-3

$$= \int_0^b dy\int_0^a xy\,dx = \int_0^b \left[\frac{1}{2}x^2 y\right]_0^a dy = \frac{1}{2}a^2\int_0^b y\,dy = \frac{1}{4}a^2b^2$$

解法三 $\iint\limits_D xy\,d\sigma = \int_0^a x\,dx\int_0^b y\,dy = \left[\frac{1}{2}x^2\right]_0^a \cdot \left[\frac{1}{2}y^2\right]_0^b = \frac{1}{4}a^2b^2$

【例7】 求 $\iint\limits_D x\,d\sigma$，其中 D 是以 $O(0,0)$，$A(2a,0)$，$B(3a,a)$，$C(a,a)$（$a > 0$）为顶点的

平行四边形.

解法一 先对 x 积分（如图 10-4）。

域 D 表示为：$\begin{cases} 0 \leqslant y \leqslant a \\ g_1(y) = y \leqslant x \leqslant g_2(y) = y + 2a \end{cases}$

于是 $I = \iint\limits_D x \cdot d\sigma = \int_0^a dy\int_{g_1(y)}^{g_2(y)} x \cdot dx$

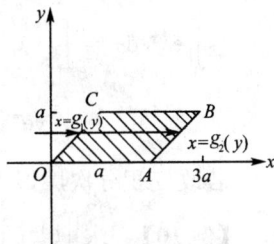

$$= \int_0^a dy\int_y^{y+2a} x \cdot dx = \int_0^a \frac{1}{2}\left[(y+2a)^2 - y^2\right]dy$$

$$= \frac{1}{2}\left[\frac{1}{3}(y+2a)^3 - \frac{1}{3}y^3\right]_0^a = 3a^3$$

图 10-4

解法二 先对 y 积分（如图 10-5），由于积分上下限的表达式不同，所以要将域 D 分

为 D_1，D_2，D_3 三部分分别计算，

$D_1:\begin{cases} 0 \leqslant x \leqslant a \\ 0 \leqslant y \leqslant x \end{cases}$，$D_2:\begin{cases} a \leqslant x \leqslant 2a \\ 0 \leqslant y \leqslant a \end{cases}$，

$D_3:\begin{cases} 2a \leqslant x \leqslant 3a \\ x - 2a \leqslant y \leqslant a \end{cases}$

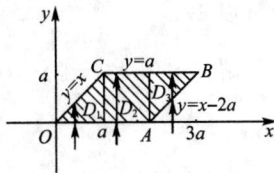

$$I = \iint\limits_D x\,d\sigma = \iint\limits_{D_1} x\,d\sigma + \iint\limits_{D_2} x\,d\sigma + \iint\limits_{D_3} x\,d\sigma$$

图 10-5

$$= \int_0^a dx\int_0^x x\,dy + \int_a^{2a} dx\int_0^a x\,dy + \int_{2a}^{3a} dx\int_{x-2a}^a x\,dy = 3a^3$$

同学们自己比较两种方法哪一个简单.

【例8】 求 $\iint\limits_D xy\,d\sigma$，其中 $D: 4x^2 + y^2 \leqslant 4$.

解法一 先对 x 积分（如图 10-6）.

D 域表示 $\begin{cases} -2 \leqslant y \leqslant 2 \\ -\dfrac{1}{2}\sqrt{4-y^2} \leqslant x \leqslant \dfrac{1}{2}\sqrt{4-y^2} \end{cases}$

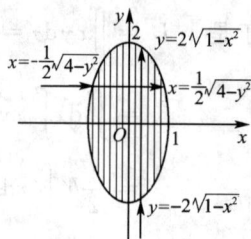

于是 $\quad I = \iint\limits_{D} xy\,\mathrm{d}\sigma = \int_{-2}^{2} y\,\mathrm{d}y \int_{-\frac{1}{2}\sqrt{4-y^2}}^{\frac{1}{2}\sqrt{4-y^2}} x\,\mathrm{d}x$

$$= \int_{-2}^{2} \left[y \cdot \frac{1}{2} x^2 \right]_{-\frac{1}{2}\sqrt{4-y^2}}^{\frac{1}{2}\sqrt{4-y^2}} \mathrm{d}y = 0$$

图 10-6

解法二　先对 y 积分.

D 域表为：$\begin{cases} -2\sqrt{1-x^2} \leqslant y \leqslant 2\sqrt{1-x^2} \\ -1 \leqslant x \leqslant 1 \end{cases}$

$$I = \iint\limits_{D} xy\,\mathrm{d}\sigma = \int_{-1}^{1} x\,\mathrm{d}x \int_{-2\sqrt{1-x^2}}^{2\sqrt{1-x^2}} y\,\mathrm{d}y = 0$$

【例 9】　求 $\iint\limits_{D} \mathrm{e}^{-y^2}\,\mathrm{d}\sigma$，其中 D 是以点 $(0,0),(1,1),(0,1)$ 为顶点的三角形.

解　先对 x 积分（如图 10-7）.

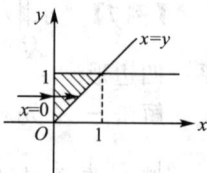

域 D 表示为 $\begin{cases} 0 \leqslant y \leqslant 1 \\ 0 \leqslant x \leqslant y \end{cases}$，于是

$$\iint\limits_{D} \mathrm{e}^{-y^2}\,\mathrm{d}\sigma = \int_{0}^{1} \mathrm{d}y \int_{0}^{y} \mathrm{e}^{-y^2}\,\mathrm{d}x = \int_{0}^{1} \left[\mathrm{e}^{-y^2} \cdot x \right]_{0}^{y}\,\mathrm{d}y$$

图 10-7

$$= \int_{0}^{1} y\mathrm{e}^{-y^2}\,\mathrm{d}y = \frac{1}{2}(1 - \mathrm{e}^{-1})$$

若改变积分次序，是否能求出二重积分呢？

【例 10】　求 $\iint\limits_{D} (|x|+|y|)\,\mathrm{d}x\mathrm{d}y$，其中 D：$|x|+|y| \leqslant 1$.

【分析】　积分域 D 为一正方形域（如图 10-8），坐标轴把它分成四块完全相同且对称的子区域 D_1，又注意到被积函数在这四个区域上也是对称的，所以所求积分等于在子区域 D_1 上的积分乘以 4.

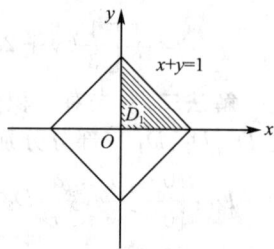

解　$\iint\limits_{D} (|x|+|y|)\,\mathrm{d}x\mathrm{d}y = 4\iint\limits_{D_1} (x+y)\,\mathrm{d}x\mathrm{d}y$

图 10-8

$$= 4\int_{0}^{1} \mathrm{d}x \int_{0}^{1-x} (x+y)\,\mathrm{d}y = \frac{4}{3}$$

【例 11】　求 $\iint\limits_{D} \dfrac{1}{\sqrt{1+x^2+y^2}}\,\mathrm{d}x\mathrm{d}y$，其中 D 为：圆 $x^2+y^2=1$ 及 $x=0,y=0$ 所围的第一象限部分.

【分析】　若域 D 为圆域、半圆域或 $\dfrac{1}{4}$ 圆域，被积函数含有 x^2+y^2 的式子，通常采用极坐标变换.

解　采用极坐标变换

由 $\begin{cases} x = r\cos\theta, \\ y = r\sin\theta \end{cases}$, $\mathrm{d}x\mathrm{d}y = r\mathrm{d}r\mathrm{d}\theta$, 域 D(如图 10-9) 表为

$$\begin{cases} 0 \leqslant r \leqslant 1 \\ 0 \leqslant \theta \leqslant \dfrac{\pi}{2} \end{cases}$$

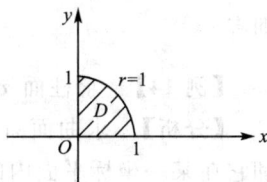

于是 $\quad I = \iint\limits_{D} \dfrac{1}{\sqrt{1+x^2+y^2}} \mathrm{d}x\mathrm{d}y = \displaystyle\int_0^{\frac{\pi}{2}} \mathrm{d}\theta \int_0^1 \dfrac{r}{\sqrt{1+r^2}} \mathrm{d}r$

图 10-9

$$= \dfrac{\pi}{2}(\sqrt{2}-1)$$

若此题用直角坐标系计算,十分困难.

【例 12】 求 $\iint\limits_{D}\arctan\dfrac{y}{x}\mathrm{d}x\mathrm{d}y$,其中 D 为圆 $x^2+y^2=4$,$x^2+y^2=1$ 和直线 $y=x$, $y=0$ 所围成的第一象限的区域.

【分析】 采用极坐标变换

解 由 $\tan\theta = \dfrac{y}{x}$,$\arctan\dfrac{y}{x} = \theta$,域 D(如图 10-10) 表示为

$$\begin{cases} 1 \leqslant r \leqslant 2 \\ 0 \leqslant \theta \leqslant \dfrac{\pi}{4} \end{cases},$$

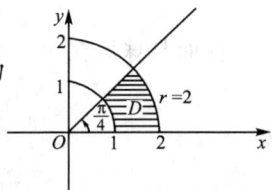

图 10-10

于是 $\quad I = \iint\limits_{D}\arctan\dfrac{y}{x}\mathrm{d}x\mathrm{d}y = \displaystyle\int_0^{\frac{\pi}{4}}\mathrm{d}\theta\int_1^2 \theta\cdot r\mathrm{d}r$

$$= \int_0^{\frac{\pi}{4}}\theta\mathrm{d}\theta\cdot\int_1^2 r\mathrm{d}r = \dfrac{3}{64}\pi^2$$

【例 13】 求由锥面 $z = \sqrt{x^2+y^2}$ 及旋转抛物面 $z = 6-x^2-y^2$ 所围成的立体的体积.

【分析】 求立体的体积,即求一个二重积分,当然要搞清楚哪个曲面(即被积函数)为顶和它在某一坐标平面上的投影(即积分区域)为底.

解 画出该立体的图形(如图 10-11),求出这两个曲面的交线 $\begin{cases} z = \sqrt{x^2+y^2} \\ z = 6-x^2-y^2 \end{cases}$ 在 xOy 面上的投影为 $\begin{cases} x^2+y^2=4 \\ z=0 \end{cases}$,它是所求立

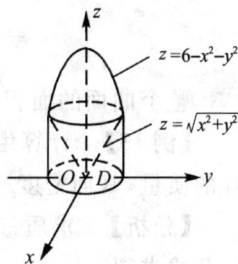

图 10-11

体在 xOy 面上的投影区域 D 的边界曲线. 由图 10-11 知,所求立体的体积 V 是以 $z = 6-x^2-y^2$ 为顶,以 D 为底的曲顶柱体的体积 V_2 减去以 $z = \sqrt{x^2+y^2}$ 为顶,在同一底上的曲顶柱体的体积 V_1 所得,即

$$V = V_2 - V_1 = \iint\limits_{D}(6-x^2-y^2)\mathrm{d}\sigma - \iint\limits_{D}\sqrt{x^2+y^2}\mathrm{d}\sigma$$

于是 $$V = \iint\limits_{D}(6-x^2-y^2-\sqrt{x^2+y^2})\mathrm{d}\sigma$$

显然,这个二重积分在极坐标系中计算比较简单.

即有
$$V = \int_0^{2\pi} d\theta \int_0^2 (6 - r^2 - r) \cdot r dr = \frac{32}{3}\pi.$$

【例 14】 求柱面 $x^2 + y^2 = Rx$ 包含在球面 $x^2 + y^2 + z^2 = R^2$ 内那部分的面积.

【分析】 求曲面面积,即求一个二重积分,当然要分清曲面和它在某一坐标平面内的投影.

解 柱面是本题所要求的曲面(如图 10-12),其方程为 $y = \sqrt{Rx - x^2}$(被积函数),由对称性,我们只需求第一卦限部分的面积 S_1 乘以 4,即为所求曲面的面积.

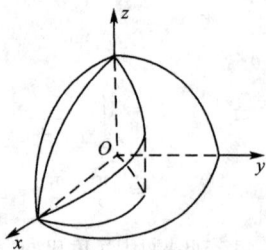

图 10-12

$$\frac{\partial y}{\partial x} = \frac{\frac{1}{2}R - x}{\sqrt{Rx - x^2}}, \frac{\partial y}{\partial z} = 0$$

于是
$$\sqrt{1 + \left(\frac{\partial y}{\partial x}\right)^2 + \left(\frac{\partial y}{\partial z}\right)^2} = \frac{R}{2\sqrt{Rx - x^2}}$$

柱面与球面在 zOx 面的投影线是 $\begin{cases} x^2 + y^2 = Rx \\ x^2 + y^2 + z^2 = R^2 \end{cases}$

得 $\begin{cases} z = \sqrt{R^2 - Rx} \\ y = 0 \end{cases}$

第一卦限部分的曲面在 zOx 面的投影区域是

$D: 0 \leqslant x \leqslant R, 0 \leqslant z \leqslant \sqrt{R^2 - Rx}$

$$S_1 = \iint_D \sqrt{1 + \left(\frac{\partial y}{\partial x}\right)^2 + \left(\frac{\partial y}{\partial z}\right)^2} dz dx = \frac{R}{2}\iint_D \frac{1}{\sqrt{Rx - x^2}} dz dx$$

$$= \frac{R}{2}\int_0^R dx \int_0^{\sqrt{R^2 - Rx}} \frac{1}{\sqrt{R^2 - x^2}} dz = \frac{R\sqrt{R}}{2}\int_0^R \frac{1}{\sqrt{x}} dx = R^2$$

整个曲面的面积 $S = 4S_1 = 4R^2$.

【例 15】 计算由两条抛物线 $y = x^2, x = y^2$ 所围成的薄片的质量,其面密度 $\rho(x, y) = xy$.

【分析】 求质量的关键是恰当地选择积分次序,然后利用公式求得.

解 先对 y 积分. 域 D(如图 10-13)为
$$\begin{cases} 0 \leqslant x \leqslant 1 \\ x^2 \leqslant y \leqslant \sqrt{x} \end{cases}$$

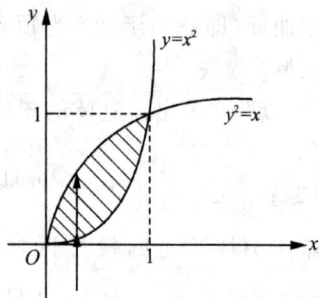

图 10-13

于是 $M = \iint_D \rho(x, y) d\sigma = \int_0^1 dx \int_{x^2}^{\sqrt{x}} xy dy$

$$= \int_0^1 \left[\frac{1}{2}xy^2\right]_{x^2}^{\sqrt{x}} dx = \int_0^1 \frac{1}{2}(x^2 - x^5) dx = \frac{1}{12}$$

【例 16】 求半径为 R,中心角为 2α 的均匀扇形的重心.

【分析】 恰当选择坐标系是解决此问题的关键.

解　以扇形的顶点为原点，中心角的平分线为极轴，建立极坐标系，如图 10-14 所示，则重心落在极轴上.

区域 D 为 $-\alpha \leqslant \theta \leqslant \alpha, 0 \leqslant r \leqslant R$

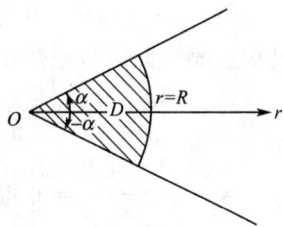

显然　$M = \iint\limits_{D} \mathrm{d}x\mathrm{d}y = \alpha R^2$（扇形面积，面密度 $\rho = 1$）

$$M_y = \iint\limits_{D} x\,\mathrm{d}x\mathrm{d}y = \int_{-\alpha}^{\alpha} \mathrm{d}\theta \int_{0}^{R} r\cos\theta \cdot r\mathrm{d}r$$

图 10-14

$$= \left[\sin\theta\right]_{-\alpha}^{\alpha} \cdot \left[\frac{1}{3}r^3\right]_{0}^{R} = \frac{2R^3}{3}\sin\alpha$$

$$M_x = \iint\limits_{D} y\,\mathrm{d}x\mathrm{d}y = \int_{-\alpha}^{\alpha} \mathrm{d}\theta \int_{0}^{R} r\sin\theta \cdot r\mathrm{d}r$$

$$= \left[-\cos\theta\right]_{-\alpha}^{\alpha} \cdot \left[\frac{1}{3}r^3\right]_{0}^{R} = 0$$

因此　$x_0 = \dfrac{M_y}{M} = \dfrac{2R\sin\alpha}{3\alpha}, y_0 = \dfrac{M_x}{M} = 0$

重心为 $\left(\dfrac{2R\sin\alpha}{3\alpha}, 0\right)$.

【例 17】　求正方形对于一个顶点的转动惯量.

【分析】　恰当建立直角坐标系是解此题的关键.

解　设正方形区域 D（如图 10-15）为：$0 \leqslant x \leqslant a, 0 \leqslant y \leqslant a$，求该正方形对坐标原点的转动惯量 I_0（设 $\rho = 1$），于是

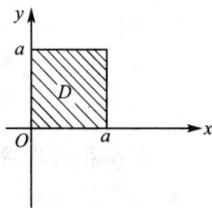

图 10-15

$$I_0 = \iint\limits_{D} (x^2 + y^2)\mathrm{d}\sigma = \int_{0}^{a} \mathrm{d}x \int_{0}^{a} (x^2 + y^2)\mathrm{d}y = \frac{2}{3}a^4$$

三、教材典型习题与难题解答

习题 10-1

B　组

2. 估计积分的值 $\iint\limits_{D} (x^2 + 4y^2 + 9)\mathrm{d}\sigma, D: x^2 + y^2 \leqslant 4$

【分析】　由二重积分的性质 5 知：$mS \leqslant \iint\limits_{D} f(x, y)\mathrm{d}\sigma \leqslant MS$，

其中的 m, M 在区域 D 上满足不等式 $m \leqslant f(x, y) \leqslant M$

所以先求出函数 $f(x, y) = x^2 + 4y^2 + 9$ 在 D 上的最大和最小值.

解　先求稳定点. 解方程组 $\begin{cases} \dfrac{\partial f}{\partial x} = 2x = 0 \\[2mm] \dfrac{\partial f}{\partial y} = 8y = 0 \end{cases}$

得　　$x = 0, y = 0$　　即 $f(0,0) = 9$

其次还要将此值与函数在边界 $x^2 + y^2 = 4$ 上的最大和最小值进行比较.

将 $y^2 = 4 - x^2$ 代入,得一元函数

$$f(x,y) = -3x^2 + 25$$

令 $f'_x = -6x = 0$ 得驻点 $x = 0$

于是　　　　　　　　　$f(0,2) = 25, f(0,-2) = 25$

比较三值大小知:

在区域 D 上 $f_{max}(x,y) = 25, f_{min}(x,y) = 9, S = 4\pi$

故　　　　　　$9 \times 4\pi \leqslant \iint\limits_{D} (x^2 + 4y^2 + 9) \mathrm{d}\sigma \leqslant 25 \times 4\pi$

即　　　　　　$36\pi \leqslant \iint\limits_{D} (x^2 + 4y^2 + 9) \mathrm{d}\sigma \leqslant 100\pi$

习题 10-2

A　组

6. 交换积分次序:(1) $\displaystyle\int_0^1 \mathrm{d}y \int_y^{\sqrt{y}} f(x,y) \mathrm{d}x$　(2) $\displaystyle\int_{-1}^1 \mathrm{d}x \int_{-x-1}^{x+1} f(x,y) \mathrm{d}y$

(1)【分析】　由 $\displaystyle\int_0^1 \mathrm{d}y \int_y^{\sqrt{y}} f(x,y) \mathrm{d}x = \iint\limits_{D} f(x,y) \mathrm{d}\sigma$ 知,

域 D 为: $0 \leqslant y \leqslant 1, y \leqslant x \leqslant \sqrt{y}$,由图 10-16 知

域 D 可用 x, y 的另一不等式组表示,即 D 为: $0 \leqslant x \leqslant 1, x^2 \leqslant y \leqslant x$

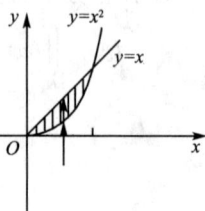

图 10-16

解　　$\displaystyle\int_0^1 \mathrm{d}y \int_y^{\sqrt{y}} f(x,y) \mathrm{d}x = \int_0^1 \mathrm{d}x \int_{x^2}^{x} f(x,y) \mathrm{d}y$

(2)【分析】　由 $\displaystyle\int_{-1}^1 \mathrm{d}x \int_{-x-1}^{x+1} f(x,y) \mathrm{d}y = \iint\limits_{D} f(x,y) \mathrm{d}\sigma$ 知,

域 D 为: $-1 \leqslant x \leqslant 1, -1-x \leqslant y \leqslant x+1$,由图 10-17 知,域 D 可用 x, y 的另一不等式组表示,即将 D 分成两个子域 D_1, D_2,

D_1 为: $0 \leqslant y \leqslant 2, y-1 \leqslant x \leqslant 1$;

D_2 为: $-2 \leqslant y \leqslant 0, -1-y \leqslant x \leqslant 1$

于是　　$\displaystyle\iint\limits_{D} f(x,y) \mathrm{d}\sigma = \iint\limits_{D_1} f(x,y) \mathrm{d}\sigma + \iint\limits_{D_2} f(x,y) \mathrm{d}\sigma$

解　　由题知　$\displaystyle\int_{-1}^1 \mathrm{d}x \int_{-x-1}^{x+1} f(x,y) \mathrm{d}y$

$= \displaystyle\int_0^2 \mathrm{d}y \int_{y-1}^1 f(x,y) \mathrm{d}x + \int_{-2}^0 \mathrm{d}y \int_{-y-1}^1 f(x,y) \mathrm{d}x$

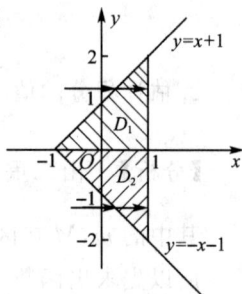

图 10-17

7(1) 求 $\displaystyle\iint\limits_{D} (x^2 + y^2) \mathrm{d}\sigma$, D: $|x| \leqslant 1, |y| \leqslant 1$

【分析】 积分域 D 为一正方形域(如图 10-18 所示),坐标轴把它分成四块完全相同且对称的子区域,又注意到被积函数在四个子域上也是对称的.

解
$$\iint\limits_{D}(x^2+y^2)\mathrm{d}\sigma = 4\iint\limits_{D_1}(x^2+y^2)\mathrm{d}\sigma$$
$$= 4\int_0^1\mathrm{d}x\int_0^1(x^2+y^2)\mathrm{d}y = \frac{8}{3}$$

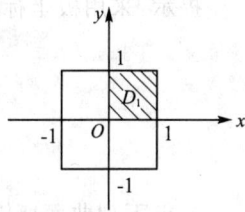
图 10-18

7(4) 求 $\iint\limits_{D}(1+x)\sin y\mathrm{d}\sigma$ D:是顶点分别为 $(0,0)$、$(1,0)$、$(1,2)$ 及 $(0,1)$ 的梯形区域.

解 积分域 D 为:$0\leqslant x\leqslant 1,0\leqslant y\leqslant x+1$

于是
$$\iint\limits_{D}(1+x)\sin y\mathrm{d}\sigma = \int_0^1\mathrm{d}x\int_0^{x+1}(1+x)\sin y\mathrm{d}y$$
$$= \int_0^1\left[-(1+x)\cos y\right]_0^{x+1}\mathrm{d}x$$
$$= \int_0^1\left[(1+x)-(1+x)\cos(1+x)\right]\mathrm{d}x$$
$$= \frac{3}{2}+\cos1+\sin1-\cos2-2\sin2$$

8(2) 求 $\iint\limits_{D}\sin\sqrt{x^2+y^2}\mathrm{d}\sigma, D:\pi^2\leqslant x^2+y^2\leqslant 4\pi^2$

解 采用极坐标变换,域 D(如图 10-19 所示)为
$$0\leqslant\theta\leqslant 2\pi,\pi\leqslant r\leqslant 2\pi,\mathrm{d}\sigma = r\mathrm{d}r\mathrm{d}\theta$$

于是
$$\iint\limits_{D}\sin\sqrt{x^2+y^2}\mathrm{d}\sigma = \int_0^{2\pi}\mathrm{d}\theta\int_\pi^{2\pi}\sin r\cdot r\mathrm{d}r$$
$$= 2\pi\int_\pi^{2\pi}r\sin r\mathrm{d}r$$
$$= -6\pi^2(\text{分部积分法})$$

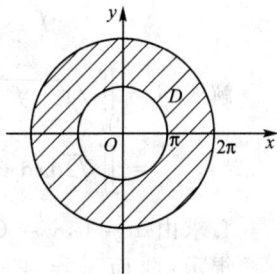
图 10-19

B 组

1(1) 求 $\iint\limits_{D}\dfrac{x^2}{y^2}\mathrm{d}\sigma$ D 由 $x=2,y=x$ 及 $xy=1$ 所围成.

提示:先对 y 积分,后对 x 积分,域 D 为:$1\leqslant x\leqslant 2,\dfrac{1}{x}\leqslant y\leqslant x$

1(2) 求 $\iint\limits_{D}x^2\mathrm{e}^{xy}\mathrm{d}\sigma$ $D:0\leqslant x\leqslant 1,0\leqslant y\leqslant 2$

提示:先对 y 积分,域 D 为:$0\leqslant x\leqslant 1,0\leqslant y\leqslant 2$

1(3) $\iint\limits_{D}(x^2+y^2)\mathrm{d}\sigma$ D 由 $y=x,y=x+a$ 及 $y=3a(a>0)$ 围成.

提示:先对 x 积分,域 D 为:$y-a\leqslant x\leqslant y,a\leqslant y\leqslant 3a$

1(4) $\iint\limits_{D}\sqrt{x^2+y^2}\mathrm{d}\sigma$ $D:x^2+y^2=kx$ 所围成.

提示:采用极坐标变换,域 D:$0 \leqslant \theta \leqslant 2\pi, 0 \leqslant r \leqslant k\cos\theta$

习题 10-3

A 组

4.求下列曲面所围成的立体的体积

$(2) z = \frac{1}{4}(x^2 + y^2), x^2 + y^2 = 8x, z = 0$

4(2) 提示:被积函数为 $z = \frac{1}{4}(x^2 + y^2)$,积分区域 D:$x^2 + y^2 = 8x$.采用极坐标变换,

D 为:$-\frac{\pi}{2} \leqslant \theta \leqslant \frac{\pi}{2}, 0 \leqslant r \leqslant 8\cos\theta$

B 组

2.求锥面 $z = \sqrt{x^2 + y^2}$ 被柱面 $z^2 = 2x$ 所割下的面积.

【分析】 锥面 $z = \sqrt{x^2 + y^2}$ 与柱面 $z^2 = 2x$ 的交线为 $2x = x^2 + y^2$,即 $(x-1)^2 + y^2 = 1$,所以锥面被柱面割下部分在 xOy 面上的投影区域为 D:$(x-1)^2 + y^2 \leqslant 1$(积分区域)

被割下锥面的方程为:$z = f(x,y) = \sqrt{x^2 + y^2}$(被积函数)

$$f'_x(x,y) = \frac{x}{\sqrt{x^2 + y^2}}, \quad f'_y(x,y) = \frac{y}{\sqrt{x^2 + y^2}}$$

解 $S = \iint\limits_D \sqrt{1 + f'^2_x + f'^2_y}\,\mathrm{d}x\mathrm{d}y$

$= \iint\limits_D \sqrt{2}\,\mathrm{d}x\mathrm{d}y = \sqrt{2} \cdot \sigma = \sqrt{2}\pi(\sigma$ 为域 D 的面积$)$

4.求由 $x = 0, y = 0, z = 0, x = 2, y = 3, x + y + z = 4$ 所围成的立体的体积.

提示:曲面 $z = 4 - x - y$ 与平面 $x = 2, y = 3$ 在 xOy 面的投影区域 D 为

$\begin{cases} x + y + z = 4 \\ x = 2 \\ y = 3 \end{cases}$,分为两个子区域:$D_1$:$\begin{cases} 0 \leqslant x \leqslant 1 \\ 0 \leqslant y \leqslant 3 \end{cases}$ 和 D_2:$\begin{cases} 1 \leqslant x \leqslant 2 \\ 0 \leqslant y \leqslant 4-x \end{cases}$

于是 $V = \iint\limits_D z\mathrm{d}\sigma = \iint\limits_{D_1} z\mathrm{d}\sigma + \iint\limits_{D_2} z\mathrm{d}\sigma$

$= \int_0^1 \mathrm{d}x \int_0^3 (4-x-y)\mathrm{d}y + \int_1^2 \mathrm{d}x \int_0^{4-x} (4-x-y)\mathrm{d}y = 9\frac{1}{6}$

5.求由 $y = \sqrt{2px}, x = x_0$ 及 $y = 0$ 所围成图形的重心.

【分析】 由于图形是(如图 10-20)均匀的,令 $\rho(x,y) = 1$,重心的公式为

$$\xi = \frac{1}{\sigma}\iint\limits_D x\mathrm{d}\sigma, \quad \eta = \frac{1}{\sigma}\iint\limits_D y\mathrm{d}\sigma$$

解 $\sigma = \iint\limits_D \mathrm{d}\sigma = \int_0^{x_0} \mathrm{d}x \int_0^{\sqrt{2px}} \mathrm{d}y = \frac{2\sqrt{2p}}{3} \cdot x_0^{\frac{3}{2}}$

而 $\iint\limits_D x\mathrm{d}\sigma = \int_0^{x_0} x\mathrm{d}x \int_0^{\sqrt{2px}} \mathrm{d}y = \int_0^{x_0} \sqrt{2p} \cdot x^{\frac{3}{2}}\mathrm{d}x$

$$= \frac{2\sqrt{2p}}{5} \cdot x_0^{\frac{5}{2}}$$

$$\iint\limits_{D} y \, \mathrm{d}y \mathrm{d}x = \int_0^{x_0} \mathrm{d}x \int_0^{\sqrt{2px}} y \mathrm{d}y = \int_0^{x_0} px \, \mathrm{d}x = \frac{1}{2} px_0^2$$

于是　　$\xi = \frac{1}{\sigma} \iint\limits_{D} x \, \mathrm{d}\sigma = \frac{\dfrac{2\sqrt{2p}}{5} x_0^{\frac{3}{2}}}{\dfrac{2\sqrt{2p}}{3} x_0^{\frac{3}{2}}} = \frac{3}{5} x_0$

$$\eta = \frac{1}{\sigma} \iint\limits_{D} y \, \mathrm{d}\sigma = \frac{\dfrac{1}{2} px_0^2}{\dfrac{2\sqrt{2p}}{3} x_0^{\frac{3}{2}}} = \frac{3}{8} \sqrt{2px_0} = \frac{3}{8} y_0$$

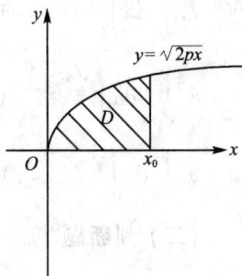

重心为 $\left(\dfrac{3}{5} x_0, \dfrac{3}{8} y_0 \right)$

7. 求半径为 R 的均匀半圆薄片(面密度为 ρ)对于其直径边的转动惯量.

解　建立如图 10-21 所示的直角坐标系,求半圆薄片对 x 轴的转动惯量 I_x.

由公式知:$I_x = \iint\limits_{D} \rho y^2 \mathrm{d}\sigma$,其中 D 为:$x^2 + y^2 \leqslant R^2, y \geqslant 0$.

采用极坐标变换,域 D 为:$0 \leqslant r \leqslant R, 0 \leqslant \theta \leqslant \pi$.

于是　　$I_x = \int_0^{\pi} \mathrm{d}\theta \int_0^R \rho \cdot r^2 \sin^2\theta \cdot r \mathrm{d}r = \int_0^{\pi} \frac{1 - \cos 2\theta}{2} \mathrm{d}\theta \int_0^R \rho r^3 \mathrm{d}r$

$$= \left[\frac{1}{2}\theta - \frac{1}{4}\sin 2\theta \right]_0^{\pi} \cdot \left[\frac{1}{4}\rho r^4 \right]_0^R = \frac{1}{2}\pi \cdot \frac{1}{4}\rho R^4 = \frac{1}{4} MR^2$$

(其中质量 $M = \rho \cdot \dfrac{1}{2}\pi R^2$)

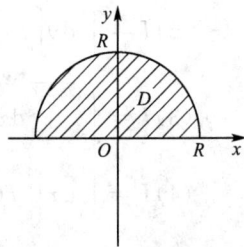

四、综合测试题

(一) 填空题

更换下列二重积分的积分次序:

1. $\displaystyle\int_0^1 \mathrm{d}y \int_1^2 f(x,y) \mathrm{d}x = ($　　$)$

2. $\displaystyle\int_0^1 \mathrm{d}y \int_y^{\sqrt{y}} f(x,y) \mathrm{d}x = ($　　$)$

3. $\displaystyle\int_1^e \mathrm{d}x \int_0^{\ln x} f(x,y) \mathrm{d}y = ($　　$)$

4. $\displaystyle\int_0^a \mathrm{d}x \int_x^{\sqrt{2ax-x^2}} f(x,y) \mathrm{d}y = ($　　$)$

5. $\displaystyle\int_0^2 \mathrm{d}x \int_{\frac{x}{2}}^{3-\frac{x}{2}} f(x,y) \mathrm{d}y = ($　　$)$

6. $\displaystyle\int_0^4 \mathrm{d}x \int_{2-\sqrt{4x-x^2}}^{2+\sqrt{4x-x^2}} f(x,y) \mathrm{d}y = ($　　$)$

7. $\int_0^1 dx\int_0^{x^2} f(x,y)dy + \int_1^3 dx\int_0^{\frac{1}{2}(3-x)} f(x,y)dy = ($ $)$

8. $\int_{-a}^a dx\int_0^{\sqrt{a^2-x^2}} f(x,y)dy = ($ $)$

9. $\int_0^1 dy\int_0^{2y} f(x,y)dx + \int_1^3 dy\int_0^{3-y} f(x,y)dx = ($ $)$

(二) 判断题

1. 二重积分 $I = \iint_D f(x,y)dxdy$，其中 D 是圆域 $x^2 + y^2 \leqslant 1$ 在第一象限的部分，把 I

表成如下形式的累次积分对吗？

(1) $I = \int_0^1 dx\int_0^{\sqrt{1-y^2}} f(x,y)dy$

(2) $I = \int_0^1 dy\int_0^{\sqrt{1-x^2}} f(x,y)dx$

(3) $I = \int_0^{\sqrt{1-y^2}} dx\int_0^{\sqrt{1-x^2}} f(x,y)dy$

(4) $I = \int_0^1 dx\int_0^1 f(x,y)dy$

(5) $I = \int_0^1 dx\int_0^{\sqrt{1-x^2}} f(x,y)dy$

(6) $I = \int_0^1 dy\int_0^{\sqrt{1-y^2}} f(x,y)dx$

(7) 用极坐标: $I = \int_0^{\frac{\pi}{2}} d\theta\int_0^1 f(r\cos\theta, r\sin\theta)rdr$

(8) 用极坐标: $I = \int_0^{\frac{\pi}{2}} d\theta\int_0^1 f(r\cos\theta, r\sin\theta)dr$

(9) 用极坐标: $I = \int_0^{\frac{\pi}{2}} d\theta\int_0^1 f(x,y)rdr$

2. 试问下列更换积分次序的表达式是否成立？如果不成立请写出正确的表达式.

(1) $\int_0^a dx\int_x^a f(x,y)dy = \int_0^a dy\int_y^a f(x,y)dx$

(2) $\int_0^R dx\int_{-\sqrt{R^2-x^2}}^{\sqrt{R^2-x^2}} f(x,y)dy = \int_0^R dy\int_{-\sqrt{R^2-y^2}}^{\sqrt{R^2-y^2}} f(x,y)dx$

(3) $\int_0^{\frac{\sqrt{2}}{2}} dy\int_y^{\sqrt{1-y^2}} f(x,y)dx = \int_0^{\frac{\sqrt{2}}{2}} dx\int_x^{\sqrt{1-x^2}} f(x,y)dy$

(三) 计算题

1. $\iint_D xe^{xy}dxdy$ D:由 $0 \leqslant x \leqslant 1, -1 \leqslant y \leqslant 0$ 所围成的区域.

2. $\iint\limits_{D}(x+6y)\mathrm{d}x\mathrm{d}y$　　D：由 $y=x, y=5x$ 及 $x=1$ 所围成的区域.

3. $\iint\limits_{D}\mathrm{e}^{x+y}\mathrm{d}\sigma$　　D：$0\leqslant x\leqslant 1, 0\leqslant y\leqslant 1$.

4. $\iint\limits_{D}\dfrac{\sin y}{y}\mathrm{d}\sigma$　　D：由 $y=x, x=0, y=\dfrac{\pi}{2}, y=\pi$ 所围成的区域.

5. $\iint\limits_{D}(x^2+y)\mathrm{d}x\mathrm{d}y$　　D：由 $y=x^2$ 及 $x=y^2$ 所围成的区域.

6. $\int_{0}^{1}\mathrm{d}x\int_{0}^{x}x\sqrt{1-x^2+y^2}\mathrm{d}y$.

7. $\iint\limits_{D}xy^2\mathrm{d}x\mathrm{d}y$　　D：由 $y^2=2px$ 和 $x=\dfrac{p}{2}(p>0)$ 所围成的区域.

8. $\iint\limits_{D}x\mathrm{d}x\mathrm{d}y$　　D：由 $x^2+y^2\leqslant R^2$, 和 $x\geqslant 0, y\geqslant 0$ 所围成的区域.

9. $\iint\limits_{D}\sqrt{x^2+y^2}\mathrm{d}x\mathrm{d}y$　　D：由 $x^2+y^2\leqslant 2x$ 所围成的区域.

10. $\iint\limits_{D}\ln(1+x^2+y^2)\mathrm{d}x\mathrm{d}y$　　D：$x^2+y^2\leqslant 1$ 在第一象限的部分.

11. 求由下列曲面所围的体积

(1) 柱面 $az=y^2, x^2+y^2=R^2$ 及平面 $z=0$

(2) 柱面 $x^2+y^2=R^2$ 与 $x^2+z^2=R^2$

(3) 旋转抛物面 $z=x^2+y^2$ 与平面 $z=a^2$

(4) 圆锥 $z=\sqrt{x^2+y^2}$ 与半球 $z=\sqrt{8-x^2-y^2}$

12. 求抛物面 $z=x^2+y^2$ 在平面 $z=1$ 下面的面积.

13. 求一柱面 $x^2+z^2=a^2$ 被另一柱面 $x^2+y^2=a^2$ 所割出部分的面积.

14. 计算曲面 $z=xy$ 被柱面 $x^2+y^2=a^2(a>0)$ 所截部分的面积.

15. 求由曲线 $y=x^2$ 及直线 $y=4$ 所围成部分的平面薄片的质量, 设面密度为 1.

16. 求曲线 $ay=x^2, x+y=2a(a>0)$ 所围均匀薄板的重心.

17. 求半圆环：$1\leqslant \rho\leqslant 2, 0\leqslant \varphi\leqslant \pi$ 的重心.

18. 求密度为 k 的圆 $\rho=a$ 对 x 轴的转动惯量.

19. 求密度为 k 的圆环：$a\leqslant \rho\leqslant b$ 对中心的转动惯量.

(四) 证明题

若对于 $\iint\limits_{D}f(x,y)\mathrm{d}\sigma$, (1) 若 D 关于 x 轴对称且 $f(x,-y)=-f(x,y)$, 则 $\iint\limits_{D}f(x,y)\mathrm{d}\sigma=0$;

(2) 若 D 关于 y 轴对称且 $f(-x,y)=-f(x,y)$, 则 $\iint\limits_{D}f(x,y)\mathrm{d}\sigma=0$.

(提示：从二重积分的几何意义入手)

第十一章

曲线积分

一、本章教学目标及重点

【教学目标】

1. 理解曲线积分(对弧长及对坐标)的概念和性质.

2. 熟练掌握两种曲线积分的计算方法.

3. 会运用格林公式,平面曲线积分与路径无关的条件来解决一些曲线积分的运算.

4. 能利用曲线积分求曲线弧长,平面图形的面积和一些简单的物理量.

【知识点、重点归纳】

曲线积分实际上是定积分概念推广到积分范围为一段曲线弧的情形. 两种曲线积分都是有实际背景的,它们的定义是从计算各种物理量中抽象出来的.

下面概括地叙述本章的几个知识要点.

1. 曲线积分的直接计算方法是化线积分为定积分. 两种曲线积分的区别在于:对弧长的曲线积分确定积分上下限的原则是下限小,上限大,与积分路径的方向无关;对坐标的曲线积分的定限原则是下定起,上定终,与积分路径的方向有关,选好参数是关键.

2. 格林公式在某种意义上讲是牛顿 - 莱布尼兹公式在平面上的推广(对二重积分而言),应用时应注意两点:(1)公式中的 L 是 D 的取正向的边界曲线;(2)函数 P、Q 应满足连续及其偏导数连续.

3. 注意平面上曲线积分与路径无关的条件:(1)G 为单连通域;(2) 函数 $P(x,y)$,$Q(x,y)$ 在 G 内具有一阶连续偏导数.

二、典型例题解析

【例 1】 证明沿极坐标方程 $\rho = \rho(\theta)(\alpha \leqslant \theta \leqslant \beta)$ 表示的曲线 L 的曲线积分计算公式为

$$\int_L f(x,y)\,\mathrm{d}s = \int_\alpha^\beta f(\rho\cos\theta, \rho\sin\theta)\sqrt{\rho^2(\theta) + \rho'^2(\theta)}\,\mathrm{d}\theta$$

【分析】 求曲线积分关键是选好参数,这里由结论应选择 θ.

证明 因为 L 的极坐标方程是 $\rho = \rho(\theta)(\alpha \leqslant \theta \leqslant \beta)$,所以如果取 θ 为参数,那么它的参数方程为

$$x = \rho\cos\theta, y = \rho\sin\theta(\alpha \leqslant \theta \leqslant \beta)$$

由于

$$\sqrt{\left(\frac{\mathrm{d}x}{\mathrm{d}\theta}\right)^2 + \left(\frac{\mathrm{d}y}{\mathrm{d}\theta}\right)^2} = \sqrt{[\rho'(\theta)\cos\theta - \rho(\theta)\sin\theta]^2 + [\rho'(\theta)\sin\theta + \rho(\theta)\cos\theta]^2}$$

$$= \sqrt{\rho^2(\theta) + \rho'^2(\theta)}$$

因此

$$\int_L f(x,y)\mathrm{d}s = \int_\alpha^\beta f(\rho\cos\theta, \rho\sin\theta)\sqrt{\rho^2(\theta) + \rho'^2(\theta)}\mathrm{d}\theta$$

【例 2】　计算 $\oint_L \mathrm{e}^{\sqrt{x^2+y^2}}\mathrm{d}s$，其中 L 为圆周 $x^2 + y^2 = a^2(a > 0)$，直线 $y = x$ 及 x 轴在第一象限内所围成的扇形的整个边界.

【分析】　此题应分段计算；并应注意将线积分化为定积分计算时，积分下限应小于上限.

解　$y = x$ 与 $x^2 + y^2 = a^2$ 的交点为 $\left(\frac{\sqrt{2}}{2}a, \frac{\sqrt{2}}{2}a\right)$，记

$$L_1: y = 0(0 \leqslant x \leqslant a); L_2: y = x(0 \leqslant x \leqslant a/\sqrt{2});$$

$$L_3: y = \sqrt{a^2 - x^2}\,(a/\sqrt{2} \leqslant x \leqslant a)$$

则

$$原式 = \int_{L_1} \mathrm{e}^{\sqrt{x^2+y^2}}\mathrm{d}s + \int_{L_2} \mathrm{e}^{\sqrt{x^2+y^2}}\mathrm{d}s + \int_{L_3} \mathrm{e}^{\sqrt{x^2+y^2}}\mathrm{d}s$$

$$= \int_0^a \mathrm{e}^x \sqrt{1 + 0^2}\mathrm{d}x + \int_0^{\frac{a}{\sqrt{2}}} \mathrm{e}^{\sqrt{2}x}\sqrt{1 + (x')^2}\mathrm{d}x + \int_{\frac{a}{\sqrt{2}}}^a \mathrm{e}^a \sqrt{1 + \left(\frac{-2x}{2\sqrt{a^2 - x^2}}\right)^2}\mathrm{d}x$$

$$= \mathrm{e}^x \Big|_0^a + \mathrm{e}^{\sqrt{2}x}\Big|_0^{\frac{a}{\sqrt{2}}} + \int_{\frac{a}{\sqrt{2}}}^a \mathrm{e}^a \sqrt{\frac{a^2}{a^2 - x^2}}\mathrm{d}x$$

$$= \mathrm{e}^a - 1 + \mathrm{e}^a - 1 + a\mathrm{e}^a \int_{\frac{a}{\sqrt{2}}}^a \frac{\mathrm{d}x}{\sqrt{a^2 - x^2}}$$

$$= 2(\mathrm{e}^a - 1) + \mathrm{e}^a \cdot a \cdot \arcsin\frac{x}{a}\Big|_{\frac{a}{\sqrt{2}}}^a$$

$$= 2(\mathrm{e}^a - 1) + a\mathrm{e}^a\left(\frac{\pi}{2} - \frac{\pi}{4}\right) = \mathrm{e}^a\left(2 + \frac{\pi}{4}a\right) - 2$$

注意　可用圆的参数方程：$x = a\cos t, y = a\sin t(0 \leqslant t \leqslant \pi/4)$ 计算 $\int_{L_3} \mathrm{e}^{\sqrt{x^2+y^2}}\mathrm{d}s$，这可使 $\mathrm{d}s = a\mathrm{d}t$ 简单一些.

【例 3】　计算 $\int_\Gamma \frac{1}{x^2 + y^2 + z^2}\mathrm{d}s$，其中 Γ 为曲线 $x = \mathrm{e}^t\cos t, y = \mathrm{e}^t\sin t, z = \mathrm{e}^t$ 上相应于 t 从 0 变到 2 的这段弧.

分析　由于曲线 Γ 以参数方程形式给出，故这里可选择参数 t 作为积分变量，且 t 从

0 变到 2.

解   原式 $= \int_0^2 \dfrac{1}{\mathrm{e}^{2t} \cdot 1 + \mathrm{e}^{2t}} \sqrt{(\mathrm{e}^t \cos t - \mathrm{e}^t \sin t)^2 + (\mathrm{e}^t \sin t + \mathrm{e}^t \cos t)^2 + \mathrm{e}^{2t}}\, \mathrm{d}t$

$$= \int_0^2 \frac{\sqrt{3}\,\mathrm{e}^t}{2\mathrm{e}^{2t}}\mathrm{d}t = \int_0^2 \frac{\sqrt{3}}{2}\mathrm{e}^{-t}\mathrm{d}t = \frac{\sqrt{3}}{2}\mathrm{e}^{-t}\Big|_2^0 = \frac{\sqrt{3}}{2}(1 - \mathrm{e}^{-2})$$

【例4】   计算 $\int_\Gamma x^2 yz\mathrm{d}s$,其中 Γ 为折线 $ABCD$(如图11-1),这里 A、B、C、D 依次为点 $(0,0,0)$、$(0,0,2)$、$(1,0,2)$、$(1,3,2)$;

【分析】   对弧长的曲线积分可推广到空间曲线 Γ

$$x = \varphi(t), y = \psi(t), z = \omega(t)(\alpha \leqslant t \leqslant \beta)$$

这时 $\int_\Gamma f(x,y,z)\mathrm{d}s = \int_\alpha^\beta f[\varphi(t),\psi(t),\omega(t)] \cdot$

$\sqrt{\varphi'^2(t) + \psi'^2(t) + \omega'^2(t)}\,\mathrm{d}t \quad (\alpha < \beta)$

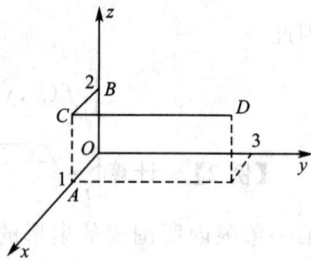
图 11-1

解   如图 11-1 所示,线段

$\overline{AB}:x = 0, y = 0, z = t(0 \leqslant t \leqslant 2)$

$$\mathrm{d}s = \sqrt{0 + 0 + 1^2}\mathrm{d}t = \mathrm{d}t$$

线段 $\overline{BC}:x = t, y = 0, z = 2(0 \leqslant t \leqslant 1)$

$$\mathrm{d}s = \sqrt{1^2 + 0 + 0}\mathrm{d}t = \mathrm{d}t$$

线段 $\overline{CD}:x = 1, y = t, z = 2(0 \leqslant t \leqslant 3)$

$$\mathrm{d}s = \sqrt{0 + 1^2 + 0}\mathrm{d}t = \mathrm{d}t$$

所以

$$原式 = \int_0^2 0\mathrm{d}t + \int_0^1 0\mathrm{d}t + \int_0^3 1^2 \cdot t \cdot 2\mathrm{d}t$$

$$= 0 + 0 + t^2\Big|_0^3 = 9$$

【例5】   计算下列对坐标的曲线积分

(1) $\int_L xy\mathrm{d}x$,其中 L 为圆周 $(x-a)^2 + y^2 = a^2(a > 0)$ 及 x 轴所围成的第一象限内的区域的整个边界(按逆时针方向绕行).

【分析】   对于曲线 L 表示圆、椭圆、摆线、螺旋线等图形的情况,常常将直角坐标方程化为参数方程,再对参数求定积分,能够使问题简化.

解   绘图易得圆弧的参数方程为

$$x = 2a\cos^2\theta, y = 2a\cos\theta\sin\theta(0 \leqslant \theta \leqslant \pi/2)$$

所以

$$\int_L xy\mathrm{d}x = \int_0^{2a} x \cdot 0\mathrm{d}x + \int_0^{\frac{\pi}{2}} 4a^2\cos^3\theta\sin\theta(-4a\cos\theta\sin\theta)\mathrm{d}\theta$$

$$= -16a^3 \int_0^{\frac{\pi}{2}} \cos^4\theta(1 - \cos^2\theta)\mathrm{d}\theta$$

$$= -16a^3\left(\frac{3\cdot1}{4\cdot2}\frac{\pi}{2} - \frac{5\cdot3\cdot1}{6\cdot4\cdot2}\frac{\pi}{2}\right)$$

$$= -3a^3\left(1-\frac{5}{6}\right)\pi = -\frac{1}{2}\pi a^3$$

(2) $\int_L (x^2-2xy)\mathrm{d}x + (y^2-2xy)\mathrm{d}y$，其中 L 是抛物线 $y = x^2$ 上从点 $(-1,1)$ 到点 $(1,1)$ 的一段弧.

【分析】　曲线 L 为直角坐标方程：$y = y(x) = x^2$，故化为对 x 的定积分比较适合且 x 从 -1 变到 1.

解　原式 $= \displaystyle\int_{-1}^{1}\left[(x^2-2x^3) + 2x(x^4-2x^3)\right]\mathrm{d}x$

$$= \int_{-1}^{1}(2x^5 - 4x^4 - 2x^3 + x^2)\mathrm{d}x$$

$$= 0 - 0 + 2\left(-\frac{4}{5}x^5 + \frac{1}{3}x^3\right)\Big|_0^1$$

$$= -\frac{14}{15}$$

(3) $\int_{\Gamma} x\mathrm{d}x + y\mathrm{d}y + (x+y-1)\mathrm{d}z$，其中 Γ 是从点 $(1,1,1)$ 到点 $(2,3,4)$ 的一段直线.

【分析】　首先应确定 Γ 的直线方程. 由于 Γ 过点 $(1,1,1)$ 和点 $(2,3,4)$，因此可取空间直线 Γ 的方向向量为 $\boldsymbol{s} = \{2-1, 3-1, 4-1\}$ 即 $\boldsymbol{s} = \{1,2,3\}$. 这样，就可写出 Γ 的参数方程. 再选 t 为积分变量化为定积分即可求.

解　该直线的方向向量 $\boldsymbol{s} = \{1,2,3\}$，则其参数方程为：

$$x = 1+t, y = 1+2t, z = 1+3t \quad (0 \leqslant t \leqslant 1)$$

所以

$$\text{原式} = \int_0^1 \left[(1+t) + 2(1+2t) + 3(1+3t)\right]\mathrm{d}t$$

$$= \int_0^1 (6+14t)\mathrm{d}t = (6t + 7t^2)\Big|_0^1 = 13$$

【例 6】　一力场由沿横轴正方向的常力 F 构成. 试求当一质量为 m 的质点沿圆周 $x^2 + y^2 = R^2$ 按逆时针方向移过位于第一象限的那段弧时场力所做的功.

【分析】　对坐标的曲线积分可解决变力（常力）沿曲线做功的问题. 其公式为：

$W = \displaystyle\int_L \boldsymbol{F}\cdot\mathrm{d}\boldsymbol{V}$，其中 $\boldsymbol{F} = P\boldsymbol{i} + Q\boldsymbol{j}$，$\mathrm{d}\boldsymbol{V} = \{\mathrm{d}x, \mathrm{d}y\}$，即

$$W = \int_L \boldsymbol{F}\cdot\mathrm{d}\boldsymbol{V} = \int_L P\mathrm{d}x + Q\mathrm{d}y$$

解　$\boldsymbol{F} = |\boldsymbol{F}|\boldsymbol{i} + 0\cdot\boldsymbol{j}$，记 $\mathrm{d}\boldsymbol{V} = \{\mathrm{d}x, \mathrm{d}y\}$，则功

$$W = \int_L \boldsymbol{F}\cdot\mathrm{d}\boldsymbol{V} = \int_L |\boldsymbol{F}|\mathrm{d}x$$

由题意，x 从 R 变到 0，于是

$$W = \int_R^0 |\boldsymbol{F}|\mathrm{d}x = |\boldsymbol{F}|\int_R^0 \mathrm{d}x = -|\boldsymbol{F}|R$$

【例 7】   计算下面的曲线积分,并验证格林公式的正确性. $I = \oint_L (x^2 - xy^3)\mathrm{d}x + (y^2 - 2xy)\mathrm{d}y$,其中 L 是四个顶点分别为 $(0,0)$、$(2,0)$、$(2,2)$ 和 $(0,2)$ 的正方形区域的正向边界.

【分析】   格林公式成立的条件有两个:①L 是 D 取正向的边界曲线;② 函数 $P(x, y)$、$Q(x,y)$ 在 D 上具有一阶连续偏导数. 二者缺一不可.

解   由题意可知,$P = x^2 - xy^3$,$Q = y^2 - 2xy$,$\dfrac{\partial P}{\partial y} = -3xy^2$;$\dfrac{\partial Q}{\partial x} = -2y$ 皆为 D 上连续函数.

又由于 D 是正方形,L 是其分四段光滑的正向边界,故题设线积分满足格林公式的条件,从而

$$
\begin{aligned}
原式 &= \iint_D (-2y + 3xy^2)\mathrm{d}x\mathrm{d}y \\
&= \int_0^2 \mathrm{d}x \int_0^2 (3xy^2 - 2y)\mathrm{d}y \\
&= \int_0^2 (xy^3 - y^2)\Big|_0^2 \mathrm{d}x = \int_0^2 (8x - 4)\mathrm{d}x \\
&= (4x^2 - 4x)\Big|_0^2 = 8
\end{aligned}
$$

【例 8】   利用曲线积分,求下列曲线所围成的图形的面积.

(1) 星形线 $x = a\cos^3 t$,$y = a\sin^3 t$;

(2) 椭圆 $9x^2 + 16y^2 = 144$;

(3) 圆 $x^2 + y^2 = 2ax$.

【分析】   利用格林公式,易得区域 D 的面积 $A = \dfrac{1}{2}\oint_L x\mathrm{d}y - y\mathrm{d}x$. 因此可用该公式计算一些平面图形的面积.

(1) **解** $A = \dfrac{1}{2}\int_0^{2\pi} [a\cos^3 t \cdot 3a\sin^2 t\cos t - a\sin^3 t(-3a\cos^2 t\sin t)]\mathrm{d}t$

$$
\begin{aligned}
&= \frac{3}{2}a^2 \cdot \int_0^{2\pi} \sin^2 t\cos^2 t\,\mathrm{d}t = \frac{3}{8}a^2 \int_0^{2\pi} \sin^2 2t\,\mathrm{d}t \\
&= \frac{3}{8}a^2 \int_0^{2\pi} \frac{1 - \cos 4t}{2}\mathrm{d}t = \frac{3}{16}a^2 \left(t - \frac{1}{4}\sin 4t\right)\Big|_0^{2\pi} \\
&= \frac{3}{16}a^2 \cdot 2\pi = \frac{3}{8}\pi a^2
\end{aligned}
$$

注意   本题也可由对称性简化:$A = 4A_1$(A_1 为星形线所围成的图形在第一象限的面积).

(2)**【分析】**   由于公式 $A = \dfrac{1}{2}\oint_L x\mathrm{d}y - y\mathrm{d}x$ 比较对称的缘故,常用该公式求闭曲线所围面积;为了代入公式的 x,y 不带根号,我们把椭圆的参数式方程代入该公式. 为此需化椭圆方程为标准型.

解 因为 $\dfrac{x^2}{144/9} + \dfrac{y^2}{144/16} = 1$，即

$$\frac{x^2}{16} + \frac{y^2}{9} = 1$$

所以 $x = 4\cos t, y = 3\sin t (0 \leqslant t \leqslant 2\pi)$

$$A = \frac{1}{2}\oint_L x\,\mathrm{d}y - y\,\mathrm{d}x = \frac{1}{2}\int_0^{2\pi}[4\cos t \cdot 3\cos t - 3\sin t(-4\sin t)]\mathrm{d}t$$

$$= \frac{1}{2}\int_0^{2\pi}12\mathrm{d}t = 6 \cdot 2\pi = 12\pi$$

注意 这与 $A = \pi ab = \pi \cdot 4 \cdot 3 = 12\pi$ 算得的结果一致.

(3)【分析】 同上，需将该圆的方程化为参数式.

解 绘图易知，该圆的参数方程为

$$x = r\cos\theta = 2a\cos\theta \cdot \cos\theta = 2a\cos^2\theta$$

$$y = r\sin\theta = 2a\cos\theta \cdot \sin\theta = a\sin2\theta\left(-\frac{\pi}{2} \leqslant \theta \leqslant \frac{\pi}{2}\right)$$

所以

$$A = \frac{1}{2}\int_{-\frac{\pi}{2}}^{\frac{\pi}{2}}(2a\cos^2\theta \cdot 2a\cos2\theta + a\sin2\theta \cdot 4a\cos\theta\sin\theta)\mathrm{d}\theta$$

$$= 2a^2\int_{-\frac{\pi}{2}}^{\frac{\pi}{2}}\left[\cos^2\theta(\cos^2\theta - \sin^2\theta) + 2\sin^2\theta\cos^2\theta\right]\mathrm{d}\theta$$

$$= 4a^2\int_0^{\frac{\pi}{2}}(\cos^4\theta + \sin^2\theta\cos^2\theta)\mathrm{d}\theta$$

$$= 4a^2\int_0^{\frac{\pi}{2}}(\cos^4\theta + \cos^2\theta - \cos^4\theta)\mathrm{d}\theta$$

$$= 4a^2\int_0^{\frac{\pi}{2}}\cos^2\theta\mathrm{d}\theta = 4a^2 \cdot \frac{1}{2} \cdot \frac{\pi}{2} = \pi a^2$$

这与圆面积公式算得的结果一致.

【例 9】 证明下面曲线积分在平面内与路径无关，并计算积分值：

$$I = \int_{(1,0)}^{(2,1)}(2xy - y^4 + 3)\mathrm{d}x + (x^2 - 4xy^3)\mathrm{d}y$$

【分析】 用满足恰当条件验证，即证 $\dfrac{\partial Q}{\partial x} = \dfrac{\partial P}{\partial y}$. 选取易于计算的平行于坐标轴的折线为积分路径.

证明 由题意知，$P(x,y) = 2xy - y^4 + 3, Q(x,y) = x^2 - 4xy^3$

因为

$$\frac{\partial P}{\partial y} = 2x - 4y^3 = \frac{\partial Q}{\partial x}$$

所以曲线积分与路径无关.

积分的始点为 $A(1,0)$，终点为 $B(2,1)$，为便于计算，取平行于坐标轴的折线 ACB 为积分路径（如图 11-2 所示）来计算积分

$$I = \int_{AC}(2xy - y^4 + 3)\mathrm{d}x + (x^2 - 4xy^3)\mathrm{d}y$$

$$+ \int_{CB} (2xy - y^4 + 3) \mathrm{d}x + (x^2 - 4xy^3) \mathrm{d}y$$

其中 AC 的方程为 $y = 0$，故 $\mathrm{d}y = 0$，x 从 1 到 2；CB 的方程为 $x = 2$，故 $\mathrm{d}x = 0$，y 从 0 到 1，代入上式，得

$$\begin{aligned} I &= \int_1^2 3\mathrm{d}x + \int_0^1 (4 - 8y^3) \mathrm{d}y \\ &= 3x \Big|_1^2 + (4y - 2y^4) \Big|_0^1 \\ &= 5 \end{aligned}$$

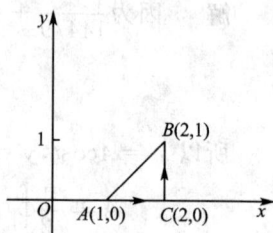

图 11-2

三、教材典型习题和难题解答

习题 11-1

A 组

1.(1) $\displaystyle\int_L (x + y) \mathrm{d}s$，其中 L 为连接 $(1,0)$ 及 $(0,1)$ 两点的线段.

【分析】 先确定直线 L 的方程 $L : y = -x + 1 (0 \leqslant x \leqslant 1)$.

解 $\displaystyle\int_L (x + y) \mathrm{d}s = \int_0^1 (x - x + 1) \cdot \sqrt{1 + [(-x + 1)']^2} \mathrm{d}x$

$$= \int_0^1 \sqrt{2} \mathrm{d}x = \sqrt{2}$$

(2) $\displaystyle\oint_L x \mathrm{d}s$，其中 L 为由直线 $y = x$ 及抛物线 $y = x^2$ 所围成的区域的整个边界.

【分析】 对弧长的曲线积分与积分路径方向无关且定限原则为下限小，上限大. 由题意 $L = L_1 + L_2$，$L_1 : y = y(x) = x^2$，$L_2 : y = y(x) = x$ 故可选择 x 为积分变量，x 都从 0 变到 1.

解 $\displaystyle\oint_L x \mathrm{d}s = \int_{L_1} x \mathrm{d}s + \int_{L_2} x \mathrm{d}s$

$$= \int_0^1 x \sqrt{1 + [(x^2)']^2} \mathrm{d}x + \int_0^1 x \sqrt{1 + (x')^2} \mathrm{d}x$$

$$= \int_0^1 x \sqrt{1 + 4x^2} \mathrm{d}x + \int_0^1 \sqrt{2} x \mathrm{d}x$$

$$= \frac{1}{12} (5\sqrt{5} + 6\sqrt{2} - 1)$$

(3) $\displaystyle\int_L y^2 \mathrm{d}s$，其中 L 为摆线的一拱：$x = a(t - \sin t)$，$y = a(1 - \cos t) (0 \leqslant t \leqslant 2\pi)$.

【分析】 曲线 L 的参数方程以 t 作为参数，故应选择 t 作为积分变量.

解 $\displaystyle\int_L y^2 \mathrm{d}s = \int_0^{2\pi} a^2 (1 - \cos t)^2 \sqrt{a^2 (1 - \cos t)^2 + a^2 \sin^2 t} \mathrm{d}t$

$$= 16a^3 \int_0^{2\pi} \sin^5 \frac{t}{2} \mathrm{d}\left(\frac{t}{2}\right)$$

$$= 16a^3 \int_0^{2\pi} \sin^4 \frac{t}{2} \mathrm{d}\left(-\cos \frac{t}{2}\right)$$

$$= 16a^3 \int_0^{2\pi} \left(-\cos^2 \frac{t}{2}\right)^2 \mathrm{d}\left(-\cos \frac{t}{2}\right) (将被积函数展开)$$

$$= \frac{256}{15}a^3$$

2.计算半径为 R,中心角为 2α 的圆弧 L 对于它的对称轴的转动惯量 $I = \int_L y^2 \mathrm{d}s$(设线密度 $\rho = 1$).

【分析】 由题意,可设 L 的参数方程为 $\begin{cases} x = R\cos t \\ y = R\sin t \end{cases}$ $(-\alpha \leqslant t \leqslant \alpha)$,故选择 t 作为积分变量比较合适.

解 $I = \int_L y^2 \mathrm{d}s = \int_{-\alpha}^{\alpha} R^2 \sin^2 t \sqrt{(R\sin t)^2 + (R\cos t)^2} \mathrm{d}t$

$$= R^3 \int_{-\alpha}^{\alpha} \sin^2 t \mathrm{d}t = \frac{R^3}{2}\left(t - \frac{\sin 2t}{2}\right)\Big|_{-\alpha}^{\alpha}$$

$$= R^3(\alpha - \sin\alpha\cos\alpha)$$

B 组

1.(1) 设曲线积分 $\int_L |y| \mathrm{d}s$,L:右半圆弧:$x^2 + y^2 = 1$,则积分值为_____.

提示:L 的参数方程为 $\begin{cases} x = \cos t \\ y = \sin t \end{cases}$ $\left(-\frac{\pi}{2} \leqslant t \leqslant \frac{\pi}{2}\right)$.

解 $\int_L |y| \mathrm{d}x = \int_{-\frac{\pi}{2}}^{\frac{\pi}{2}} |\sin t| \mathrm{d}t = 2\int_0^{\frac{\pi}{2}} \sin t \mathrm{d}t = 2$

(2) 曲线积分 $\oint_L (x^2 + y^2)^{n/2} \mathrm{d}s$ $(L : x^2 + y^2 = a^2)$ 的值为_____。

提示:L 的参数方程为:$\begin{cases} x = a\cos t \\ y = a\sin t \end{cases}$ $(0 \leqslant t \leqslant 2\pi)$,故 $\oint_L (x^2 + y^2)^{n/2} \mathrm{d}s = \int_0^{2\pi} a^{n+1} \mathrm{d}t =$

$a^{n+1} t \Big|_0^{2\pi} = 2\pi a^{n+1}$

2.计算 $\int_L e^{\sqrt{x^2+y^2}} \mathrm{d}s$,其中 L 是曲线 $\rho = a \left(0 \leqslant \theta \leqslant \frac{\pi}{4}\right)$ 的一段弧.

提示:参考前面例题解析中的例 1 的结论,故 $\int_0^{\frac{\pi}{4}} e^a a \mathrm{d}\theta = a e^a \theta \Big|_0^{\frac{\pi}{4}}$

3.求 $\oint_L \sqrt{x^2 + y^2} \mathrm{d}s$,其中 L 为圆周 $x^2 + y^2 = ax$.

【分析】 此题直接计算比较麻烦,可设 L 的参数方程为:$x = \dfrac{a}{2}(1+\cos t), y = \dfrac{a}{2}\sin t, (0 \leqslant t \leqslant 2\pi)$,然后选参数 t 作为积分变量.

解 $\displaystyle\oint_L \sqrt{x^2+y^2}\,ds = \int_0^{2\pi}\sqrt{\dfrac{a^2}{4}(1+\cos t)^2+\dfrac{a^2}{4}\sin^2 t}\cdot\sqrt{\dfrac{a^2}{4}(-\sin t)^2+\dfrac{a^2}{4}\cos^2 t}\,dt$

$\qquad\qquad = 2\displaystyle\int_0^{\pi}a\left|\cos\dfrac{t}{2}\right|\cdot\dfrac{a}{2}\,dt = a^2\int_0^{\pi}\cos\dfrac{t}{2}\,dt = 2a^2$

习题 11-2

A 组

1.(1)$\displaystyle\int_L (x^2-y^2)\,dx$,其中 L 是抛物线 $y=x^2$ 从点 $(0,0)$ 到点 $(2,4)$ 的一段弧.

【分析】 由于 $L: y=y(x)=x^2$,这里可化为对 x 的定积分,点 $(0,0)$ 为起点,点 $(2,4)$ 为终点,x 从 0 变到 2.

解 $\displaystyle\int_L (x^2-y^2)\,dx = \int_0^2 (x^2-x^4)\,dx = -\dfrac{56}{15}$

(2)$\displaystyle\oint_L \dfrac{(x+y)\,dx-(x-y)\,dy}{x^2+y^2}$,其中 L 为圆周 $x^2+y^2=a^2$(按逆时针方向绕行).

提示:L 的参数方程为:$x=a\cos t, y=a\sin t(0\leqslant t \leqslant 2\pi)$,

$\qquad\displaystyle\oint_L \dfrac{(x+y)\,dx-(x-y)\,dy}{x^2+y^2} = \int_0^{2\pi}\dfrac{-a^2}{a^2}\,dt = -t\Big|_0^{2\pi} = -2\pi$

(3)$\displaystyle\oint_L \dfrac{dx+dy}{|x|+|y|}$,其中 L 为闭曲线 $|x|+|y|=1$,取逆时针方向.

【分析】 对坐标的曲线积分与积分路径方向有关,则 L 是由 $A(1,0), B(0,1),$ $C(-1,0), D(0,-1)$ 依次连成的闭曲线,即 $L=\overline{ABCDA}$(如图 11-3 所示)

解法一 $\displaystyle\oint_L \dfrac{dx+dy}{|x|+|y|} = \int_{\overline{AB}}+\int_{\overline{BC}}+\int_{\overline{CD}}+\int_{\overline{DA}}$

其中,$\overline{AB}$ 方程:$x+y=1, x$ 由 1 取到 0,$dx+dy=0$

$\overline{BC}$ 方程:$x-y=-1, x$ 由 1 取到 -1,$dx=dy$

$\overline{CD}$ 方程:$x+y=-1, x$ 由 -1 取到 0,$dx+dy=0$

$\overline{DA}$ 方程:$x-y=1, x$ 由 0 取到 1,$dx=dy$

原式 $=\displaystyle\int_{\overline{AB}}\dfrac{dx+dy}{x+y}+\int_{\overline{BC}}\dfrac{dx+dy}{-x+y}+\int_{\overline{CD}}\dfrac{dx+dy}{-x-y}+$

$\qquad\displaystyle\int_{\overline{DA}}\dfrac{dx+dy}{x-y}$

$\qquad =0+\displaystyle\int_0^{-1}2dx+0+\int_0^1 2dx$

$\qquad =0$

解法二 实际上在围线 $ABCDA$ 上都有 $|x|+|y|=1$,则

$\qquad\displaystyle\oint_L \dfrac{dx+dy}{|x|+|y|}=\oint_L dx+dy=\int_0^{-1}2dx+\int_0^1 2dx=0$

图 11-3

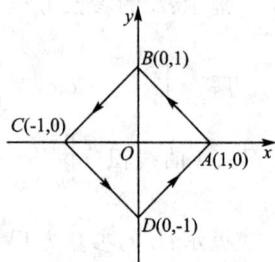

(4) $\int_{\Gamma} y\mathrm{d}x + z\mathrm{d}y + x\mathrm{d}z$,其中 Γ 为曲线 $\begin{cases} x = a\cos t \\ y = a\sin t \\ z = bt \end{cases}$ 上从 $t = 0$ 到 $t = 2\pi$ 的一段弧.

提示:此题应选参数 t 为积分变量.

解
$$\int_{\Gamma} y\mathrm{d}x + z\mathrm{d}y + x\mathrm{d}z = \int_0^{2\pi} [a\sin t(-a\sin t) + bt(a\cos t) + (a\cos t) \cdot b]\mathrm{d}t$$
$$= \int_0^{2\pi} (-a^2\sin^2 t + abt\cos t + ab\cos t)\mathrm{d}t$$
$$= -a^2 \int_0^{2\pi} \sin^2 t\mathrm{d}t + ab\int_0^{2\pi} t\cos t\mathrm{d}t + ab\int_0^{2\pi} \cos t\mathrm{d}t$$
$$= -\pi a^2$$

2. 计算 $\int_L (x + y)\mathrm{d}x + (y - x)\mathrm{d}y$,其中 L 是

(1) 抛物线 $y^2 = x$ 上从点 $(1,1)$ 到点 $(4,2)$ 的一段弧;

(2) 先沿直线从点 $(1,1)$ 到点 $(1,2)$,然后再沿直线到点 $(4,2)$ 的折线.

【分析】　两个曲线积分的被积函数相同,起点和终点也相同,沿不同路径得出的值是否相等呢?

(1) **解**　由图 11-4 知,因为 $L: x = x(y) = y^2$,故可化为对 y 的定积分,y 从 1 变到 2,所以

$$\int_L (x + y)\mathrm{d}x + (y - x)\mathrm{d}y$$
$$= \int_1^2 [(y^2 + y) \cdot 2y + (y - y^2)]\mathrm{d}y$$
$$= \int_1^2 (y + y^2 + 2y^3)\mathrm{d}y$$
$$= \left(\frac{y^2}{2} + \frac{y^3}{3} + \frac{y^4}{2} \right) \Big|_1^2$$
$$= \frac{34}{3}$$

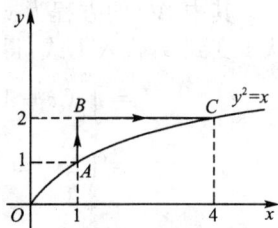

图 11-4

(2) **解**　由图 11-4 知,因为 L 为有向折线 ABC,且在 AB 上有 $x = 1, y$ 从 1 变到 2,在 BC 上有 $y = 2, x$ 从 1 变到 4,所以

$$\int_L (x + y)\mathrm{d}x + (y - x)\mathrm{d}y$$
$$= \int_{\overline{AB}} (x + y)\mathrm{d}x + (y - x)\mathrm{d}y + \int_{\overline{BC}} (x + y)\mathrm{d}x + (y - x)\mathrm{d}y$$
$$= \int_1^2 (1 + y) \cdot 0 + (y - 1)\mathrm{d}y + \int_1^4 (x + 2)\mathrm{d}x + (2 - x) \cdot 0$$
$$= \int_1^2 (y - 1)\mathrm{d}y + \int_1^4 (x + 2)\mathrm{d}x = 14$$

3. 应用格林公式,计算下列曲线积分

(1) $\oint_c xy^2\mathrm{d}y - x^2 y\mathrm{d}x$,$c$ 为圆周 $x^2 + y^2 = a^2$ 的正向.

提示:根据格林公式 $\oint_L P\mathrm{d}x + Q\mathrm{d}y = \iint_D \left(\frac{\partial Q}{\partial x} - \frac{\partial P}{\partial y} \right)\mathrm{d}x\mathrm{d}y$,该题中 $P = -x^2 y, Q = xy^2$,所以

$$\frac{\partial Q}{\partial x} = y^2, \frac{\partial P}{\partial y} = -x^2$$

故

$$\oint_C xy^2 \, dy - x^2 y \, dx = \iint_D (y^2 + x^2) \, dx \, dy = \int_0^{2\pi} d\theta \int_0^a r^3 \, dr = 2\pi \cdot \frac{1}{4} r^4 \Big|_0^a = \frac{\pi}{2} a^4$$

(2)$\oint_L (x^2 y \cos x + 2xy \sin x - y^2 e^x) \, dx + (x^2 \sin x - 2y e^x) \, dy$，其中 L 为以点 $(1,1)$，$(-1,1)$，$(-1,-1)$，$(1,-1)$ 为顶点的矩形的正向边界．

提示：$\dfrac{\partial Q}{\partial x} - \dfrac{\partial P}{\partial y} = 0$

4. 证明曲线积分与路径无关，并计算积分值

(1)$I = \displaystyle\int_{(1,1)}^{(2,3)} (x+y) \, dx + (x-y) \, dy$

证明 $P(x,y) = x+y, Q(x,y) = x-y$

因为 $\dfrac{\partial Q}{\partial x} = 1 = \dfrac{\partial P}{\partial y}$，所以曲线积分与路径无关．

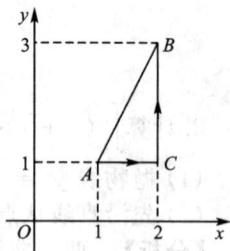

图 11-5

积分的始点为 $A(1,1)$，终点为 $B(2,3)$，为便于计算，取平行于坐标轴的折线 ACB 为积分路径（如图 11-5 所示），则

$$I = \int_{AC} (x+y) \, dx + (x-y) \, dy$$
$$+ \int_{CB} (x+y) \, dx + (x-y) \, dy$$

其中 AC 的方程为 $y = 1$，故 $dy = 0$，x 从 1 变到 2；CB 的方程为 $x = 2$，故 $dx = 0$，y 从 1 变到 3，代入上式，得

$$I = \int_1^2 (x+1) \, dx + \int_1^3 (2-y) \, dy$$
$$= \left(\frac{x^2}{2} + x \right) \Big|_1^2 + \left(2y - \frac{y^2}{2} \right) \Big|_1^3$$
$$= \frac{5}{2}$$

(2)$I = \displaystyle\int_{(2,1)}^{(1,2)} \dfrac{y \, dx - x \, dy}{x^2}$

证明从略

计算方法同上，仍取（如图 11-6 所示）折线 ACB 为积分路径，则

$$I = \int_{AC} \frac{y \, dx - x \, dy}{x^2} + \int_{CB} \frac{y \, dx - x \, dy}{x^2}$$

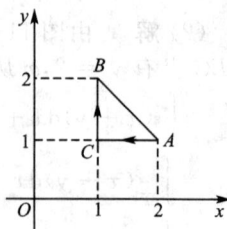

图 11-6

其中 AC 段上，$y = 1$，$dy = 0$，x 从 2 变到 1；CB 段上 $x = 1$，$dx = 0$，y 从 1 变到 2，代入上式，得

$$I = \int_2^1 \frac{1}{x^2} \, dx + \int_1^2 -1 \, dy = -\frac{3}{2}$$

B　组

1. 计算下列对坐标的曲线积分

(1)$\displaystyle\int_L (2a - y) \, dx + x \, dy$，其中 L 为摆线 $x = a(t - \sin t)$，$y = a(1 - \cos t)$ 上由 $t_1 = 0$ 到 $t_2 = 2\pi$ 的一段弧．

提示：取参数 t 为积分变量，t 从 0 变化到 2π.

解　$\int_L (2a-y)dx + xdy = \int_0^{2\pi} a^2 t\sin t dt = a^2 \int_0^{2\pi} t d(-\cos t)$

$$= (-a^2 t\cos t)\Big|_0^{2\pi} + a^2 \int_0^{2\pi} \cos t dt$$

$$= -2\pi a^2$$

(2) $\int_\Gamma x^2 dx + zdy - ydz$，其中 Γ 为螺旋线 $x = k\theta, y = a\cos\theta, z = a\sin\theta$ 上从 $\theta = 0$ 到 $\theta = \pi$ 的一段弧.

提示：取参数 θ 为积分变量，θ 从 0 变到 π.

解　$\int_\Gamma x^2 dx + zdy - ydz = \int_0^\pi [k^2\theta^2 \cdot k + a\sin\theta \cdot (-a\sin\theta) - a\cos\theta \cdot (a\cos\theta)]d\theta$

$$= \int_0^\pi (k^3\theta^2 - a^2)d\theta = \frac{k^3}{3}\pi^3 - a^2\pi$$

2.应用格林公式，计算下列曲线积分

(1) $\oint_L (2x-y+4)dx + (5y+3x-6)dy$，其中 L 为三顶点

分别为 $(0,0),(3,0)$ 和 $(3,2)$ 的直角三角形边界.

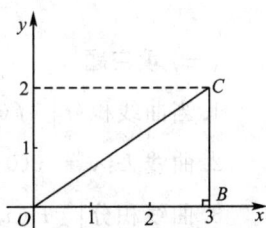

图 11-7

【分析】　先确定曲线 L 的图形.

解　如图 11-7 所示，$P = 2x - y + 4, Q = 5y + 3x - 6$，

$\dfrac{\partial P}{\partial y} = -1, \dfrac{\partial Q}{\partial x} = 3$. 故

$$\oint_L (2x-y+4)dx + (5y+3x-6)dy$$

$$= 4\iint_D dxdy = 4S_{\text{Rt}\triangle OBC} = 12$$

(2) $\oint_L (2xy-x^2)dx + (x+y^2)dy$，其中 L 为抛物线 $y = x^2$ 和 $y^2 = x$ 所围的区域的

正向边界.

【分析】　L 为两抛物线在第一象限围成的封闭区域，如图
11-8 所示.利用格林公式化为二重积分后，积分域应选择 X 型
域.

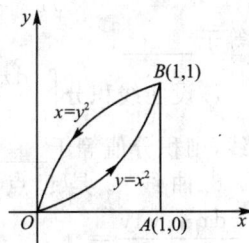

图 11-8

解　$P = 2xy - x^2, Q = x + y^2$

$$\frac{\partial P}{\partial y} = 2x, \frac{\partial Q}{\partial x} = 1$$

则 $\oint_L (2xy-x^2)dx + (x+y^2)dy = \iint_D (1-2x)dxdy$

$$D: \begin{cases} 0 \leqslant x \leqslant 1 \\ x^2 \leqslant y \leqslant \sqrt{x} \end{cases}$$

故

$$\iint_D (1-2x)dxdy = \int_0^1 dx \int_{x^2}^{\sqrt{x}} (1-2x)dy = \frac{1}{30}$$

(2) 证明曲线积分与路径无关，并计算积分值

$$\int_{(1,0)}^{(2,1)} (2xy-y^4+3)dx + (x^2-4xy^3)dy$$

证明从略。

积分的始点为 $A(1,0)$，终点为 $B(2,1)$，为便于计算，取平行于坐标轴的折线 ACB 为积分路径来计算积分，如图 11-9 所示。

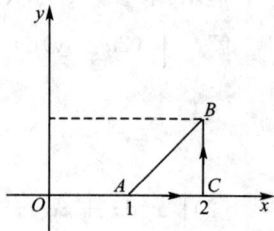

图 11-9

原式 $= \int_{AC}(2xy-y^4+3)\mathrm{d}x+(x^2-4xy^3)\mathrm{d}y$

$\qquad + \int_{CB}(2xy-y^4+3)\mathrm{d}x+(x^2-4xy^3)\mathrm{d}y$

其中 AC 的方程为 $y=0$，故 $\mathrm{d}y=0$，x 从 1 变到 2；CB 的方程为 $x=2$，故 $\mathrm{d}x=0$，y 从 0 变到 1，代入上式，得

$$\int_{(1,0)}^{(2,1)}(2xy-y^4+3)\mathrm{d}x+(x^2-4xy^3)\mathrm{d}y$$

$$=\int_1^2 3\mathrm{d}x+\int_0^1(4-8y^3)\mathrm{d}y=5$$

四、综合测试题

(一) 填空题

1.当曲线积分 $\int_L f(x,y)\mathrm{d}s$ 表示曲线 L 的质量时，$f(x,y)$ 是 L 的 _____.

2.曲线 $L:y=x(0\leqslant x\leqslant 1)$ 的线密度 $u(x,y)=\mathrm{e}^{x+y}$，则 L 的质量 $m=$ _____.

3.曲线积分 $\int_{\widehat{AB}}P(x,y)\mathrm{d}x+Q(x,y)\mathrm{d}y$ 在物理上表示一质点在 _____ 的作用下，沿曲线 $\widehat{AB}$ 从 A 点移动到 B 点时 _____.

4.已知 $\varphi(x),\psi(y)$ 为连续函数，曲线 L 是以 $O(0,0),A(1,0),B(1,1),C(0,1)$ 为顶点的正方形的边界，则 $\oint_L \varphi(x)\mathrm{d}x+\psi(y)\mathrm{d}y=$ _____.

5.设曲线积分 $\oint_L xy^2\mathrm{d}y-x^2y\mathrm{d}x$，$L$ 取正向圆周 $x^2+y^2=R^2$，则积分值等于 _____.

6.设曲线积分 $\oint_L(2x-y)\mathrm{d}x+(y-2x)\mathrm{d}y$，$L$ 为椭圆圆周 $\dfrac{x^2}{a^2}+\dfrac{y^2}{b^2}=1$ 的正向，则积分值等于 _____.

7.设曲线积分 $\oint_L \dfrac{\mathrm{d}x+\mathrm{d}y}{x+y}$，$L$ 为从点 $(1,1)$ 到点 (a,b) 且与直线 $y=-x$ 无交点的任意曲线，则积分值等于 _____.

8.曲线 L 是起点为 $A(1,1)$，终点为 $B(2,2)$ 的任意不通过原点的路径，则 $\int_L \dfrac{x\mathrm{d}x+y\mathrm{d}y}{x^2+y^2}=$ _____.

9.设 L 为取正向的圆周 $x^2+y^2=9$，则曲线积分 $\oint_L(2xy-2y)\mathrm{d}x+(x^2-4x)\mathrm{d}y=$ _____.

(二) 单项选择题

1.设 $L:x=2\left(0\leqslant y\leqslant\dfrac{3}{2}\right)$，则 $\int_L 4\mathrm{d}s=(\quad)$。

A. 8　　　　　　　B. 4　　　　　　　C. 12　　　　　　　D. 6

2.已知 $L:y=y(x)(a\leqslant x\leqslant b)$ 是一光滑曲线段，则 $\int_L f(x,y)\mathrm{d}s=(\quad)$。

A. $\int_a^b f[x,y(x)]\mathrm{d}x$　　　　　　　　B. $\int_b^a f[x,y(x)]\mathrm{d}x$

C. $\int_a^b f[x,y(x)]\sqrt{1+y'^2(x)}\,\mathrm{d}x$　　　　D. $\int_b^a f[x,y(x)]\sqrt{1+y'^2(x)}\,\mathrm{d}x$

3.已知 $L:x=x(t),y=y(t)(\alpha\leqslant t\leqslant\beta)$ 是一连接 $A(\alpha)$、$B(\beta)$ 两点的有向光滑曲线段，其中始点为 $B(\beta)$，终点为 $A(\alpha)$，则 $\int_L f(x,y)\,\mathrm{d}x=$（　　）。

A. $\int_\alpha^\beta f[x(t),y(t)]\,\mathrm{d}t$　　　　B. $\int_\beta^\alpha f[x(t),y(t)]\,\mathrm{d}t$

C. $\int_\alpha^\beta f[x(t),y(t)]x'(t)\,\mathrm{d}t$　　　　D. $\int_\beta^\alpha f[x(t),y(t)]x'(t)\,\mathrm{d}t$

4.对于格林公式 $\oint_L P\,\mathrm{d}x+Q\,\mathrm{d}y=\iint_D\left(\dfrac{\partial Q}{\partial x}-\dfrac{\partial P}{\partial y}\right)\mathrm{d}x\mathrm{d}y$，这里 D 为单连通域，下述说法正确的是（　　）。

A. L 取逆时针方向，函数 P、Q 在闭域 D 上存在一阶偏导数且 $\dfrac{\partial P}{\partial y}=\dfrac{\partial Q}{\partial x}$

B. L 取顺时针方向，函数 P、Q 在闭域 D 上存在一阶偏导数且 $\dfrac{\partial P}{\partial y}=\dfrac{\partial Q}{\partial x}$

C. L 取逆时针方向，函数 P、Q 在闭域 D 上具有连续的一阶偏导数

D. L 取顺时针方向，函数 P、Q 在闭域 D 上具有连续的一阶偏导数

（三）计算下列各题

1. $\oint_L x\,\mathrm{d}y$，其中 L 是由坐标轴和直线 $\dfrac{x}{2}+\dfrac{y}{3}=1$ 所围成的闭曲线，取逆时针方向.

2. $\oint_L(2xy-x^2)\,\mathrm{d}x+(x+y^2)\,\mathrm{d}y$，其中 L 为抛物线 $y=x^2$ 和 $y^2=x$ 所围的区域的正向边界.

3. $\int_L(x^2+y^2)\,\mathrm{d}s$，其中 L 为曲线 $x=a(\cos t+t\sin t),y=a(\sin t-t\cos t)(0\leqslant t\leqslant 2\pi)$.

4. $\int_L x\,\mathrm{d}x+y\,\mathrm{d}y+z\,\mathrm{d}z$，其中 L 是从点 $A(1,1,1)$ 到点 $B(2,3,4)$ 的直线段.

5. $\int_{(1,0)}^{(2,3)}\dfrac{(3y-x)\,\mathrm{d}x+(y-3x)\,\mathrm{d}y}{(x+y)^3}$.

6.求星形线 $x=a\cos^3 t,y=a\sin^3 t(0\leqslant t\leqslant 2\pi)$ 所围成的图形的面积.

（四）证明题

设左半平面 $x>0$ 中有力 $\boldsymbol{F}=-\dfrac{k}{\gamma^3}(x\boldsymbol{i}+y\boldsymbol{j})$ 构成力场，其中 k 为常数，$\gamma=\sqrt{x^2+y^2}$，证明在此力场中场力所做的功与所取路径无关.

第十二章

无穷级数

一、本章教学目标及重点

【教学目标】

1. 了解无穷级数的收敛、发散以及和的概念；掌握无穷级数收敛的必要条件；知道无穷级数的性质.

2. 能熟练判断几何级数和 p 级数的敛散性.

3. 会用正项级数的比较审敛法；熟练掌握正项级数的比值审敛法.

4. 掌握交错级数的莱布尼兹审敛法.

5. 了解任意项级数的绝对收敛和条件收敛的概念；会判断任意项级数的条件收敛与绝对收敛.

6. 知道函数项级数收敛域及和函数的概念；会求幂级数的收敛半径以及收敛区间.

7. 知道幂级数在收敛区间内的一些基本性质并能利用这些性质求一些简单幂级数的和函数.

8. 知道函数展成泰勒级数的充要条件，能利用五个基本展开式（e^x、$\sin x$、$\cos x$、$\ln(1+x)$、$(1+x)^m$ 的麦克劳林展开式）将一些较简单的函数展开成幂级数.

9. 能利用幂级数进行一些近似计算.

10. 知道函数展开为傅立叶级数的充分条件；会求函数的傅立叶系数，熟练掌握将周期为 2π 的函数展为傅立叶级数，能将定义在 $[-\pi,\pi]$ 和 $[-l,l]$ 上的函数展开为傅立叶级数；会将定义在 $[0,\pi]$（或 $[-\pi,0]$）上的函数展开为正弦级数和余弦级数.

【知识点、重点归纳】

本章的重点是无穷级数的敛散性的概念；正项级数敛散性的判别；幂级数的收敛区间以及将函数展开成幂级数.

用数项级数部分和数列的收敛与发散的概念来判断级数敛散性是级数审敛的一个重要方法之一，若可求得级数的前 n 项部分和，可用此法判断该级数的敛散性.

正项级数敛散性的判别既是本章的重点又是难点，应通过练习总结出何时用比较判别法、何时用比值判别法.

利用间接法将函数展开成幂级数应注意利用幂级数的基本性质.

二、典型例题解析

【例1】 用定义判定级数 $\sum\limits_{n=1}^{\infty} \dfrac{n}{(n+1)!}$ 的敛散性.

【分析】 用定义判定级数的敛散性,关键是求出部分和 S_n,考察部分和数列 $\{S_n\}$ 是否有极限,若部分和数列 $\{S_n\}$ 有极限,则此级数收敛且其和 $S = \lim\limits_{n \to \infty} S_n$,否则发散.

解 因为 $\dfrac{n}{(n+1)!} = \dfrac{1}{n!} - \dfrac{1}{(n+1)!}$,所以

$$S_n = \left(\frac{1}{1!} - \frac{1}{2!}\right) + \left(\frac{1}{2!} - \frac{1}{3!}\right) + \cdots + \left[\frac{1}{n!} - \frac{1}{(n+1)!}\right] = 1 - \frac{1}{(n+1)!}$$

从而有 $\lim\limits_{n \to \infty} S_n = \lim\limits_{n \to \infty}\left[1 - \dfrac{1}{(n+1)!}\right] = 1$,故该级数收敛,其和为 1.

【例2】 利用级数性质判别下列级数的敛散性.

(1) $\sum\limits_{n=1}^{\infty} (\sqrt{(n+1)^2 + 1} - \sqrt{n^2 + 1})$ (2) $\sum\limits_{n=1}^{\infty} \left[\dfrac{1}{n^2} + \left(\dfrac{8}{9}\right)^n\right]$

解 (1) 因为 $\lim\limits_{n \to \infty}(\sqrt{(n+1)^2 + 1} - \sqrt{n^2 + 1}) = \lim\limits_{n \to \infty} \dfrac{2n+1}{\sqrt{(n+1)^2 + 1} + \sqrt{n^2 + 1}} = 1$

由级数收敛的必要条件知,若 $\lim\limits_{n \to \infty} u_n \neq 0$ 级数必发散.

因此该级数发散.

(2) 因为 $\sum\limits_{n=1}^{\infty} \dfrac{1}{n^2}$ 是 $p = 2 > 1$ 的 p-级数(收敛).

$\sum\limits_{n=1}^{\infty} \left(\dfrac{8}{9}\right)^n$ 是公比 $q = \dfrac{8}{9} < 1$ 的等比级数(收敛).

根据性质2原级数是收敛的.

【例3】 用比较审敛法判别下列级数的敛散性.

(1) $\sum\limits_{n=1}^{\infty} \dfrac{4n+1}{n^2 + n}$ (2) $\sum\limits_{n=1}^{\infty} \dfrac{n^{n-1}}{(n^2+1)^{\frac{n+1}{2}}}$

【分析】 用比较审敛法判定级数的敛散性,关键是要找到一个已知敛散性的级数与该级数比较,从而由已知级数的敛散性确定该级数的敛散性.

解 (1) 因为 $\dfrac{4n+1}{n^2+n} > \dfrac{4n}{n^2+n^2} = \dfrac{2}{n}$,而级数 $\sum\limits_{n=1}^{\infty} \dfrac{2}{n} = 2\sum\limits_{n=1}^{\infty} \dfrac{1}{n}$ 发散,根据比较审敛法知所给级数也是发散的.

(2) 因为 $\dfrac{n^{n-1}}{(n^2+1)^{\frac{n+1}{2}}} < \dfrac{n^{n-1}}{n^{n+1}} = \dfrac{1}{n^2}$,而级数 $\sum\limits_{n=1}^{\infty} \dfrac{1}{n^2}$ 是 $p = 2 > 1$ 的 p-级数(收敛),根据比较审敛法知原级数收敛.

【例4】 用比值审敛法判别下列各正项级数的敛散性.

(1) $\sum\limits_{n=1}^{\infty} (n+1)^2 \tan \dfrac{\pi}{3^n}$ (2) $\sum\limits_{n=1}^{\infty} \dfrac{a^n n!}{n^n}(a > 0)$

解 （1）因为 $\lim\limits_{n\to\infty}\dfrac{u_{n+1}}{u_n}=\lim\limits_{n\to\infty}\dfrac{(n+2)^2\tan\frac{\pi}{3^{n+1}}}{(n+1)^2\tan\frac{\pi}{3^n}}=\lim\limits_{n\to\infty}\dfrac{(n+2)^2}{(n+1)^2}\cdot\dfrac{\frac{\pi}{3^{n+1}}}{\frac{\pi}{3^n}}=\dfrac{1}{3}<1$

所以由比值审敛法知该级数收敛.

（2）因为 $\lim\limits_{n\to\infty}\dfrac{u_{n+1}}{u_n}=\lim\limits_{n\to\infty}\dfrac{a^{n+1}(n+1)!}{(n+1)^{n+1}}\cdot\dfrac{n^n}{a^n n!}=\lim\limits_{n\to\infty}\dfrac{a}{\left(1+\frac{1}{n}\right)^n}=\dfrac{a}{e}$

所以当 $a<e$ 时原级数收敛；当 $a>e$ 时原级数发散；当 $a=e$ 时，$\lim\limits_{n\to\infty}\dfrac{n_{+1}}{n_n}=1$，比值法失效，此时原级数为 $\sum\limits_{n=1}^{\infty}\dfrac{e^n n!}{n^n}$

因为 $\dfrac{u_{n+1}}{u_n}=e\dfrac{1}{\left(1+\frac{1}{n}\right)^n}>1\left(\text{这是因为}\left(1+\frac{1}{n}\right)^n<e\right)$

所以 $\{u_n\}$ 是单调增数列，故 $\lim\limits_{n\to\infty}u_n\neq0$，由级数收敛的必要条件知 $\sum\limits_{n=1}^{\infty}\dfrac{e^n n!}{n^n}$ 发散，从而得出结论，即当 $a<e$ 时收敛，当 $a\geqslant e$ 时发散.

【例5】 判别下列级数的敛散性，若收敛，是条件收敛？还是绝对收敛？

（1）$\sum\limits_{n=1}^{\infty}\dfrac{(-1)^n}{\pi^n}\sin\dfrac{\pi}{n}$　　（2）$\sum\limits_{n=1}^{\infty}\dfrac{(-5)^n n!}{(2n)^n}$　　（3）$\sum\limits_{n=1}^{\infty}(-1)^{n-1}\dfrac{n+2}{n+1}\dfrac{1}{\sqrt{n}}$

【分析】 一般讨论任意项级数的敛散性，首先要考察原级数的绝对值级数是否收敛，若绝对值级数收敛，则原级数绝对收敛；若绝对值级数发散而原级数收敛，则为条件收敛.

解 （1）因为绝对值级数为 $\sum\limits_{n=1}^{\infty}\dfrac{1}{\pi^n}\sin\dfrac{\pi}{n}$ 而 $\dfrac{1}{\pi^n}\sin\dfrac{\pi}{n}\leqslant\dfrac{1}{\pi^n}=\left(\dfrac{1}{\pi}\right)^n$

由于 $\sum\limits_{n=1}^{\infty}\left(\dfrac{1}{\pi}\right)^n$ 是公比为 $q=\dfrac{1}{\pi}<1$ 的等比级数，其收敛.

从而 $\sum\limits_{n=1}^{\infty}\dfrac{1}{\pi^n}\sin\dfrac{\pi}{n}$ 收敛，即 $\sum\limits_{n=1}^{\infty}\dfrac{(-1)^n}{\pi^n}\sin\dfrac{\pi}{n}$ 绝对收敛.

（2）因为原级数的绝对值级数为 $\sum\limits_{n=1}^{\infty}\dfrac{5^n n!}{(2n)^n}=\sum\limits_{n=1}^{\infty}\dfrac{\left(\frac{5}{2}\right)^n n!}{n^n}$

且 $\lim\limits_{n\to\infty}\dfrac{u_{n+1}}{u_n}=\lim\limits_{n\to\infty}\dfrac{\left(\frac{5}{2}\right)^{n+1}(n+1)!}{(n+1)^{n+1}}\cdot\dfrac{n^n}{\left(\frac{5}{2}\right)^n n!}=\dfrac{5}{2}\lim\limits_{n\to\infty}\dfrac{1}{\left(1+\frac{1}{n}\right)^n}=\dfrac{5}{2e}<1$

所以由比值审敛法知 $\sum\limits_{n=1}^{\infty}\dfrac{5^n n!}{(2n)^n}$ 收敛，原级数绝对收敛.

（3）原级数的绝对值级数为 $\sum\limits_{n=1}^{\infty}\dfrac{n+2}{n+1}\dfrac{1}{\sqrt{n}}$，因为 $\dfrac{n+2}{n+1}\cdot\dfrac{1}{\sqrt{n}}>\dfrac{1}{\sqrt{n}}$

而 $\sum\limits_{n=1}^{\infty}\dfrac{1}{\sqrt{n}}$ 是 $p=\dfrac{1}{2}<1$ 的 p - 级数,其发散,由比较审敛法知 $\sum\limits_{n=1}^{\infty}\dfrac{n+2}{n+1}\cdot\dfrac{1}{\sqrt{n}}$ 发散

但是
$$u_n=\frac{n+2}{n+1}\cdot\frac{1}{\sqrt{n}}=\left(1+\frac{1}{n+1}\right)\frac{1}{\sqrt{n}}$$

$$u_{n+1}=\frac{n+3}{n+2}\cdot\frac{1}{\sqrt{n+1}}=\left(1+\frac{1}{n+2}\right)\frac{1}{\sqrt{n+1}}$$

所以
$$u_n>u_{n+1}\quad(n=1,2,3\cdots)$$

且
$$\lim_{n\to\infty}u_n=\lim_{n\to\infty}\frac{n+2}{n+1}\frac{1}{\sqrt{n}}=0$$

由莱布尼兹审敛法知原级数 $\sum\limits_{n=1}^{\infty}(-1)^{n-1}\dfrac{n+2}{n+1}\dfrac{1}{\sqrt{n}}$ 条件收敛.

【例 6】　求下列幂级数的收敛区间.

(1) $\sum\limits_{n=1}^{\infty}\dfrac{2^n x^n}{n}$　　(2) $\sum\limits_{n=1}^{\infty}\dfrac{(x-3)^n}{n\cdot 3^n}$　　(3) $\sum\limits_{n=0}^{\infty}(-1)^n\dfrac{x^{2n}}{2n+1}$

【分析】　求幂级数的收敛区间一般分为两种情形:一种为标准型,即幂级数为 $\sum\limits_{n=0}^{\infty}a_n x^n$,则可先求出收敛半径 R,再判断级数在两个端点 $x=\pm R$ 的敛散性,从而确定收敛区间;一种为非标准型,即幂级数为 $\sum\limits_{n=0}^{\infty}a_n x^{2n+1}$; $\sum\limits_{n=0}^{\infty}a_n x^{2n}$; $\sum\limits_{n=0}^{\infty}a_n(x-x_0)^n$ 可先作适当的变量代换化为标准型,求出新级数的收敛区间后再回代,从而求出原级数的收敛区间,也可以直接使用比值法 $\lim\limits_{n\to\infty}\left|\dfrac{u_{n+1}(x)}{u_n(x)}\right|=p(x)$,用 $p(x)<1$ 求出幂级数的收敛区间.

　　解　(1) $R=\lim\limits_{n\to\infty}\left|\dfrac{a_n}{a_{n+1}}\right|=\lim\limits_{n\to\infty}\dfrac{2^n}{n}\cdot\dfrac{n+1}{2^{n+1}}=\dfrac{1}{2}$

当 $x=\dfrac{1}{2}$ 时,幂级数为 $\sum\limits_{n=1}^{\infty}\dfrac{1}{n}$,此为调和级数,故发散.当 $x=-\dfrac{1}{2}$ 时,幂级数为收敛的交错级数 $\sum\limits_{n=1}^{\infty}(-1)^n\dfrac{1}{n}$,所以幂级数 $\sum\limits_{n=1}^{\infty}\dfrac{2^n x^n}{n}$ 的收敛区间为 $\left[-\dfrac{1}{2},\dfrac{1}{2}\right)$.

(2) 令 $y=x-3$,原级数变形为 $\sum\limits_{n=1}^{\infty}\dfrac{1}{n\cdot 3^n}y^n$.

$R=\lim\limits_{n\to\infty}\left|\dfrac{a_n}{a_{n+1}}\right|=\lim\limits_{n\to\infty}\dfrac{1}{n\cdot 3^n}\cdot\dfrac{(n+1)3^{n+1}}{1}=3$

$|y|<3$, $|x-3|<3$ 即 $0<x<6$ 时原级数收敛.当 $x=0$ 时原级数为 $\sum\limits_{n=1}^{\infty}\dfrac{(-1)^n}{n}$ 收敛,当 $x=6$ 时原级数 $\sum\limits_{n=1}^{\infty}\dfrac{1}{n}$ 发散.故收敛区间为 $[0,6)$.

(3) 所给幂级数缺少 x 的奇次幂项,是一个缺项幂级数,因此先求 $p(x)$

$p(x)=\lim\limits_{n\to\infty}\left|\dfrac{u_{n+1}(x)}{u_n(x)}\right|=\lim\limits_{n\to\infty}\dfrac{x^{2(n+1)}}{2(n+1)+1}\cdot\dfrac{2n+1}{x^{2n}}=x^2$

因为当 $p(x)<1$ 即 $x^2<1$,也即 $-1<x<1$,所求幂级数绝对收敛.当 $x=\pm 1$ 时,代入

得级数 $\sum\limits_{n=0}^{\infty} \dfrac{(-1)^n}{2n+1}$ 收敛,所以幂级数 $\sum\limits_{n=0}^{\infty} (-1)^n \dfrac{x^{2n}}{2n+1}$ 的收敛区间为 $[-1,1]$.

【例 7】 求出幂级数 $\sum\limits_{n=0}^{\infty} (-1)^n \dfrac{x^{2n+1}}{2n+1}$ 的和函数.

【分析】 求幂级数的和函数是比较复杂的问题,而较常用的方法是利用幂级数展开式在收敛区间内逐项积分或逐项求导将它化为等比级数后再求其和,即 $\dfrac{1}{1-x} = 1+x+x^2+\cdots+x^n+\cdots$, $|x|<1$; $\dfrac{1}{1+x} = 1-x+x^2-\cdots+(-1)^n x^n+\cdots$, $|x|<1$ 进而可求原级数的和.

解 先求收敛区间 $\lim\limits_{n\to\infty} \left| \dfrac{u_{n+1}}{u_n} \right| = \lim\limits_{n\to\infty} \left| \dfrac{x^{2n+3}}{2n+3} \cdot \dfrac{2n+1}{x^{2n+1}} \right| = |x^2| < 1$

当 $x=1$ 时,级数 $\sum\limits_{n=1}^{\infty} \dfrac{(-1)^n}{2n+1}$ 收敛.

当 $x=-1$ 时,级数 $\sum\limits_{n=1}^{\infty} (-1)^{n-1} \dfrac{1}{2n+1}$ 收敛.

原级数的收敛区间为 $[-1,1]$

令和函数 $S(x) = \sum\limits_{n=0}^{\infty} (-1)^n \dfrac{x^{2n+1}}{2n+1}$, $S'(x) = \sum\limits_{n=0}^{\infty} (-1)^n x^{2n} = \dfrac{1}{1+x^2}$

又 $S(0)=0$ 则 $S(x) = \int_0^x S'(x)\mathrm{d}x = \int_0^x \dfrac{1}{1+x^2}\mathrm{d}x = \arctan x$, $x \in [-1,1]$

故 $\sum\limits_{n=0}^{\infty} (-1)^n \dfrac{x^{2n+1}}{2n+1} = \arctan x$　$x \in [-1,1]$.

【例 8】 将下列函数展开成幂级数:

$(1) f(x) = \cos^2 x$;　　　$(2) f(x) = \dfrac{x}{x^2-2x-3}$

【分析】 函数展开成幂级数通常采用间接法,间接法就是根据函数展开成幂级数的唯一性,利用幂级数的四则运算及分析性质,借助于一些函数的已知泰勒展开式,把给定函数展开成幂级数.

解 (1) 因为 $\cos^2 x = \dfrac{1}{2} + \dfrac{1}{2}\cos 2x$,而 $\cos 2x = \sum\limits_{n=0}^{\infty} (-1)^n \dfrac{(2x)^{2n}}{(2n)!}$,所以

$$\cos^2 x = \dfrac{1}{2} + \dfrac{1}{2}\sum\limits_{n=0}^{\infty} (-1)^n \dfrac{(2x)^{2n}}{(2n)!}　x \in (-\infty,+\infty)$$

$(2) \dfrac{x}{x^2-2x-3} = x \cdot \dfrac{1}{(x-3)(x+1)} = \dfrac{x}{4}\left(\dfrac{1}{x-3} - \dfrac{1}{x+1} \right)$

$$= -\dfrac{x}{4}\left[\dfrac{1}{1+x} + \dfrac{1}{3\left(1-\dfrac{x}{3}\right)} \right] = -\dfrac{x}{4}\left[\sum\limits_{n=0}^{\infty} (-1)^n x^n + \dfrac{1}{3}\sum\limits_{n=0}^{\infty} \left(\dfrac{x}{3}\right)^n \right]$$

$$= -\dfrac{1}{4}\sum\limits_{n=0}^{\infty} \left[(-1)^n + \dfrac{1}{3^{n+1}} \right] x^{n+1}　(-1<x<1)$$

【例 9】 计算 $\int_0^1 \mathrm{e}^{-x^2}\mathrm{d}x$ 的值,使之精确到 10^{-4}.

【分析】 因为我们知道 $\int e^{-x^2} dx$ 不能表示成有限形式,所以我们首先要将被积函数展开成幂级数,然后将它逐项积分,于是所给定积分就化成了数项级数,最后再加以计算.

解 因为 $e^{-x^2} = 1 - x^2 + \dfrac{1}{2!}x^4 - \dfrac{1}{3!}x^6 + \cdots \quad (-\infty < x < +\infty)$

所以
$$\int_0^1 e^{-x^2} dx = \int_0^1 (1 - x^2 + \frac{1}{2!}x^4 - \frac{1}{3!}x^6 + \cdots) dx$$

$$= 1 - \frac{1}{3} + \frac{1}{5 \cdot 2!} - \frac{1}{7 \cdot 3!} + \cdots$$

这是一个满足莱布尼兹审敛法的交错级数,经验算知保留前七项,其截断误差不超过 10^{-4}

$$\frac{1}{15 \cdot 7!} = \frac{1}{75600} < 10^{-4}$$

因此在展开式的前七项中,每一项计算到小数点后第六位,并四舍五入就得到
$$\int_0^1 e^{-x^2} dx \approx 0.7468$$

其误差不超过 10^{-4}.

【例 10】 将函数 $f(x) = |\sin x|$ 展开成傅立叶级数.

解 函数 $f(x)$ 在 $[-\pi,\pi]$ 上处处连续,只有三个极值点,故满足狄氏定理条件.

因为 $f(x) = |\sin x|$ 为偶函数,所以 $b_n = 0 \quad (n = 1,2,3,\cdots)$

$$a_n = \frac{2}{\pi} \int_0^\pi |\sin x| \cos nx \, dx = \frac{2}{\pi} \int_0^\pi \sin x \cos nx \, dx$$

$$= \frac{1}{\pi} \int_0^\pi [\sin(n+1)x + \sin(1-n)x] dx$$

$$= -\frac{1}{\pi} \left[\frac{\cos(n+1)x}{n+1} + \frac{\cos(1-n)x}{1-n} \right]_0^\pi$$

$$= \frac{1}{\pi} [(-1)^{n-1} - 1] \left(\frac{1}{n-1} - \frac{1}{n+1} \right)$$

$$= \frac{2}{\pi(n^2-1)} [(-1)^{n-1} - 1]$$

$$= \begin{cases} 0 & n = 1,3,5,\cdots \\ \dfrac{-4}{\pi(n^2-1)} & n = 2,4,6,\cdots \end{cases}$$

$$a_0 = \frac{2}{\pi} \int_0^\pi |\sin x| \, dx = \frac{2}{\pi} \int_0^\pi \sin x \, dx = \frac{2}{\pi}(-\cos x) \Big|_0^\pi = \frac{4}{\pi}$$

故
$$|\sin x| = \frac{2}{\pi} - \frac{4}{\pi} \sum_{k=1}^\infty \frac{\cos 2kx}{4k^2 - 1} \quad (-\pi \leqslant x \leqslant \pi)$$

【例 11】 将 $[0,\pi]$ 上函数 $f(x) = 2x^2$ 分别展为正弦级数和余弦级数.

解 (1) 将 $f(x)$ 进行奇延拓,于是
$$a_n = 0, (n = 0,1,2,\cdots)$$

$$b_n = \frac{2}{\pi}\int_0^\pi 2x^2 \sin nx \, dx$$

$$= \frac{2}{\pi}\left[-\frac{2x^2\cos nx}{n} + \frac{4x\sin nx}{n^2} + \frac{4\cos nx}{n^3}\right]\Big|_0^\pi$$

$$= \frac{4\pi}{n}(-1)^{n+1} - \frac{8}{n^3\pi}[1-(-1)^n]\,(n=1,2\cdots)$$

所以 $2x^2 = \frac{4}{\pi}\sum_{n=1}^\infty\left\{\frac{\pi^2}{n}(-1)^{n+1} - \frac{2}{n^3}[1-(-1)^n]\right\}\sin nx \quad (0 < x < \pi)$

(2) 将 $f(x)$ 进行偶延拓,于是

$$b_n = 0 \quad (n=1,2,\cdots)$$

$$a_0 = \frac{2}{\pi}\int_0^\pi 2x^2 \, dx = \frac{4}{3}\pi^2$$

$$a_n = \frac{2}{\pi}\int_0^\pi 2x^2 \cos nx \, dx$$

$$= \frac{4}{\pi}\left[\frac{x^2\sin nx}{n} + \frac{2}{n^2}x\cos nx - \frac{2}{n^3}\sin nx\right]\Big|_0^\pi = \frac{8}{n^2}(-1)^n$$

所以 $2x^2 = \frac{2}{3}\pi^2 + 8\sum_{n=1}^\infty \frac{1}{n^2}(-1)^n\cos nx \quad (0 \leqslant x \leqslant \pi)$

三、教材典型习题和难题解答

习题 12-1

A 组

1.(1) **解** 因为 $0.\overset{..}{47} = 0.474747\cdots = \frac{47}{100} + \frac{47}{10000} + \frac{47}{1000000} + \cdots$

等式右端是首项 $a = \frac{47}{100}$,公比 $q = \frac{1}{100} < 1$ 的几何级数,其收敛

所以和
$$S = \frac{a}{1-q} = \frac{\frac{47}{100}}{1-\frac{1}{100}} = \frac{47}{99}$$

即
$$0.\overset{..}{47} = \frac{47}{99}$$

(2) 因为 $3.2\overset{..}{508} = 3 + \frac{2}{10} + \left[\frac{508}{10000} + \frac{508}{10000000} + \cdots\right]$

等式右端方括号内是首项 $a = \frac{508}{10000}$,公比 $q = \frac{1}{1000} < 1$ 的等比级数,它收敛,其和为

$$S = \frac{\frac{508}{10000}}{1-\frac{1}{1000}} = \frac{508}{9990}$$

所以 $3.2\overset{\cdot}{5}\overset{\cdot}{0}8 = 3 + \dfrac{2}{10} + \dfrac{508}{9990} = 3 + \dfrac{2 \times 999 + 508}{9990}$

5.(1) 因为级数 $1 + 2 + 3 + \cdots$ 的一般项 $u_n = n$,当 $n \to \infty$ 时 $u_n \to \infty$,则由级数收敛的必要条件知该级数发散.

(2) 级数 $\dfrac{1}{16} + \dfrac{1}{32} + \dfrac{1}{64} + \cdots$ 是由 $\displaystyle\sum_{n=1}^{\infty} \dfrac{1}{2^n}$ 去掉前 3 项而得到的级数,而 $\displaystyle\sum_{n=1}^{\infty} \dfrac{1}{2^n}$ 是公比

$q = \dfrac{1}{2} < 1$ 的等比级数,其收敛,所以由性质 3 知该级数收敛.

6.**解**　(1) 因为 $\displaystyle\sum_{n=1}^{\infty} \dfrac{1}{(2n-1)(2n+1)} = \dfrac{1}{2} \sum_{n=1}^{\infty} \left(\dfrac{1}{2n-1} - \dfrac{1}{2n+1} \right)$

因此 $S_n = \displaystyle\sum_{k=1}^{n} \dfrac{1}{(2k-1)(2k+1)} = \dfrac{1}{2} \sum_{k=1}^{n} \left(\dfrac{1}{2k-1} - \dfrac{1}{2k+1} \right) = \dfrac{1}{2} \left(1 - \dfrac{1}{2n+1} \right)$

则　　　　　　　　$S = \lim_{n \to \infty} S_n = \lim_{n \to \infty} \dfrac{1}{2} \left(1 - \dfrac{1}{2n+1} \right) = \dfrac{1}{2}$

所以级数 $\displaystyle\sum_{n=1}^{\infty} \dfrac{1}{(2n-1)(2n+1)}$ 收敛且其和为 $\dfrac{1}{2}$.

(2) 因为 $\displaystyle\sum_{n=1}^{\infty} (-1)^n = -1 + 1 - 1 + 1 \cdots + (-1)^n + \cdots$

所以 $S_n = \begin{cases} 0 & n \text{ 为偶数} \\ -1 & n \text{ 为奇数} \end{cases}$,即部分和数列不存在极限,故该级数发散.

B　组

1.(1) 提示:由性质 5(级数收敛的必要条件) 知该级数发散.

(2) **解**　因为 $\displaystyle\sum_{n=1}^{\infty} \ln \dfrac{n+1}{n} = \sum_{n=1}^{\infty} [\ln(n+1) - \ln n]$

从而　$S_n = \displaystyle\sum_{k=1}^{n} [\ln(k+1) - \ln k] = -\ln 1 + \ln(n+1) = \ln(n+1)$

而 $\lim_{n \to \infty} S_n = \lim_{n \to \infty} \ln(n+1) = \infty$,即部分和极限不存在,故该级数发散.

(3) 因为 $\displaystyle\sum_{n=1}^{\infty} \dfrac{2 + (-1)^n}{2^n} = \sum_{n=1}^{\infty} \dfrac{2}{2^n} + \sum_{n=1}^{\infty} (-1)^n \dfrac{1}{2^n}$

而 $\displaystyle\sum_{n=1}^{\infty} \dfrac{2}{2^n}$ 是公比 $q = \dfrac{1}{2}$ 的等比级数,其收敛且和 $S_1 = 2$.

$\displaystyle\sum_{n=1}^{\infty} (-1)^n \dfrac{1}{2^n}$ 是公比 $q = -\dfrac{1}{2}$ 的等比级数,其收敛且和为 $S_2 = -\dfrac{1}{3}$.

所以由性质 2 知该级数收敛且和为 $\dfrac{5}{3}$.

(4) 提示:该题与 11-1(A) 中 $<5>$(2) $\displaystyle\sum_{n=1}^{\infty} (-1)^n$ 判别方法相同,发散.

(5) 因为 $\lim_{n \to \infty} u_n = \lim_{n \to \infty} \left(\dfrac{n+1}{n} \right)^n = \lim_{n \to \infty} \left(1 + \dfrac{1}{n} \right)^n = e$

所以由级数收敛的必要条件知该级数发散.

(6) 因为 $\sum\limits_{n=1}^{\infty}\left[\dfrac{1}{2^n}+\dfrac{(-1)^n}{3^n}\right]=\sum\limits_{n=1}^{\infty}\dfrac{1}{2^n}+\sum\limits_{n=1}^{\infty}\dfrac{(-1)^n}{3^n}$

而 $\sum\limits_{n=1}^{\infty}\dfrac{1}{2^n}$ 是公比 $q=\dfrac{1}{2}$ 的等比级数,其收敛且和 $S_1=1$,$\sum\limits_{n=1}^{\infty}\dfrac{(-1)^n}{3^n}$ 是公比 $q=-\dfrac{1}{3}$

的等比级数,其收敛且和 $S_2=-\dfrac{1}{4}$,所以由性质 2 可知该级数收敛且和为 $\dfrac{3}{4}$.

2. 解   (1) 因为由已知 $\sum\limits_{n=1}^{\infty}u_n=S$,即级数 $\sum\limits_{n=1}^{\infty}u_n$ 收敛,所以加上一数 k 仍收敛.

(2) 因为 $\sum\limits_{n=1}^{\infty}u_n$ 收敛即 $\lim\limits_{n\to\infty}u_n=0$,而 $k\neq 0$ 所以 $\lim\limits_{n\to\infty}(u_n+k)=k\neq 0$.

由级数收敛的必要条件知该级数发散.

习题 12-2

A 组

1.(1) 解   因为 $\dfrac{\cos^2\frac{n\pi}{3}}{3^n}<\dfrac{1}{3^n}$,而级数 $\sum\limits_{n=1}^{\infty}\dfrac{1}{3^n}$ 是公比 $q=\dfrac{1}{3}<1$ 的等比级数,其收敛,

所以由比较审敛法知 $\sum\limits_{n=1}^{\infty}\dfrac{\cos^2\frac{n\pi}{3}}{3^n}$ 收敛.

(2) 因为 $\dfrac{n}{n^2-1}>\dfrac{n}{n^2}=\dfrac{1}{n}$,而 $\sum\limits_{n=1}^{\infty}\dfrac{1}{n}$ 是调和级数发散,故原级数发散.

2. 解   (1) 因为 $\lim\limits_{n\to\infty}\dfrac{u_{n+1}}{u_n}=\lim\limits_{n\to\infty}\dfrac{n+3}{2^{n+1}}\cdot\dfrac{2^n}{n+2}=\lim\limits_{n\to\infty}\dfrac{n+3}{2(n+2)}=\dfrac{1}{2}<1$,所以由比值

审敛法知该级数收敛.

(2) 因为 $\lim\limits_{n\to\infty}\dfrac{u_{n+1}}{u_n}=\lim\limits_{n\to\infty}\dfrac{(n+1)!}{(n+1)^2}\cdot\dfrac{n^2}{n!}=\lim\limits_{n\to\infty}\dfrac{n^2}{n+1}=\infty$,故该级数发散.

3. 解   (1) 因为 $u_n=\dfrac{1}{n^4}$,$u_{n+1}=\dfrac{1}{(n+1)^4}$,所以 $u_n>u_{n+1}$

$\lim\limits_{n\to\infty}\dfrac{1}{n^4}=0$,由莱布尼兹审敛法知该级数收敛.

(2) 解法同上.

B 组

1. 解   (1) 因为 $\dfrac{1}{2n-1}>\dfrac{1}{2n}$,而级数 $\sum\limits_{n=1}^{\infty}\dfrac{1}{2n}=\dfrac{1}{2}\sum\limits_{n=1}^{\infty}\dfrac{1}{n}$ 发散.

所以由比较审敛法知该级数发散.

(2) 因为 $\dfrac{n+2}{n(n+1)} > \dfrac{n}{n(n+1)} = \dfrac{1}{n+1}$,而级数 $\displaystyle\sum_{n=1}^{\infty} \dfrac{1}{n+1}$ 发散,

所以由比较审敛法知该级数发散.

(3) 因为 $\displaystyle\lim_{n\to\infty} \dfrac{u_{n+1}}{u_n} = \lim_{n\to\infty} \dfrac{2^{n+1}\sin\dfrac{1}{3^{n+1}}}{2^n\sin\dfrac{1}{3^n}} = \lim_{n\to\infty} \dfrac{2\cdot\dfrac{1}{3^{n+1}}}{\dfrac{1}{3^n}} = \dfrac{2}{3} < 1$,所以由比值审敛法知该

级数收敛

(4) 提示:用比值审敛法可知该级数收敛.

(5) 因为 $\displaystyle\lim_{n\to\infty} \dfrac{u_{n+1}}{u_n} = \lim_{n\to\infty} \dfrac{(n+1)^{n+1}}{(n+1)!} \cdot \dfrac{n!}{n^n} = \lim_{n\to\infty} \left(\dfrac{n+1}{n}\right)^n = \lim_{n\to\infty} \left(1+\dfrac{1}{n}\right)^n = e > 1$

所以由比值审敛法知该级数发散.

(6) 因为

$$\lim_{n\to\infty} \dfrac{u_{n+1}}{u_n} = \lim_{n\to\infty} \left(\dfrac{n+1}{2n+3}\right)^{n+1} \cdot \left(\dfrac{2n+1}{n}\right)^n = \lim_{n\to\infty} \left[\dfrac{(n+1)(2n+1)}{n(2n+3)}\right]^n \cdot \dfrac{n+1}{2n+3}$$

$$= \lim_{n\to\infty} \left(\dfrac{n+1}{n}\right)^n \cdot \lim_{n\to\infty} \left(\dfrac{2n+1}{2n+3}\right)^n \cdot \lim_{n\to\infty} \dfrac{n+1}{2n+3}$$

$$= \dfrac{1}{2} \lim_{n\to\infty} \left(1+\dfrac{1}{n}\right)^n \cdot \lim_{n\to\infty} \left(1-\dfrac{2}{2n+3}\right)^n = \dfrac{1}{2}e \cdot e^{-1} = \dfrac{1}{2} < 1$$

所以级数 $\displaystyle\sum_{n=1}^{\infty} \left(\dfrac{n}{2n+1}\right)^n$ 收敛.

2.解　(1) 由交错级数审敛法知原有级数收敛,而绝对值级数 $\displaystyle\sum_{n=1}^{\infty} \left|(-1)^{n-1}\dfrac{1}{\sqrt{n}}\right| =$

$\displaystyle\sum_{n=1}^{\infty} \dfrac{1}{\sqrt{n}}$ 是 $p = \dfrac{1}{2}$ 的 p - 级数,其发散,所以该级数为条件收敛.

(2) 因为各项取绝对值后的级数为 $\displaystyle\sum_{n=1}^{\infty} \left(\dfrac{2}{3}\right)^n$ 是公比 $q = \dfrac{2}{3} < 1$ 的等比级数,其收敛.

所以原级数收敛,且为绝对收敛.

(3) 由交错级数审敛法知,该级数收敛,但绝对值级数 $\displaystyle\sum_{n=1}^{\infty} \left|(-1)^{n-1}\dfrac{1}{\ln(n+1)}\right| = \displaystyle\sum_{n=1}^{\infty}$

$\dfrac{1}{\ln(n+1)}$ 发散.事实上,因为 $\dfrac{1}{\ln(n+1)} > \dfrac{1}{n+1}$,而级数 $\displaystyle\sum_{n=1}^{\infty} \dfrac{1}{n+1}$ 是调和级数去掉第一项

所得的级数,故发散,从而 $\displaystyle\sum_{n=1}^{\infty} \dfrac{1}{\ln(n+1)}$ 发散.所以原级数为条件收敛.

(4) 因为 $\displaystyle\sum_{n=1}^{\infty} \left|\dfrac{\sin\dfrac{n\pi}{2}}{\sqrt{n^3}}\right| < \displaystyle\sum_{n=1}^{\infty} \dfrac{1}{\sqrt{n^3}}$,而 $\displaystyle\sum_{n=1}^{\infty} \dfrac{1}{\sqrt{n^3}}$ 是 $p = \dfrac{3}{2} > 1$ 的 p - 级数,其收敛.所以

原级数收敛,且为绝对收敛.

(5) 因为绝对值级数为 $\displaystyle\sum_{n=1}^{\infty} \dfrac{1}{(2n-1)^2}$

而$\dfrac{1}{(2n-1)^2} = \dfrac{1}{4n^2-4n+1} = \dfrac{1}{n^2+3n^2-4n+1} < \dfrac{1}{n^2}$，级数$\displaystyle\sum_{n=1}^{\infty}\dfrac{1}{n^2}$是$p=2$的$p$-

级数，其收敛，故$\displaystyle\sum_{n=1}^{\infty}\dfrac{1}{(2n-1)^2}$收敛. 所以原级数收敛，且为绝对收敛.

(6) 因为绝对值级数为$\displaystyle\sum_{n=1}^{\infty}\dfrac{1}{3^n}$是公比$q=\dfrac{1}{3}<1$的等比级数，其收敛. 所以原级数收

敛且为绝对收敛.

习题 12-3

A 组

1. 解 (1)$R = \lim\limits_{n\to\infty}\left|\dfrac{a_n}{a_{n+1}}\right| = \lim\limits_{n\to\infty}\dfrac{n}{n+1} = 1.$

(2) 同法可求得：$R = +\infty.$

2. 解 (1) 因为 $R = \lim\limits_{n\to\infty}\left|\dfrac{a_n}{a_{n+1}}\right| = \lim\limits_{n\to\infty}\left|\dfrac{2^{n+1}(n+1)^2}{2^n n^2}\right| = 2$，当 $x=2$ 时，幂级数为

$\displaystyle\sum_{n=0}^{\infty}\dfrac{1}{n^2}$ 是 $p=2$ 的 p-级数，其收敛，当 $x=-2$ 时，幂级数为 $\displaystyle\sum_{n=1}^{\infty}(-1)^n\dfrac{1}{n^2}$ 也收敛. 所以幂

级数 $\displaystyle\sum_{n=0}^{\infty}\dfrac{x^n}{2^n n^2}$ 的收敛区间为$[-2,2]$

(2)$R = \lim\limits_{n\to\infty}\left|\dfrac{a_n}{a_{n+1}}\right| = \lim\limits_{n\to\infty}\left|\dfrac{2n+1}{n!}\cdot\dfrac{(n+1)!}{2n+3}\right| = +\infty$，所以幂级数的收敛区间为

$(-\infty,+\infty)$

(3) **解** 因为 $R = \lim\limits_{n\to\infty}\left|\dfrac{a_n}{a_{n+1}}\right| = \lim\limits_{n\to\infty}\dfrac{n!}{(n+1)!} = \lim\limits_{n\to\infty}\dfrac{1}{n+1} = 0$，所以幂级数只在 $x=$

0 处收敛.

(4) 提示：收敛半径 $R=1$，把 $x=\pm1$ 代入幂级数所得级数均收敛，所以幂级数收敛

区间为$[-1,1]$

B 组

1. 解 (1) 所给的幂级数缺少 x 的偶次幂项，不能用公式直接求收敛半径，应考虑

$\displaystyle\sum_{n=0}^{\infty}\left|(-1)^{n-1}\dfrac{x^{2n+1}}{2n+1}\right| = \sum_{n=0}^{\infty}\dfrac{x^{2n+1}}{2n+1}$，对此正项级数用比值审敛法.

$\rho = \lim\limits_{n\to\infty}\dfrac{x^{2n+3}}{2n+3}\cdot\dfrac{2n+1}{x^{2n+1}} = x^2$. 因为当 $\rho<1$ 即 $x^2<1$ 也即 $|x|<1$ 时，所求幂级数

绝对收敛. 当 $x=\pm1$ 时，代入得级数，均收敛. 所以该幂级数的收敛区间为$[-1,1]$

(2) 因为 $R = \lim\limits_{n\to\infty}\dfrac{(n+1)\cdot3^{n+1}}{n\cdot3^n} = 3$. 当 $x=3$ 时，幂级数为 $\displaystyle\sum_{n=0}^{\infty}\dfrac{1}{n}$ 发散. $x=-3$ 时，

幂级数为 $\displaystyle\sum_{n=0}^{\infty}(-1)^n\dfrac{1}{n}$ 收敛. 所以该幂级数的收敛区间为$[-3,3)$

（3）由于幂级数缺少 x 的奇次幂项,则利用比值审敛法

$$\rho = \lim_{n\to\infty} \left| \frac{u_{n+1}}{u_n} \right| = \lim_{n\to\infty} \frac{(2n+1)x^{2n}}{2^{n+1}} \cdot \frac{2^n}{(2n-1)x^{2n-2}} = \frac{x^2}{2}, \text{只有当 } \rho < 1 \text{ 即} \frac{x^2}{2} < 1 \text{ 也}$$

即 $|x| < \sqrt{2}$ 时原级数收敛,且当 $x = \pm\sqrt{2}$,幂级数均发散. 故该幂级数收敛区间为 $(-\sqrt{2}, \sqrt{2})$

2.解 （1）所给幂级数的收敛半径 $R = 1$,收敛区间为 $(-1,1)$,注意到 $(n+1)x^n = (x^{n+1})'$ 而 $\sum_{n=0}^{\infty}(n+1)x^n = \sum_{n=1}^{\infty}nx^{n-1} = \sum_{n=1}^{\infty}(x^n)' = \left(\sum_{n=0}^{\infty}x^n\right)'$,导数的符号在收敛区间 $(-1,1)$ 内,幂级数 $\sum_{n=0}^{\infty}x^n = \frac{1}{1-x}$

所以 $\sum_{n=0}^{\infty}(n+1)x^n = \left(\sum_{n=0}^{\infty}x^n\right)' = \left(\frac{1}{1-x}\right)' = \frac{1}{(1-x)^2}$ 　 $x \in (-1,1)$

（2）所给幂级数收敛区间为 $(-1,1]$,令和函数为 $S(x)$,则

$$S'(x) = \left(\sum_{n=1}^{\infty}(-1)^{n-1}\frac{x^n}{n}\right)' = \sum_{n=1}^{\infty}(-1)^{n-1}\left(\frac{x^n}{n}\right)' = \sum_{n=1}^{\infty}(-1)^{n-1}x^{n-1} = \frac{1}{1+x}$$

所以 　 $S(x) = \int_0^x \frac{1}{1+x}\mathrm{d}x = \ln(1+x)$ 　 $x \in (-1,1]$

习题 12-4

A 组

1.解 （1）因为 $a^x = \mathrm{e}^{x\ln a}$,所以在 e^x 的展开式中将 x 代以 $x\ln a$ 即可.

即 　 $a^x = \mathrm{e}^{x\ln a} = \sum_{n=0}^{\infty}\frac{1}{n!}(x\ln a)^n = \sum_{n=0}^{\infty}\left(\frac{\ln^n a}{n!}\right)x^n$ 　 $x \in (-\infty, +\infty)$

（2）提示: $\ln(2-x) = \ln 2\left(1 - \frac{x}{2}\right) = \ln 2 + \ln\left(1 - \frac{x}{2}\right)$,对于 $\ln\left(1 - \frac{x}{2}\right)$ 利用 $\ln(1-x)$ 的麦克劳林展式,将 x 换成 $\frac{x}{2}$ 即可.

由此可得 $\ln(2-x) = \ln 2 - \sum_{n=0}^{\infty}\frac{1}{n+1}\left(\frac{x}{2}\right)^{n+1}$ 　 $x \in [-2,2)$

（3）$\sin^2 x = \frac{1}{2}(1-\cos 2x)$

$$= \frac{1}{2} - \frac{1}{2}\left[1 - \frac{(2x)^2}{2!} + \frac{(2x)^4}{4!} - \cdots + (-1)^n\frac{(2x)^{2n}}{(2n)!} + \cdots\right]$$

$$= \frac{2^{2-1}x^2}{2!} - \frac{2^{4-1}x^4}{4!} + \cdots + (-1)^{n+1}\frac{2^{2n-1}x^{2n}}{(2n)!} + \cdots$$

$$= \sum_{n=1}^{\infty}(-1)^{n+1}\frac{2^{2n-1}}{(2n)!}x^{2n} \quad (-\infty < x < +\infty)$$

2.解 （1）因为 $\ln(1+x) = x - \frac{1}{2}x^2 + \frac{1}{3}x^3 + \cdots$,

$$\ln(1-x) = -\,x - \frac{1}{2}x^2 - \frac{1}{3}x^3 - \cdots$$

所以 $\ln\dfrac{1+x}{1-x} = 2\left(x + \dfrac{1}{3}x^3 + \dfrac{1}{5}x^5 + \cdots\right).$

令 $\dfrac{1+x}{1-x} = 2$

解得 $x = \dfrac{1}{3}$. 它满足 $-1 < x < 1$ 的要求, 因此有

$$\ln2 = 2\left(\frac{1}{3} + \frac{1}{3}\cdot\frac{1}{3^3} + \frac{1}{5}\cdot\frac{1}{3^5} + \cdots\right)$$

为了确定计算项数, 依次计算各项的值:

$\dfrac{2}{3} \approx 0.66667 ; \dfrac{2}{3\cdot3^3} \approx 0.02469 ; \dfrac{2}{5\cdot3^5} \approx 0.00165 ; \dfrac{2}{7\cdot3^7} \approx 0.00013 ; \dfrac{2}{9\cdot3^9} \approx 0.00001$

因为从第五项开始已小于所给的误差值很多, 取项数 $N = 4$, 并估计误差如下:

$$r_4 = 2\left(\frac{1}{9\cdot3^9} + \cdots\right) < \frac{2}{3^{11}}\left(1 + \frac{1}{9} + \frac{1}{9^2} + \cdots\right) = \frac{2}{3^{11}}\cdot\frac{1}{1-\frac{1}{9}} = \frac{1}{78732} < 0.0001$$

因此取 $N = 4$ 是合适的, 于是可计算得到

$$\ln2 \approx 2\left(\frac{1}{3} + \frac{1}{3\cdot3^3} + \frac{1}{5\cdot3^5} + \frac{1}{7\cdot3^7}\right) \approx 0.6931$$

(4) **解** $\cos10° = \cos\dfrac{\pi}{18} = 1 - \dfrac{1}{2!}\left(\dfrac{\pi}{18}\right)^2 + \dfrac{1}{4!}\left(\dfrac{\pi}{18}\right)^4 - \dfrac{1}{6!}\left(\dfrac{\pi}{18}\right)^6 + \cdots$

因为 $\dfrac{1}{2!}\left(\dfrac{\pi}{18}\right)^2 \approx 0.015234, \dfrac{1}{4!}\left(\dfrac{\pi}{18}\right)^4 \approx 0.000038 < 0.0001$

所以 $\cos10° \approx 1 - \dfrac{1}{2!}\left(\dfrac{\pi}{18}\right)^2 \approx 0.9848$

B 组

1. **解**   (1) 因为 $\ln(1+x) = \displaystyle\sum_{n=0}^{\infty}(-1)^n\frac{x^{n+1}}{n+1}$ $(-1 < x \leqslant 1)$

所以 $(1+x)\ln(1+x) = (1+x)\cdot\displaystyle\sum_{n=0}^{\infty}(-1)^n\frac{x^{n+1}}{n+1}$

$$= \sum_{n=0}^{\infty}(-1)^n\frac{x^{n+1}}{n+1} + \sum_{n=0}^{\infty}(-1)^n\frac{x^{n+2}}{n+1}$$

$$= x + \sum_{n=1}^{\infty}(-1)^n\frac{x^{n+1}}{n+1} + \sum_{n=1}^{\infty}(-1)^{n-1}\frac{x^{n+1}}{n}$$

$$= x + \sum_{n=1}^{\infty}(-1)^{n-1}\frac{1}{n(n+1)}x^{n+1}   (-1 \leqslant x \leqslant 1)$$

展开式之所以在左端点也成立, 是因为展开式之右边的级数在 $x = -1$ 点收敛, 和函数在点 $x = -1$ 连续.

(2) 提示: 利用 $\sin x$ 的幂级数展开式, 将展开式中的 x 换成 $\dfrac{x}{2}$, 即可得到 $\sin\dfrac{x}{2}$ 的幂级

数展开式,即

$$\sin \frac{x}{2} = \sum_{n=0}^{\infty} (-1)^n \frac{x^{2n+1}}{(2n+1)! \, 2^{2n+1}} \quad (-\infty < x < +\infty)$$

(3) 因为 $\dfrac{1}{\sqrt{1+x}} = 1 - \dfrac{1}{2}x + \dfrac{1 \cdot 3}{2 \cdot 4}x^2 - \cdots + (-1)^n \dfrac{(2n-1)!}{2^n n!}x^n + \cdots$

$$(-1 < x \leqslant 1)$$

将 x 换成 x^2 即得

$$\frac{1}{\sqrt{1+x^2}} = 1 - \frac{1}{2}x^2 + \frac{1 \cdot 3}{2 \cdot 4}x^4 - \cdots (-1)^n \frac{(2n-1)!}{2^n n!}x^{2n} + \cdots$$

$$= 1 + \sum_{n=1}^{\infty} (-1)^n \frac{1 \cdot 3 \cdot 5 \cdots (2n-1)}{2^n n!}x^{2n} \qquad (-1 < x \leqslant 1)$$

(4) 提示:因为 $\ln(a+x) = \ln a \left(1 + \dfrac{x}{a}\right) = \ln a + \ln\left(1 + \dfrac{x}{a}\right)$,对于 $\ln\left(1 + \dfrac{x}{a}\right)$

只要将 $\ln(1+x)$ 的幂级数展式中的 x 换成 $\dfrac{x}{a}$ 即可得到

$$\ln\left(1 + \frac{x}{a}\right) = \sum_{n=0}^{\infty} (-1)^n \frac{1}{n+1}\left(\frac{x}{a}\right)^{n+1} ; x \in (-a, a]$$

所以　　　　　$\ln(a+x) = \ln a + \sum_{n=0}^{\infty} (-1)^n \dfrac{1}{n+1}\left(\dfrac{x}{a}\right)^{n+1} ; x \in (-a, a]$

2. 解　因为

$$\cos x = \cos\left(x + \frac{\pi}{3} - \frac{\pi}{3}\right) = \cos\left(x + \frac{\pi}{3}\right) \cdot \cos\frac{\pi}{3} + \sin\left(x + \frac{\pi}{3}\right)\sin\frac{\pi}{3}$$

$$= \frac{1}{2}\cos\left(x + \frac{\pi}{3}\right) + \frac{\sqrt{3}}{2}\sin\left(x + \frac{\pi}{3}\right)$$

而

$$\cos x = 1 - \frac{x^2}{2!} + \frac{x^4}{4!} \cdots + (-1)^n \frac{x^{2n}}{(2n)!} + \cdots ; x \in (-\infty, +\infty)$$

$$\sin x = x - \frac{x^3}{3!} + \frac{x^5}{5!} - \cdots + (-1)^{n-1} \frac{x^{2n-1}}{(2n-1)!} + \cdots ; x \in (-\infty, +\infty)$$

所以

$$\cos\left(x + \frac{\pi}{3}\right) = 1 - \frac{\left(x + \frac{\pi}{3}\right)^2}{2!} + \frac{\left(x + \frac{\pi}{3}\right)^4}{4!} - \cdots$$

$$\sin\left(x + \frac{\pi}{3}\right) = \left(x + \frac{\pi}{3}\right) - \frac{\left(x + \frac{\pi}{3}\right)^3}{3!} + \frac{\left(x + \frac{\pi}{3}\right)^5}{5!} - \cdots$$

故

$$\cos x = \frac{1}{2}\left[1 - \frac{\left(x + \frac{\pi}{3}\right)^2}{2!} + \frac{\left(x + \frac{\pi}{3}\right)^4}{4!} - \cdots\right] + \frac{\sqrt{3}}{2}\left[\left(x + \frac{\pi}{3}\right) - \frac{\left(x + \frac{\pi}{3}\right)^3}{3!} + \cdots\right]$$

$$= \frac{1}{2}\sum_{n=0}^{\infty} (-1)^n \left[\frac{\left(x + \frac{\pi}{3}\right)^{2n}}{(2n)!} + \sqrt{3} \cdot \frac{\left(x + \frac{\pi}{3}\right)^{2n+1}}{(2n+1)!}\right] ; x \in (-\infty, +\infty)$$

3. **解**   因为

$$f(x) = \frac{1}{x} = \frac{1}{3+x-3} = \frac{1}{3\left(1+\frac{x-3}{3}\right)} = \frac{1}{3} \cdot \frac{1}{1+\frac{x-3}{3}}$$

由于 $\frac{1}{1+x} = 1 - x + x^2 - \cdots + (-1)^n x^n + \cdots$ $(-1 < x < 1)$

于是

$$\frac{1}{1+\frac{x-3}{3}} = 1 - \frac{x-3}{3} + \left(\frac{x-3}{3}\right)^2 - \cdots$$

$$+ (-1)^n \left(\frac{x-3}{3}\right)^n + \cdots \quad (0 < x < 6)$$

所以

$$f(x) = \frac{1}{x} = \frac{1}{3}\left[1 - \frac{x-3}{3} + \left(\frac{x-3}{3}\right)^2 - \cdots + (-1)^n \left(\frac{x-3}{3}\right)^n + \cdots\right]$$

$$= \frac{1}{3}\sum_{n=0}^{\infty} (-1)^n \frac{(x-3)^n}{3^n} ; x \in (0,6)$$

4. **解**   (1)

$$\int_0^{\frac{1}{2}} \frac{\mathrm{d}x}{1+x^4} = \int_0^{\frac{1}{2}} (1 - x^4 + x^8 - x^{12} + \cdots)\mathrm{d}x$$

$$= \frac{1}{2} - \frac{1}{5} \cdot \frac{1}{2^5} + \frac{1}{9} \cdot \frac{1}{2^9} - \frac{1}{13} \cdot \frac{1}{2^{13}} + \cdots$$

因为 $\frac{1}{2} = 0.5; \frac{1}{5} \cdot \frac{1}{2^5} \approx 0.00625; \frac{1}{9} \cdot \frac{1}{2^9} \approx 0.000217; \frac{1}{13} \cdot \frac{1}{2^{13}}$

$$\approx 0.000009 < 0.0001$$

所以 $\int_0^{0.5} \frac{\mathrm{d}x}{1+x^4} \approx 0.5 - 0.00625 + 0.000217 \approx 0.4940$

(2)

$$\int_0^1 \cos\sqrt{x}\,\mathrm{d}x = \int_0^1 \left(1 - \frac{1}{2!}x + \frac{1}{4!}x^2 - \frac{1}{6!}x^3 + \frac{1}{8!}x^4 - \cdots\right)\mathrm{d}x$$

$$= 1 - \frac{1}{2!} \cdot \frac{1}{2} + \frac{1}{4!} \cdot \frac{1}{3} - \frac{1}{6!} \cdot \frac{1}{4} + \frac{1}{8!} \cdot \frac{1}{5} - \cdots$$

因为 $\frac{1}{2!} \cdot \frac{1}{2} \approx 0.25; \frac{1}{4!} \cdot \frac{1}{3} \approx 0.01389; \frac{1}{6!} \cdot \frac{1}{4} \approx 0.00035; \frac{1}{8!} \cdot \frac{1}{5}$

$$\approx 0.00000496 < 0.0001$$

所以 $\int_0^1 \cos\sqrt{x}\,\mathrm{d}x \approx 1 - 0.25 + 0.01389 - 0.00035 \approx 0.7635$

习题 12-5

A   组

1. **解**   (1) 由傅里叶公式得：

$$a_0 = \frac{1}{\pi}\int_{-\pi}^{\pi} f(x)\mathrm{d}x = \frac{1}{\pi}\left[\int_{-\pi}^{0} (-1)\mathrm{d}x + \int_0^{\pi}\mathrm{d}x\right] = 0$$

$$a_n = \frac{1}{\pi}\int_{-\pi}^{\pi} f(x)\cos nx\, \mathrm{d}x = \frac{1}{\pi}\left[\int_{-\pi}^{0}(-1)\cos nx\, \mathrm{d}x + \int_{0}^{\pi}\cos nx\, \mathrm{d}x\right] = 0 \quad (n = 1,2\cdots)$$

$$b_n = \frac{1}{\pi}\int_{-\pi}^{\pi} f(x)\sin nx\, \mathrm{d}x = \frac{1}{\pi}\left[\int_{-\pi}^{0}(-1)\sin nx\, \mathrm{d}x + \int_{0}^{\pi}\sin nx\, \mathrm{d}x\right]$$

$$= \frac{2}{n\pi}(1 - \cos n\pi) = \begin{cases} 0, & n\ \text{为偶数} \\ \dfrac{4}{n\pi}, & n\ \text{为奇数} \end{cases}$$

所以

$$f(x) = \frac{4}{\pi}\left[\sin x + \frac{1}{3}\sin x + \frac{1}{5}\sin 5x + \cdots + \frac{1}{2n-1}\sin(2n-1)x + \cdots\right]$$

$$x \in (-\infty, +\infty); x \neq k\pi; k \in Z$$

(2) 由傅立叶公式得：

$$a_0 = \frac{1}{\pi}\int_{-\pi}^{\pi} f(x)\,\mathrm{d}x = \frac{1}{\pi}\left[\int_{-\pi}^{0}-\pi\,\mathrm{d}x + \int_{0}^{\pi}x\,\mathrm{d}x\right] = \frac{1}{\pi}\left[-\pi x\Big|_{-\pi}^{0} + \frac{1}{2}x^2\Big|_{0}^{\pi}\right] = -\frac{\pi}{2}$$

$$a_n = \frac{1}{\pi}\int_{-\pi}^{\pi} f(x)\cos nx\,\mathrm{d}x = \frac{1}{\pi}\int_{-\pi}^{0}(-\pi)\cos nx\,\mathrm{d}x + \frac{1}{\pi}\int_{0}^{\pi}x\cos nx\,\mathrm{d}x$$

$$= -\frac{1}{n}\left[\sin nx\right]_{-\pi}^{0} + \left[\frac{1}{n\pi}x\sin nx\right]_{0}^{\pi} - \frac{1}{n\pi}\int_{0}^{\pi}\sin nx\,\mathrm{d}x = \frac{1}{n^2\pi}\left[(-1)^n - 1\right]$$

$$= \begin{cases} -\dfrac{2}{n^2\pi}, & n = 1,3,5,\cdots \\ 0, & n = 2,4,6,\cdots \end{cases}$$

$$b_n = \frac{1}{\pi}\int_{-\pi}^{\pi} f(x)\sin nx\,\mathrm{d}x = \frac{1}{\pi}\int_{-\pi}^{0}(-\pi)\sin nx\,\mathrm{d}x + \frac{1}{\pi}\int_{0}^{\pi}x\sin nx\,\mathrm{d}x$$

$$= \left[\frac{1}{n}\cos nx\right]_{-\pi}^{0} = \frac{1}{n\pi}\left[x\cos nx\right]_{0}^{\pi} + \frac{1}{n\pi}\int_{0}^{\pi}\cos nx\,\mathrm{d}x = \frac{1}{n}\left[1 - 2(-1)^n\right]$$

$$= \begin{cases} \dfrac{3}{n}, & n = 1,3,5,\cdots \\ -\dfrac{1}{n}, & n = 2,4,6,\cdots \end{cases}$$

所以　　$$f(x) = -\frac{\pi}{4} - \frac{2}{\pi}\left(\cos x + \frac{1}{3^2}\cos 3x + \frac{1}{5^2}\cos 5x + \cdots\right)$$

$$+ \left(3\sin x - \frac{1}{2}\sin 2x + \sin 3x - \frac{1}{4}\sin 4x + \cdots\right); x \in (-\infty, +\infty),\quad x \neq k\pi, k \in Z$$

(3) 因为 $f(x) = 2\sin\dfrac{x}{3}$ 为奇函数，所以 $a_0 = a_n = 0 \quad (n = 1,2,3\cdots)$

$$b_n = \frac{1}{\pi}\int_{-\pi}^{\pi} 2\sin\frac{x}{3}\sin nx\,\mathrm{d}x = \frac{2}{\pi}\int_{0}^{\pi} 2 \cdot \left(-\frac{1}{2}\right)\left[\cos\left(\frac{1}{3}+n\right)x - \cos\left(\frac{1}{3}-n\right)x\right]\mathrm{d}x$$

$$= -\frac{2}{\pi}\left[\int_{0}^{\pi}\cos\left(\frac{1}{3}+n\right)x\,\mathrm{d}x - \int_{0}^{\pi}\cos\left(\frac{1}{3}-n\right)x\,\mathrm{d}x\right]$$

$$= -\left[\frac{2}{\pi}\frac{1}{\frac{1}{3}+n}\sin\left(\frac{1}{3}+n\right)x\,\Big|_{0}^{\pi} - \frac{1}{\frac{1}{3}-n}\sin\left(\frac{1}{3}-n\right)x\,\Big|_{0}^{\pi}\right]$$

$$= -\frac{2}{\pi}\left[\frac{3}{3n+1}\sin\left(n\pi+\frac{\pi}{3}\right) - \frac{3}{3n-1}\sin\left(n\pi-\frac{\pi}{3}\right)\right]$$

$$= -\frac{6}{\pi}\left[\frac{1}{3n+1}\sin\left(n\pi+\frac{\pi}{3}\right) - \frac{1}{3n-1}\sin\left(n\pi-\frac{\pi}{3}\right)\right]$$

$$= \begin{cases} -\dfrac{6}{\pi}\left(-\sin\dfrac{\pi}{3}\right)\left(\dfrac{1}{3n+1}+\dfrac{1}{3n-1}\right) = \dfrac{18\sqrt{3}}{\pi}\cdot\dfrac{n}{9n^2-1}, & n\text{ 为奇数} \\[3mm] -\dfrac{6}{\pi}\left(\sin\dfrac{\pi}{3}\right)\left(\dfrac{1}{3n+1}+\dfrac{1}{3n-1}\right) = -\dfrac{18\sqrt{3}}{\pi}\cdot\dfrac{n}{9n^2-1}, & n\text{ 为偶数} \end{cases}$$

所以 $f(x) = \dfrac{18\sqrt{3}}{\pi}\sum\limits_{n=1}^{\infty}(-1)^{n-1}\dfrac{n\sin nx}{9n^2-1}$; $(-\infty < x < +\infty$ 且 $x \neq k\pi, k \in \mathbf{Z})$

(4) 因为 $f(x)$ 为偶函数,所以 $b_n = 0$ $(n = 1,2,3,\cdots)$

$$a_0 = \frac{1}{\pi}\int_{-\pi}^{\pi}(3x^2+1)\mathrm{d}x = \frac{2}{\pi}\int_0^{\pi}(3x^2+1)\mathrm{d}x = \frac{2}{\pi}(x^3+x)\Big|_0^{\pi} = 2(\pi^2+1)$$

$$a_n = \frac{1}{\pi}\int_{-\pi}^{\pi}(3x^2+1)\cos nx\,\mathrm{d}x = \frac{2}{\pi}\int_0^{\pi}(3x^2+1)\cos nx\,\mathrm{d}x$$

$$= \frac{2}{\pi}\left[\int_0^{\pi}3x^2\cos nx\,\mathrm{d}x + \int_0^{\pi}\cos nx\,\mathrm{d}x\right]$$

$$= \frac{2}{\pi}\cdot 3\int_0^{\pi}x^2\cos nx\,\mathrm{d}x + \frac{2}{\pi}\cdot\left(\frac{1}{n}\sin nx\right)\Big|_0^{\pi}$$

$$= \frac{6}{\pi}\left[x^2\cdot\frac{1}{n}\sin nx\Big|_0^{\pi} - \int_0^{\pi}\frac{1}{n}\sin nx\,2x\,\mathrm{d}x\right] = \frac{6}{\pi}\left(-\frac{2}{\pi}\right)\int_0^{\pi}x\sin nx\,\mathrm{d}x$$

$$= \frac{6}{\pi}\left(-\frac{2}{n}\right)\left[-\frac{x}{n}\cos nx\Big|_0^{\pi} + \int_0^{\pi}\frac{1}{n}\cos nx\,\mathrm{d}x\right] = \frac{6}{\pi}\cdot\frac{2\pi}{n^2}\cos n\pi = \frac{12}{n^2}\cos n\pi$$

$$= \begin{cases} -\dfrac{12}{n^2} & n\text{ 为奇数} \\[3mm] \dfrac{12}{n^2} & n\text{ 为偶数} \end{cases}$$

所以 $f(x) = 3x^2 + 1 = \pi^2 + 1 + \sum\limits_{n=1}^{\infty}(-1)^n\dfrac{12}{n^2}\cos nx$

$$= \pi^2 + 1 + 12\sum_{n=1}^{\infty}\frac{(-1)^n}{n^2}\cos nx \quad (-\infty < x < +\infty)$$

2. 解 (1) 将 $f(x)$ 进行奇延拓,于是

$a_n = 0$ $(n = 0,1,2,\cdots)$

$$b_n = \frac{2}{\pi}\int_0^{\pi}x\sin x\,\mathrm{d}x = -\frac{2x}{n\pi}\cos nx\Big|_0^{\pi} + \frac{2}{n\pi}\int_0^{\pi}\cos nx\,\mathrm{d}x = (-1)^{n+1}\frac{2}{n}$$

所以 $x = 2\sum\limits_{n=1}^{\infty}(-1)^{n+1}\dfrac{\sin nx}{n}$ $(0 < x < \pi)$

(2) 将 $f(x)$ 进行偶延拓,于是

$$b_n = 0 \quad (n = 1,2,\cdots)$$

$$a_0 = \frac{2}{\pi}\int_0^{\pi}x\,\mathrm{d}x = \pi$$

$$a_n = \frac{2}{\pi}\int_0^{\pi}x\cos nx\,\mathrm{d}x = \frac{2}{n^2\pi}\cos nx\Big|_0^{\pi} = \begin{cases} -\dfrac{4}{\pi(2k-1)^2}, & n = 2k-1 \\[3mm] 0, & n = 2k \end{cases}$$

所以 $x = \dfrac{\pi}{2} - \dfrac{4}{\pi}\sum\limits_{k=1}^{\infty}\dfrac{\cos(2k-1)x}{(2k-1)^2}$ $(0 \leqslant x \leqslant \pi)$

3.**解** 因为 $T = 2l = 6$,所以 $l = 3$.于是

$$a_0 = \frac{1}{3}\left[\int_{-3}^{0}(2x+1)\mathrm{d}x + \int_{0}^{3}\mathrm{d}x\right] = -1$$

$$a_n = \frac{1}{3}\left[\int_{-3}^{0}(2x+1)\cos\frac{n\pi x}{3}\mathrm{d}x + \int_{0}^{3}\cos\frac{n\pi x}{3}\mathrm{d}x\right]$$

$$= \frac{1}{3}\left[\int_{-3}^{0}2x\cos\frac{n\pi x}{3}\mathrm{d}x + \int_{-3}^{0}\cos\frac{n\pi x}{3}\mathrm{d}x + \int_{0}^{3}\cos\frac{n\pi x}{3}\mathrm{d}x\right]$$

$$= \frac{6}{n^2\pi^2}(1 - \cos n\pi) = \begin{cases} \dfrac{12}{n^2\pi^2} & n\text{ 为奇数} \\ 0 & n\text{ 为偶数} \end{cases}$$

$$b_n = \frac{1}{3}\left[\int_{-3}^{0}(2x+1)\sin\frac{n\pi x}{3}\mathrm{d}x + \int_{0}^{3}\sin\frac{n\pi x}{3}\mathrm{d}x\right]$$

$$= \frac{1}{3}\left[\int_{-3}^{0}2x\sin\frac{n\pi x}{3}\mathrm{d}x + \int_{-3}^{0}\sin\frac{n\pi x}{3}\mathrm{d}x + \int_{0}^{3}\sin\frac{n\pi x}{3}\mathrm{d}x\right]$$

$$= -\frac{6}{n\pi}\cos n\pi = \begin{cases} \dfrac{6}{n\pi}, & n\text{ 为奇数} \\ -\dfrac{6}{n\pi}, & n\text{ 为偶数} \end{cases}$$

所以 $f(x) = -\dfrac{1}{2} + \displaystyle\sum_{n=1}^{\infty}\left(a_n\cos\frac{n\pi x}{3} + b_n\sin\frac{n\pi x}{3}\right)$

$$= -\frac{1}{2} + \frac{12}{\pi^2}\left(\cos\frac{\pi x}{3} + \frac{1}{3^2}\cos\frac{3\pi x}{3} + \frac{1}{5^2}\cos\frac{5\pi x}{3} + \cdots\right)$$

$$- \frac{6}{\pi}\left(-\sin\frac{\pi x}{3} + \frac{1}{2}\sin\frac{2\pi x}{3} - \frac{1}{3}\sin\frac{3\pi x}{3} + \cdots\right)$$

$$(-\infty < x < +\infty; x \neq 3k; k = \pm 1, \pm 2, \pm 3\cdots)$$

四、综合测试题

(一) 填空题

1.已知级数为 $\dfrac{\sqrt{x}}{2} + \dfrac{x}{2\cdot 4} + \dfrac{\sqrt{x}}{2\cdot 4\cdot 6} + \dfrac{x^2}{2\cdot 4\cdot 6\cdot 8} + \cdots$

则通项 $u_n = $ _____.

2.已知级数 $\displaystyle\sum_{n=1}^{\infty}u_n$ 收敛,则级数 $\displaystyle\sum_{n=1}^{\infty}(u_n + 0.001)$ _____.

3.已知级数 $\displaystyle\sum_{n=1}^{\infty}u_n$ 收敛,则 $\left(0.001 + \displaystyle\sum_{n=1}^{\infty}u_n\right)$ _____.

4.已知级数 $\displaystyle\sum_{n=1}^{\infty}u_n$ 的部分和是 S_n,若 $\displaystyle\lim_{n\to\infty}S_{2n} = S$, $\displaystyle\lim_{n\to\infty}S_{2n+1} = S$,则级数 $\displaystyle\sum_{n=1}^{\infty}u_n$ 是 _____.

5.已知级数 $\displaystyle\sum_{n=1}^{\infty}u_n$ 的部分和为 $S_n = \dfrac{2^n - 1}{2^n}$,则 $u_n = $ _____.

6.已知幂级数为 $\sum\limits_{n=1}^{\infty} nx^n$,则收敛半径 $R = $ _____.

7.若幂级数 $\sum\limits_{n=0}^{\infty} a_n x^n$ 的收敛半径 $R = 0$,则幂级数 $\sum\limits_{n=0}^{\infty} a_n x^n$ 只在_____收敛.

8.已知级数 $\dfrac{2}{3} - \dfrac{4}{9} + \dfrac{8}{27} - \dfrac{16}{81} + \cdots$,则前 n 项和 $S_n = $ _____,级数的和 $S = $

_____.

(二) 判断正误

1.若 $\lim\limits_{n\to\infty} u_n = 0$,则级数 $\sum\limits_{n=1}^{\infty} u_n$ 必收敛.   (   )

2.若级数 $\sum\limits_{n=1}^{\infty} u_n$ 发散,则必有 $\lim\limits_{n\to\infty} u_n = 0$.   (   )

3.若 $\lim\limits_{n\to\infty} u_n \neq 0$,则级数 $\sum\limits_{n=1}^{\infty} u_n$ 必发散.   (   )

4.若 $\sum\limits_{n=1}^{\infty} v_n$ 收敛,且 $u_n \leqslant v_n (n = 1, 2\cdots)$,则 $\sum\limits_{n=1}^{\infty} u_n$ 必收敛.   (   )

5.若 $u_n \geqslant 0, v_n \geqslant 0, u_n \leqslant v_n$,且 $\sum\limits_{n=1}^{\infty} v_n$ 收敛,则 $\sum\limits_{n=1}^{\infty} u_n$ 必收敛.   (   )

6.若 $\sum\limits_{n=1}^{\infty} u_n$ 收敛,则 $\sum\limits_{n=1}^{\infty} | u_n |$ 也收敛.   (   )

7.若 $\sum\limits_{n=1}^{\infty} | u_n |$ 收敛,则 $\sum\limits_{n=1}^{\infty} u_n$ 必收敛.   (   )

8.若 $\sum\limits_{n=1}^{\infty} u_n$ 收敛,则必有 $\lim\limits_{n\to\infty} \left| \dfrac{u_{n+1}}{u_n} \right| = r < 1$.   (   )

9.若 $\lim\limits_{n\to\infty} \left| \dfrac{u_{n+1}}{u_n} \right| = r < 1$,则 $\sum\limits_{n=1}^{\infty} u_n$ 收敛.   (   )

10.若 $\sum\limits_{n=1}^{\infty} u_n$ 与 $\sum\limits_{n=1}^{\infty} v_n$ 都发散,则 $\sum\limits_{n=1}^{\infty} u_n v_n$ 必发散.   (   )

(三) 判定下列级数的敛散性

1. $\sum\limits_{n=1}^{\infty} \dfrac{1}{(n+2)(n+3)}$ 2. $\sum\limits_{n=1}^{\infty} \ln \dfrac{n}{n+1}$ 3. $\sum\limits_{n=1}^{\infty} \dfrac{2+(-1)^n}{2^n}$

4. $\sum\limits_{n=1}^{\infty} \dfrac{n+2}{n(n+1)}$ 5. $\sum\limits_{n=1}^{\infty} \dfrac{3^n}{n 2^n}$ 6. $\sum\limits_{n=1}^{\infty} 2^n \sin \dfrac{\pi}{3^n}$

(四) 判定下列级数是否收敛(若收敛,是绝对收敛,还是条件收敛)

1. $\sum\limits_{n=1}^{\infty} (-1)^{n-1} \dfrac{1}{\sqrt{n}}$ 2. $\sum\limits_{n=1}^{\infty} (-1)^n \left(\dfrac{2}{3}\right)^n$ 3. $\sum\limits_{n=1}^{\infty} \dfrac{\sin \frac{n\pi}{2}}{\sqrt{n^3}}$

4. $\sum\limits_{n=1}^{\infty} (-1)^{\frac{n(n-1)}{2}} \dfrac{1}{3^n}$

(五) 求下列幂级数的收敛域

1. $\sum\limits_{n=0}^{\infty} \dfrac{x^n}{2^n n^2}$　　　　2. $\sum\limits_{n=0}^{\infty} \dfrac{2n+1}{n!} x^n$　　　　3. $\sum\limits_{n=0}^{\infty} (-1)^n \dfrac{x^{2n+1}}{2n+1}$

4. $\sum\limits_{n=0}^{\infty} (-1)^n \dfrac{(x-2)^n}{2^n}$

(六) 求下列幂级数的和函数

1. $\sum\limits_{n=1}^{\infty} (-1)^n \dfrac{x^n}{n}$　　　　2. $\sum\limits_{n=1}^{\infty} 2n x^{2n-1}$

(七) 将下列函数展开成麦克劳林级数

1. e^{-x^2}　　　　　　　　2. $\sin \dfrac{x}{2}$

3. $(1+x)\ln(1+x)$　　　　4. $\dfrac{x}{x^2-1}$

(八) 将下面的函数展开成傅里叶级数

设 $f(x)$ 是周期为 2π 的周期函数,它在 $[-\pi,\pi]$ 上的表达式为

$$f(x) = \begin{cases} -1, & -\pi \leqslant x < 0 \\ 1, & 0 \leqslant x < \pi \end{cases}$$

综合测试题参考答案

第一章

(一) 选择填空

1. B　2. C　3. B　4. C　5. A　6. C　7. A　8. C　9. A　10. C

11. A　12. D　13. B　14. D

(二) 判断题

1. √　2. ×　3. √　4. √　5. ×　6. ×　7. ×　8. ×　9. √　10. √

11. ×　12. ×　13. √　14. ×　15. √

(三) 填空题

1. $x > 0$　　　　2. e;1　　　　3. $y = \tan u, u = \sqrt{v}, v = x - 5$　　4. $x^2 - 2$

5. $[-2, -1) \bigcup (-1, 1) \bigcup (1, 2]$　　　　6. 0　　　　7. e^2

8. $x = 0, 一$　　　　9. -3　　　　10. $a = 1, b = -1$

11. $k = -3$　　　　12. 一　　　　13. $a = 1, b = -2$

(四) 计算题

1. $-\dfrac{2}{5}$　　　　2. 0　　　　3. $\dfrac{2^{20} \cdot 3^{30}}{5^{50}}$

4. ∞　　　　5. $\dfrac{1}{e}$　　　　6. $\dfrac{2}{\pi}$

7. e^{-3}　　　　8. $\dfrac{1}{2}$　　　　9. 0

10. 1　　　　11. 3　　　　12. 0

13. e^{2a}　　　　14. 0,1　　　　15. 0　　　　16. 0

(五) 研究函数的连续性

1. 图像略. $f(x)$ 在 $(-\infty, +\infty)$ 上不连续, $x = 3$ 为第一类间断点.

2. $x = \pm 2$ 为第一类间断点.

3. $f(0) = 0$　　　　4. $a = 2, b = -3$　　　　5. 略

(六) 应用题

1. $v = \pi \left[r^2 - \left(\dfrac{h}{2} \right)^2 \right] h, 0 < h < 2r$

2. $S = \dfrac{\sqrt{3}}{3} a^2$

3. $a, \dfrac{\pi a}{2}$

第二章

(一) 选择题

1. A   2. C.   3. A   4. D   5. C   6. B   7. B   8. D   9. B   10. D

(二) 判断正误

1. ×   2. √   3. √   4. √   5. √   6. √   7. ×   8. √   9. ×

10. ×

(三) 填空题

1. $2f'(x_0)$ 2. $\mathrm{e}^{\sin x}\cos x f'(\mathrm{e}^{\sin x})$ 3. $(\Delta x)^2$

4. $-1,1,$不存在 5. 0 6. $\cos f(x)f'(x), f'(\sin x)\cos x \mathrm{d}x$

7. 平均变化率,变化率 8. $3(1+\mathrm{e}^3)$ 9. $x>0$

(四) 求下列函数的导数

1. $\log_2 x + \dfrac{1}{\ln 2}$ 2. $\dfrac{2}{\sin 2x}$ 3. $\dfrac{\mathrm{e}^{\arctan\sqrt{x}}}{2(1+x)\sqrt{x}}$ 4. $y'=\dfrac{ay-x^2}{y^2-ax}$

5. $\dfrac{1}{3}\sqrt[3]{\dfrac{x(x^2+1)}{(x^2-1)^2}}\left(\dfrac{1}{x}+\dfrac{2x}{x^2+1}-\dfrac{4x}{x^2-1}\right)$

(五) 计算题

1. $2\mathrm{e}^x\cos x$ 2. $\mathrm{d}y=\dfrac{\mathrm{e}^y}{2-y}\mathrm{d}x$ 3. 0.01 4. $y'=\dfrac{t}{2}$

5. $y'=\dfrac{2z(\cos x-z-y)+x\sin x+x\mathrm{e}^x y}{x(2z-\mathrm{e}^x)}, z'=\dfrac{\mathrm{e}^x(\cos x-z-y)+x\sin x+x\mathrm{e}^x y}{x(\mathrm{e}^x-2z)}$

(六) 应用题

0.005 厘米;0.0025 厘米

(七) 讨论题

连续;不可导;不可微

第三章

(一) 选择题

1. A   2. C   3. D   4. A   5. D   6. C   7. B   8. D   9. A   10. C

(二) 填空题

1. $(0,2)$ 2. $\left(\dfrac{1}{2},+\infty\right)$ 3. $a=-\dfrac{3}{2}, b=\dfrac{9}{2}$

4. $(-1,0),(0,+\infty)$ 5. -8 6. 驻点

7. $(-\infty,2)$ 8. 拐点 9. 3,1

(三) 判断题

1. ×   2. √   3. ×   4. ×   5. √

(四) 计算题

1. (1)0   (2)$\dfrac{1}{2}$ (3)0   (4)$\dfrac{3}{2}$ (5)1   (6)1   (7)1

2. 极大值 $y(1)=1$ 极小值 $y(2)=0$

   最大值 $y(3)=\sqrt[3]{9}$ 最小值 $y(2)=y(0)=0$

3. $a=-\dfrac{2}{3}$ $b=-\dfrac{1}{6}$

$f(x)$ 在 $x_1 = 1$ 处取极小值,在 $x_2 = 2$ 处取极大值.

4.凹区间$(2, +\infty)$ 凸区间$(-\infty, 2)$ 拐点$(2, 2e^{-2})$

5.$R = \dfrac{c}{4 + \pi}$ 6.7500(台)   7.略

第四章

(一) 填空题

1.$f(x)$

2.$e^{\frac{x}{3}}$

3.$\ln x - x^2 + C$ $(0 < x \leqslant 1)$

4.$-2\cos 2x + C$

5.$x - 3x^2 + \dfrac{11}{3}x^3 - \dfrac{3}{2}x^4 + C$

6.$\dfrac{2}{3}x^{\frac{3}{2}} + 4\sqrt{x} + C$

7.$\dfrac{1}{2}\arctan x^2 + C$

8.$\dfrac{3}{5}x^{\frac{5}{3}} + \dfrac{3}{4}x^{\frac{4}{3}} + 3x^{\frac{1}{3}} + C$

9.$-\cot x + \dfrac{1}{\sin x} + C$ 或 $\tan\dfrac{x}{2} + C$

10.$x(\ln x)^2 - 2x\ln x + 2x + C$

11.$\dfrac{5^x e^x}{1 + \ln 5} + C$

12.$\dfrac{1}{2}x + \dfrac{1}{4}\sin 2x + C$

13.$\tan x - \cot x + C$

14.$\dfrac{1}{\sqrt{2}}\arctan\left(\dfrac{\tan x}{\sqrt{2}}\right) + C$

15.$-\dfrac{4}{3}$

16.$x\arccos x - \sqrt{1 - x^2}$

17.$\sin 2x + C$

18.$2e^{2x}$

19.$x^2 - \dfrac{x^4}{2} + C$

20.$y = -\dfrac{1}{2}x^2 + 2x + 3$

(二) 选择题

1.C 2.A 3.A 4.D 5.C 6.A 7.C 8.A 9.A 10.D

(三) 求下列不定积分

1.$-\dfrac{1}{3}\tan(2 - 3x) + C$

2.$-\dfrac{1}{2}(2 - 3x)^{\frac{2}{3}} + C$

3.$\dfrac{4}{7}x^{\frac{7}{4}} + 4x^{-\frac{1}{4}} + C$

4.$x^3 + \arctan x + C$

5.$-\dfrac{1}{2}\cot x + C$

6.$-\dfrac{1}{x}\arcsin x + \ln\dfrac{1 - \sqrt{1 - x^2}}{x} + C$

7.$\dfrac{1}{2}\ln\left|\dfrac{\sqrt{x+1} - 2}{\sqrt{x+1} + 2}\right| + C$

8.$\sqrt{1 + x^2} - \ln(1 + \sqrt{1 + x^2}) + C$

9.$\ln\dfrac{\sqrt{1 + e^x} - 1}{\sqrt{1 + e^x} + 1} + C$

10.$\dfrac{1}{2}\ln(x^2 + 2x + 3) - \dfrac{3}{\sqrt{2}}\arctan\dfrac{x + 1}{\sqrt{2}} + C$

11.$\ln|\sqrt{x^2 - 2x + 5} + x - 1| + C$(提示:令 $x - 1 = 2\tan t$)

12.$\dfrac{1}{2}x + \dfrac{1}{4}\ln(1 + \sin 2x) + C$

13.$\ln\dfrac{e^x + 1}{e^x + 2} + C$(提示:令 $e^x = t$)

14. $-2\ln\cos\dfrac{x}{2}+\tan\dfrac{x}{2}+C$（提示：分子和分母同乘以 $1-\cos x$）

15. $\dfrac{2}{3}\sqrt{x^3}\left(\ln^2 x-\dfrac{4}{3}\ln x+\dfrac{8}{9}\right)+C$ 16. $\dfrac{e^{ax}}{a^2+n^2}(a\cos nx+n\sin nx)+C$

17. $\dfrac{1}{2}(9+x^2)\ln(9+x^2)-\dfrac{x^2}{2}+C$ 18. $-\dfrac{1}{2}\csc x\cot x-\dfrac{1}{2}\ln|\csc x-\cot x|+C$

（四）$v(t)=t^3+\cos t+1$ $S(t)=\dfrac{1}{4}t^4+\sin t+t+1$

（五）$\dfrac{x}{\sqrt{1+x^2}}-\ln(x+\sqrt{1+x^2})+C$ （提示：可用分部积分法求解）

第五章

（一）选择题
1. B   2. A   3. C   4. A   5. A

（二）判断题
1. √   2. ×   3. ×   4. ×   5. ×

（三）填空题
1. $\displaystyle\int_0^1(1-x^2)\,\mathrm{d}x$ 2. $\sin x^2$ 3. $\dfrac{4}{3}$ 4. 0   5. $[\pi,2\pi]$ 6. 2

（四）计算下列定积分
1. $\dfrac{\pi}{3a}$ 2. $\dfrac{\pi}{2}$ 3. 0   4. $\sqrt{2}-\dfrac{2}{3}\sqrt{3}$ 5. $\dfrac{e(\sin 1-\cos 1)+1}{2}$ 6. $\dfrac{\pi}{2}$

（五）证明题
略

第六章

（一）选择题
1. B   2. A   3. C   4. C   5. A   6. C   7. D   8. B   9. A

（二）填空题

1. $\displaystyle\int_0^1(e^y-1)\,\mathrm{d}y$ 2. $\displaystyle\int_0^{2\pi}|\cos x|\,\mathrm{d}x$（或 $4\displaystyle\int_0^{\frac{\pi}{2}}\cos x\,\mathrm{d}x$）

3. $2\displaystyle\int_0^{\sqrt{2}}(2x-x^3)\,\mathrm{d}x,2\displaystyle\int_0^{2\sqrt{2}}(\sqrt[3]{y}-\dfrac{1}{2}y)\,\mathrm{d}y$ 4. y

5. $\pi\displaystyle\int_a^b f^2(x)\,\mathrm{d}x$ 6. $\dfrac{1000}{3}\sqrt{3}$

7. $\dfrac{\pi}{5}$ 8. $\dfrac{1}{2}\left(1-\dfrac{1}{e}\right)$ 9. $\dfrac{52}{3}$

（三）判断题
1. √   2. ×   3. √   4. ×

(四) 计算题

1. (1) $\dfrac{9}{2}$ (2) $20\dfrac{5}{6}$ (3) $\dfrac{16}{3}$ (4) $2\pi+\dfrac{4}{3}$; $6\pi-\dfrac{4}{3}$ (5) 18   (6) $\dfrac{28}{3}$ (7) $\dfrac{1}{5}+\dfrac{\pi}{2}$

2. $\dfrac{e}{2}$ 3. $\dfrac{1}{2}$

4. (1) $\dfrac{\pi a}{2}$ (2) $\dfrac{72}{5}\pi$ (3) 2π (4) $160\pi^2$ (5) $\dfrac{11}{6}\pi$

5. $4\sqrt{3}$ 6. $km_1m_2\left(\dfrac{1}{a}-\dfrac{1}{b}\right)$

7. $\dfrac{1}{4}\pi\rho r^4=\dfrac{9.8\times10^3}{4}\pi r^4$ (焦耳)

8. $\dfrac{2b+a}{3}h^2\times9.8\times10^3$ (牛顿)

第七章

(一) 填空题

1. 公式法，常数变易法

2. $y=C_1e^{2x}+C_2e^{3x}$

3. $y=Ce^{x^2}$

4. $y=(x+1)^2\left[\dfrac{2}{3}(x+1)^{\frac{3}{2}}+C\right]$

5. $\dfrac{1}{2}\sin x$

6. $y=C_1\cos x+C_2\sin x$

7. $y''-2y'+y=0$

8. $y=(x+2)e^{-\frac{1}{2}x}$

(二) 单项选择题

1. C   2. D   3. C   4. D   5. B   6. C   7. C   8. D

(三) 求下列微分方程的通解

1. $y=C\sqrt{1+x^2}$

2. $y=C_1\cos x+C_2\sin x-\dfrac{1}{2}x\cos x$

3. $y=C_1e^x+C_2xe^x+\dfrac{1}{2}x^2e^x$

4. $y=C_1+C_2e^{5x}$

5. $\arctan\dfrac{y}{x}-\dfrac{1}{2}\ln(x^2+y^2)=C$

6. $\arctan\dfrac{y-3}{x+1}-\dfrac{1}{2}\ln[(x+1)^2+(y-3)^2]=C$

(四) 求下列微分方程的特解

1. $y=3e^x+2(x-1)e^{2x}$

2. $2x\sin y=\sin^2 y+\dfrac{3}{4}$

3. $y=e^{2x}$

4. $y = \mathrm{e}^{-x}\left(\cos\sqrt{3}x + \dfrac{2}{\sqrt{3}}\sin\sqrt{3}x\right)$

5. $t = \ln 3; s = v_0 - v_0 \mathrm{e}^{-t}$

6. $y = 2500 + C\mathrm{e}^{0.04t}$

第八章

1. (1) A;　(2) C;　(3) B,C,D,A;　(4) $\dfrac{x^2}{a^2} + \dfrac{y^2}{a^2} + \dfrac{z^2}{b^2} = 1$;　(5) 椭圆抛物面,锥面.

2. (1) -18;　(2) $-10i - 2j + 14k$;　(3) 14;　(4) $j - 2k$.

3. $\dfrac{\pi}{4}$　4. $2x + 8y - 12z + 41 = 0$　5. $2x + y + z - 3 = 0$　6. $\dfrac{x-1}{1} = \dfrac{y-3}{2} = \dfrac{z+4}{3}$

7. $\dfrac{x-2}{0} = \dfrac{y+3}{0} = \dfrac{z-8}{1}$　　8. $x - y + z = 0$　　9. (1) 单叶双曲面;(2) 圆锥面;

(3) 椭圆抛物面;(4) 半球面.

第九章

(一) 填空题

1. $\{(x,y) \mid 0 \leqslant y \leqslant x^2\}$　　　　　　2. $2\cot(2x - y)$

3. $\dfrac{1}{2}(\mathrm{d}x + \mathrm{d}y)$　　　　　　　　　4. $\mathrm{e}^{\sin t - 2t^3}(\cos t - 6t^2)$

5. $\dfrac{z}{y+z}$　　　　　　　　　　　　6. $y = 0$

(二) 判断正误

1. √　　2. √　　3. ×　　4. ×

(三) 选择题

1. C　　2. B　　3. C　　4. D

(四) 解答题

1. $D = \{(x,y) \mid x - y^2 \geqslant 0, 0 < x^2 + y^2 < 1\}$

2. (a) $z'_x = 2xy - y^2, z'_y = x^2 - 2xy$

(b) $z'_x = (1 + xy)^x\left[\ln(1 + xy) + \dfrac{xy}{1 + xy}\right]$

$z'_y = x^2(1 + xy)^{x-1}$

3. $-\dfrac{1}{5}, -\dfrac{2}{5}$

4. $0, 2, 0$

5. 略

6. (a) $C'_x = 2 - 0.1(2x + y), C'_y = 5 - 0.1(x + 2y)$

(b) $L'_x = 0.2x + 0.1y + 10, L'_y = 0.1x + 0.2y + 10$

7. $0.006, 0.006$

8. (a) 0.502, (b) 108.648

9. $-94.248 \ \text{cm}^3$

10. (a) $\dfrac{\partial z}{\partial x} = \text{e}^{xy\sin\ln(x+y)}\Big[y\sin\ln(x+y) + \dfrac{xy}{x+y}\cos\ln(x+y)\Big]$,对称地,$\dfrac{\partial z}{\partial y} = \dfrac{\partial z}{\partial x}$;

(b) $\dfrac{\partial z}{\partial x} = \dfrac{3}{2}x^2\sin 2y(\sin y - \cos y)$,

$\dfrac{\partial z}{\partial y} = \dfrac{x^3}{2}\big[2\cos 2y(\sin y - \cos y) + \sin 2y(\sin y + \cos y)\big]$.

(c) $\dfrac{\text{d}z}{\text{d}u} = \dfrac{\text{e}^u(1+u)}{\sqrt{1-u^2\text{e}^{2u}}}$

11. (a) 设 $u = \text{e}^{xy}$,$v = x^2 + y^2$,则

$$\frac{\partial z}{\partial x} = y\text{e}^{xy}\frac{\partial f}{\partial u} + 2x\frac{\partial f}{\partial v}$$

$$\frac{\partial z}{\partial y} = x\text{e}^{xy}\frac{\partial f}{\partial u} + 2y\frac{\partial f}{\partial v}$$

(b) 设 $w = x^2$,$v = xy$,$t = yz^2$,则

$$\frac{\partial u}{\partial x} = 2x\frac{\partial f}{\partial w} + y\frac{\partial f}{\partial v}$$

$$\frac{\partial u}{\partial y} = x\frac{\partial f}{\partial v} + z^2\frac{\partial f}{\partial t}$$

$$\frac{\partial u}{\partial z} = 2yz\frac{\partial f}{\partial t}$$

12. $\dfrac{\text{e}^x - y}{x + \cos y}$

13. 切平面方程为 $x + y - 3z = 2 - 3\ln 6$,

法线方程为 $\dfrac{x-1}{1} = \dfrac{y-1}{1} = \dfrac{z-\ln 6}{-3}$

14. $x + y + z = \pm\dfrac{7}{6}$

15. 函数在$(0,0)$ 点以极小值 $f(0,0) = 0$.

16. 折起长度为 $0.4 \ \text{m}$,折起边与底边夹角为 $60°$.

17. $y' = \dfrac{(1-2x)xy - 2z(\cos x - yz)}{2xy^2 - 2xz^2}$,$z' = \dfrac{2y(\cos x - yz) - (1-2x)xz}{2xy^2 - 2xz^2}$

18. 连续;$f'_x(0,0) = 0$,$f'_y(0,0) = 0$;不可微.

第十章

(一) 填空题

1. $\displaystyle\int_1^2 \text{d}x \int_0^1 f(x,y)\text{d}y$　　　2. $\displaystyle\int_0^1 \text{d}x \int_{x^2}^x f(x,y)\text{d}y$　　　3. $\displaystyle\int_0^1 \text{d}y \int_{\text{e}^y}^{\text{e}} f(x,y)\text{d}x$

4. $\displaystyle\int_0^a \text{d}y \int_{a-\sqrt{a^2-y^2}}^y f(x,y)\text{d}x$

5. $\displaystyle\int_0^1 \text{d}y \int_0^{2y} f(x,y)\text{d}x + \int_1^2 \text{d}y \int_0^2 f(x,y)\text{d}x + \int_2^3 \text{d}y \int_0^{6-2y} f(x,y)\text{d}x$

6. $\displaystyle\int_0^4 \text{d}y \int_{2-\sqrt{4y-y^2}}^{2+\sqrt{4y-y^2}} f(x,y)\text{d}x$　　7. $\displaystyle\int_0^1 \text{d}y \int_{\sqrt{y}}^{3-2y} f(x,y)\text{d}x$

8. $\int_0^a \mathrm{d}y \int_{-\sqrt{a-y^2}}^{\sqrt{a-y^2}} f(x,y)\mathrm{d}x$ 9. $\int_0^2 \mathrm{d}x \int_{\frac{x}{2}}^{3-x} f(x,y)\mathrm{d}y$

(二) 判断题

1.(1)(2)(3)(4)(8)(9) 错；(5)(6)(7) 对

2.(1)(2)(3) 均不成立

(三) 计算题

1. $\dfrac{1}{e}$ 2. $\dfrac{76}{3}$ 3. $(e-1)^2$ 4. 1   5. $\dfrac{33}{140}$ 6. $\dfrac{1}{4}$ 7. $\dfrac{1}{21}p^5$ 8. $\dfrac{1}{3}R^3$ 9. $\dfrac{32}{9}$

10. $\dfrac{\pi}{4}(\ln 4 - 1)$ 11. (1) $\dfrac{\pi R^4}{4a}$ (2) $\dfrac{16}{3}R^3$ (3) $\dfrac{1}{2}\pi a^4$ (4) $\dfrac{32\pi}{3}(\sqrt{2}-1)$

12. $\dfrac{\pi}{6}(5\sqrt{5}-1)$ 13. $8a^2$ 14. $\dfrac{2\pi}{3}(1+a^2)^{\frac{3}{2}}-1$ 15. $10\dfrac{2}{3}$ 16. $\left(-\dfrac{a}{2}, \dfrac{8}{5}a\right)$

17. $\left(0, \dfrac{28}{9\pi}\right)$ 18. $\dfrac{k}{4}\pi a^4$ 19. $\dfrac{1}{2}k\pi(b^4-a^4)$

(四) 证明题

略

第十一章

(一) 填空题

1. 线密度函数

2. $m = \dfrac{\sqrt{2}}{2}(e^2-1)$

3. 力 $\boldsymbol{F}=\{P,Q\}$，$\boldsymbol{F}$ 所做的功

4. 0

5. $\dfrac{1}{2}\pi R^4$

6. $-\pi ab$

7. $\ln \dfrac{|a+b|}{2}$

8. $\ln 2$

9. -18π

(二) 选择题

1. D   2. C   3. D   4. C

(三) 计算下列各题

1. 3   2. $\dfrac{1}{30}$ 3. $\dfrac{a^3}{4}(1+4\pi^2)^2$ 4. 13   5. $-\dfrac{26}{25}$ 6. $\dfrac{3}{8}\pi a^2$

(四) 证明题

略

第十二章

(一) 填空题

1. $u_n = \dfrac{x^{\frac{n}{2}}}{2\cdot4\cdot6\cdots2n}$ 2. 发散 3. 收敛 4. 收敛级数 5. $u_n = \dfrac{1}{2^n}$

6. $R=1$ 7. $x=0$ 处 8. $S_n = \dfrac{2}{5}\left[1-\left(-\dfrac{2}{3}\right)^n\right], S = \dfrac{2}{5}$

(二) 判断正误

1. × 2. × 3. √ 4. × 5. √ 6. × 7. √ 8. × 9. √ 10. ×

(三) 判定下列级数的敛散性

1. 收敛 2. 发散 3. 收敛 4. 发散 5. 发散 6. 收敛

(四) 判定下列级数是否收敛(若收敛,是绝对收敛,还是条件收敛)

1. 条件收敛 2. 绝对收敛 3. 绝对收敛 4. 绝对收敛

(五) 求下列幂级数的收敛域

1. $[-2,2]$ 2. $(-\infty,+\infty)$ 3. $[-1,1]$ 4. $(0,4)$

(六) 求下列幂级数的和函数

1. $-\ln(1+x)$ 2. $\dfrac{2x}{(1-x^2)^2}$

(七) 将下列函数展开成麦克劳林函数

1. $e^{-x^2} = \sum\limits_{n=0}^{\infty}(-1)^n\dfrac{x^{2n}}{n!}$ $x\in(-\infty,+\infty)$

2. $\sin\dfrac{x}{2} = \sum\limits_{n=0}^{\infty}\dfrac{(-1)^n}{(2n+1)!}\left(\dfrac{x}{2}\right)^{2n+1}$ $x\in(-\infty,+\infty)$

3. $(1+x)\ln(1+x) = x+\sum\limits_{n=2}^{\infty}\dfrac{(-1)^n}{n(n-1)}x^n$ $x\in(-1,1)$

4. $\sum\limits_{n=0}^{\infty}\dfrac{(-1)^n-1}{2}x^n$ $x\in(-1,1)$

(八) 将下面的函数展开成傅里叶级数

当 $x\neq k\pi$ 时$(k=0,\pm1,\pm2\cdots)$,傅里叶级数收敛于 $f(x)$

$f(x) = \dfrac{4}{\pi}\left[\sin x+\dfrac{1}{3}\sin3x+\cdots+\dfrac{1}{2n-1}\sin(2n-1)x+\cdots\right]$

当 $x=k\pi$ 时$(k=0,\pm1,\pm2\cdots)$,级数收敛于 $\dfrac{f(x-0)+f(x+0)}{2}=0$